Trenchless Repair Technology and Equipment of
Urban Water Supply and Drainage Pipeline

城镇给排水管道
非开挖修复工艺与设备

曹井国

张　伟

陆学兴 | 主编

U0376547

化学工业出版社

·北京·

内容简介

本书以城镇给排水管道非开挖修复工艺及设备为主线，主要介绍了管道修复预处理设备、管道检测技术与设备、注浆修复工艺及设备、原位固化修复工艺及设备、紫外光固化修复工艺及设备、机械制螺旋缠绕修复工艺及设备、热塑成型修复工艺及设备、喷涂修复工艺及设备、穿插法修复工艺及设备、碎（裂）管法管道更新技术及设备、非开挖修复其他通用设备，旨在为读者呈现非开挖现有工艺特征和专用设备。

本书具有贯穿技术、标准和施工的特色，对施工技术与装备进行了深入解析，可供给排水领域的科研人员、设计人员、工程技术人员参考，也可供高等学校市政工程、环境工程、机械工程及其他相关专业师生参阅。

图书在版编目（CIP）数据

城镇给排水管道非开挖修复工艺与设备/曹井国，张伟，陆学兴主编．—北京：化学工业出版社，2024.3
ISBN 978-7-122-45230-6

Ⅰ．①城　Ⅱ．①曹…②张…③陆…　Ⅲ．①市政工程-给水管道-管道维修②市政工程-给水管道-管道维修　Ⅳ．①TU991.36②TU992.4

中国国家版本馆 CIP 数据核字（2024）第 054784 号

责任编辑：刘兴春　刘 婧　　文字编辑：李晓畅　王云霞
责任校对：李露洁　　　　　　装帧设计：刘丽华

出版发行：化学工业出版社
　　　　　（北京市东城区青年湖南街 13 号　邮政编码 100011）
印　　刷：北京云浩印刷有限责任公司
装　　订：三河市振勇印装有限公司
787mm×1092mm　1/16　印张 21½　彩插 8　字数 511 千字
2024 年 5 月北京第 1 版第 1 次印刷

购书咨询：010-64518888　　　　　售后服务：010-64518899
网　　址：http://www.cip.com.cn

凡购买本书，如有缺损质量问题，本社销售中心负责调换。

定　　价：148.00 元
版权所有　违者必究

《城镇给排水管道非开挖修复工艺与设备》
编写人员名单

主　　编：曹井国　　张　伟　　陆学兴

副 主 编：解庆贺　　赵志宾　　袁堂龙

编写人员：曹井国　　张　伟　　陆学兴　　解庆贺　　赵志宾　　袁堂龙
　　　　　高雨茁　　郁片红　　井文麟　　孟凌霄　　李　乐　　夏连宁
　　　　　曾　明　　张　武　　郝林林　　郑洪标　　解　睿　　吴先文
　　　　　王春虎　　张　杭　　赵瑞华　　韩雨轩　　杨婷婷　　马　涛
　　　　　赵　艺　　乔　丽　　张司颖　　徐梓潇月　彭少卿　　董朋宇
　　　　　贾东梅　　张　博　　项　鑫

编写单位：天津科技大学
　　　　　中电建（西安）港航船舶科技有限公司
　　　　　北京北排建设有限公司
　　　　　中建八局第二建设有限公司
　　　　　天津倚通科技发展有限公司
　　　　　济南市排水服务中心
　　　　　上海市城市建设设计研究总院（集团）有限公司
　　　　　中国建设基础设施有限公司
　　　　　武汉中仪物联技术股份有限公司
　　　　　安徽文建环境科技有限公司

前言

截至 2021 年底，我国城镇给排水管道总长已超过 300 万公里，管道的使用寿命为 30～50 年。近年来部分管道因年久失修，相继出现结构性缺陷和功能性缺陷问题，造成了水土污染、道路塌陷、爆管等事故，严重危害城镇的健康可持续发展。

对于病害管道的修复，采用开挖后重新埋管的方法会极大破坏城市交通环境，并严重影响人们的生活与工作。非开挖法只需要在工作井或检查井处进行施工，利用内衬材料修复病害管道，这种方法已逐渐成熟，综合成本低，环境影响小，适用范围广，能够方便有效地实现管道的非开挖修复，碳排放量较开挖法大幅降低。

近年来，我国管道非开挖行业发展迅速，先进的非开挖管道修复装备和材料相继涌现，但由于非开挖设备多以非标准设备为主，用户在工艺设备选型过程中不知所措，市场混乱，迫切需要有针对性地梳理现有管道非开挖修复工艺和设备。

基于以上问题，本书以城镇给排水管道非开挖修复工艺及设备为主线，聚焦非开挖修复装备，较全面、系统地论述了行业常用的非开挖修复施工工艺和设备，旨在为非开挖工程质量提供可靠支撑，从而创造良好的经济效益、环境效益和社会效益。本书是在《城镇给排水管道非开挖修复材料》的基础上编写的，具有较好的衔接性，可配套使用。

本书在编写过程中，联合了多家企业、研究机构以及用户单位，系统阐述了非开挖修复工艺和设备的原理、特点、适用范围、选型和使用，可为从事非开挖修复的技术人员提供参考和借鉴，同时为环境学科和机械学科的发展提供参考和借鉴。

本书由曹井国、张伟、陆学兴主编，全书具体编写分工如下：曹井国、张伟、陆学兴负责第 1 章内容；曹井国、张伟、曾明、郑洪标、袁堂龙、贾东梅、马涛、韩雨轩负责第 2 章和第 3 章内容；曹井国、郁片红、赵瑞华、杨婷婷、彭少卿、乔丽负责第 4 章和第 5 章内容；曹井国、解庆贺、郝林林、赵艺、吴先文负责第 6 章内容；高雨苗、郝林林、赵志宾、张司颖负责第 7 章和第 10 章内容；李乐、曹井国、解睿、井文麟、徐梓潇月负责第 8 章内容；曹井国、张武、杨婷婷、李乐、孟凌霄、董朋宇负责第9章内容；高雨苗、张杭、张博、夏连宁负责第11章内容；曹井国、王春虎、彭少卿、张司颖、项鑫负责第12章内容。最后由曹井国、张伟、陆学兴统稿并定稿。另外，感谢高立新、马孝春、宋奇匝在编写过程中提供的热心帮助，同时也感谢书中参考和引用的有关文献资料的作者！

限于编者水平及编写时间，书中存在不足和疏漏之处在所难免，敬请读者提出修改建议。

编者

2023 年 11 月

目录

第4章　注浆修复工艺及设备

第5章 原位固化修复工艺及设备

第6章 紫外光固化修复工艺及设备

第7章 机械制螺旋缠绕修复工艺及设备

第8章　热塑成型修复工艺及设备

第 10 章　穿插法修复工艺及设备

第11章 碎（裂）管法管道更新技术及设备

第 12 章　非开挖修复其他通用设备

第1章
绪　论

城市给排水管网是城市基础设施的重要组成部分，是城市给排水的"命脉"，就像我们人体的血管，是城市的"生命线"，有城市的水资源输送、排涝减灾和废水排放的功能，是发挥城市功能及确保社会经济和城市建设健康、协调和可持续发展的重要基础和保障。近年来，管线事故频发，爆管、路面塌陷屡见不鲜。据统计，2022年共有地下管线事故1418起，造成144人受伤，53人遇难，同时造成了严重的社会经济财产损失。日常给排水管网运营不善，也会导致巨大的经济损失，如供水管网漏损导致的水资源流失，排水管网入渗导致的污水厂"贫营养"等问题。

2021年10月，国家发展改革委、水利部、住房城乡建设部、工业和信息化部、农业农村部印发《"十四五"节水型社会建设规划》，该规划明确：到2025年，城市公共供水管网漏损率小于9.0%。2021年12月，住房城乡建设部办公厅、国家发展改革委办公厅、水利部办公厅、工业和信息化部办公厅印发《关于加强城市节水工作的指导意见》，该意见提出：到2025年，全国城市公共供水管网漏损率力争控制在9%以内。2022年1月，住房城乡建设部办公厅、国家发展改革委办公厅印发《关于加强公共供水管网漏损控制的通知》，该通知要求：到2025年，城市和县城供水管网设施进一步完善，管网压力调控水平进一步提高，激励机制和建设改造、运行维护管理机制进一步健全，供水管网漏损控制水平进一步提升，长效机制基本形成。城市公共供水管网漏损率达到漏损控制及评定标准确定的一级评定标准的地区，进一步降低漏损率；未达到一级评定标准的地区，控制到一级评定标准以内；全国城市公共供水管网漏损率力争控制在9%以内。2022年2月，国家发展改革委办公厅、住房城乡建设部办公厅印发《关于组织开展公共供水管网漏损治理试点建设的通知》，该通知提出：结合城市更新、老旧小区改造和二次供水设施改造等，对超过使用年限、材质落后或受损失修的供水管网进行更新改造；到2025年，公共供水管网漏损率高于12%（2020年）的试点城市（县城）建成区，漏损率不高于8%，其他试点城市（县城）建成区，漏损率不高于7%。2022年5月，国务院办公厅印发《城市燃气管道等老化更新改造实施方案（2022—2025年）》，该方案提出：2025年底前，基本完成城市燃气管道等老化更新改造任务（包括城市燃气、供水、排水、供热等老化管道和设施)。供水管道和设施更新改造范围：水泥管道、石棉管道、无防腐内衬的灰口铸铁管道；运行年限满 30 年，存在安全隐患的其他管道；存在安全隐患的二次供水设施。2022 年 7 月，住房城乡建设部、国家发展改革委印发《"十四五"全国城市基础设施建设规划》，该规划提出：城市供水安全保障，预计新建改造供水管网 10.4 万公里；城市供水管网漏损治理，开展管网智能化改造、老旧管网更新改造。2022 年 8 月，住房城乡建设部办公厅、国家发展改革委办公厅、国家疾病预防控制局综合司印发《关于加强城市供水安全保障工作的通知》，该通知提出：加强供水管网建设与改造，新建供水管网严禁使用国家已明令禁止使用的水泥管道、石棉管道、无防腐内衬的灰口铸铁管道等；对劣质管材管道，运行年限满 30 年、存在安全隐患的其他管道，加快更新改造；实施公共供水管网漏损治理，持续降低供水管网漏损率。

2023 年 7 月 5 日，住房城乡建设部印发的《住房城乡建设部关于扎实有序推进城市更新工作的通知》中指出：坚持尽力而为、量力而行，统筹推动既有建筑更新改造、城镇老旧小区改造、完整社区建设、活力街区打造、城市生态修复、城市功能完善、基础设施更新改造、城市生命线安全工程建设、历史街区和历史建筑保护传承、城市数字化基础设施建设等城市更新工作；坚持"留改拆"并举、以保留利用提升为主，鼓励小规模、渐进式有机更新和微改造，防止大拆大建。2022 年 7 月 7 日，住房城乡建设部、国家发展改革委印发的《"十四五"全国城市基础设施建设规划》中重点强调：推进城市基础设施体系化建设，增强城市安全韧性能力；强化城市节水工作，实施供水管网漏损治理工程，推进老旧管网改造，开展供水管网分区计量管理，控制管网漏损。2022 年 4 月 27 日，住房城乡建设部、国家发展改革委和水利部印发的《"十四五"城市排水防涝体系建设行动计划》中指出：针对易造成积水内涝问题和混错接的雨污水管网，汛前应加强排水管网的清疏养护。2022 年 1 月 12 日，国家发展改革委、生态环境部、住房城乡建设部、国家卫生健康委印发《关于加快推进城镇环境基础设施建设的指导意见》，其中着重提到加大污水管网排查力度，推动老旧管网修复更新。2021 年 4 月 25 日，国务院办公厅印发的《关于加强城市内涝治理的实施意见》中指出：加大排水管网建设力度，改造易造成积水内涝问题和混错接的雨污水管道网，修复破损和功能失效的排水防涝设施。2020 年 12 月 30 日，住房城乡建设部印发的《关于加强城市地下市政基础设施建设的指导意见》中强调：当前，城市地下市政基础设施建设总体平稳，基本满足城市快速发展需要，但城市地下管线、地下公共停车场、地下通道等市政基础设施仍存在底数不清、统筹协调不够和运行管理不到位等问题，城市道路塌陷等事故时有发生。提出要加大老旧设施改造力度，消除设施安全隐患，加强设施体系化建设和推动数字化、智能化建设。2019 年 11 月 25 日，住房城乡建设部、工业和信息化部、国家广播电视总局、国家能源局印发的《关于进一步加强城市地下管线建设管理有关工作的通知》中鼓励有利于缩短工期、减少开挖量、降低环境影响、提高管线安全的新技术和新材料在地下管线建设维护中的应用。

非开挖技术是采用少量开挖或不开挖的方式，对地下管道进行铺设、修复和更换，以及与之配套的管道清洗、检测和评价等技术的总称，该技术对管道周边交通与环境影响较小，具有很高的社会经济效益。自 20 世纪 80 年代，非开挖技术获得大规模应用。随着非开挖技术不断完善和应用推广，该技术目前已成为一项政府支持、社会提倡、企业积极参与的高新技术，非开挖技术已成为城市现代化进程中的一项关键技术，其应用是地下管线与地下构筑物建设的一次技术革命。

在国家政策和百姓民生的双重影响下，给排水管网检测与修复拥有了数万亿元市场。基于管道维护的特殊性和危险性，其技术装备已进入机器人时代，各种高新技术相继登场，为行业的发展不断注入新的活力。

随着世界各地大型基础设施建设不断增加，非开挖技术的发展突飞猛进，每年都会涌现出新工艺、新材料与新装备等，技术的质量和边界不断提升，非开挖技术应用领域和环境条件得到不断拓展，管道更新技术不断迭代，个性化、专业化不断提升，应用面不断拓宽。总之，非开挖技术发展呈现出规范化、集成化、精细化、自动化、数字化、智能化等特点，成为一项现代基础设施施工技术。

1.1 供水管道现状

1.1.1 供水管道发展概况

到 2021 年底，全国城市（含县城）供水管网总长度 133.9 万公里，其中城市 106 万公里、县城 27.9 万公里。"十三五"期间城市（含县城）供水管道长度和增长数见表 1-1，城市供水管道不同年代敷设长度和比例如表 1-2 所列。

表 1-1 "十三五"期间城市（含县城）供水管道长度和增长数　　　　单位：万公里

项目	2016 年		2017 年		2018 年		2019 年		2020 年		年平均
	长度	增长数	长度	增长数	长度	增长数	长度	增长数	长度	增长数	增长数
城市	75.7	4.7	79.7	4.0	86.5	6.8	92.0	5.5	100.7	8.7	5.9
县城	21.1	−0.4	23.5	2.4	24.3	0.8	25.7	1.4	27.3	1.6	1.2
合计	96.8	4.3	103.2	6.4	110.8	7.6	117.7	6.9	128.0	10.3	7.1

表 1-2 城市供水管道不同年代敷设长度和比例

2000 年及以前		2001~2005 年		2006~2010 年		2011~2015 年		2016~2020 年	
长度/万公里	比例/%	长度/万公里	比例/%	长度/万公里	比例/%	长度/万公里	比例/%	长度/万公里	比例/%
32.5	25.4	15.4	12.0	22.1	17.3	22.5	17.4	35.5	27.7

钢管（无缝钢管、焊接钢管、镀锌钢管）、铸铁管（灰口铸铁管、球墨铸铁管）、混凝土管（预应力混凝土管、自应力混凝土管、预应力钢筒混凝土管、纯混凝土管和钢筋混凝土管）、塑料管［PE（聚乙烯）管、PVC（聚氯乙烯）管等］，DN500 以下占 80％，DN500 以上占 20％。

1.1.2 供水管道病害问题

据《2022 年度全国地下管线事故统计分析报告》统计，2022 年全国市政管网（包括给水、排水、燃气、热力管道）破坏事故 1141 起，其中给水管道 901 起、排水管道 28 起。

（1）事故数量

2022年给水管道破坏事故901起，占比79.0%，是近几年来事故最多的一年。表1-3是2019～2022年地下管线事故的统计数据。

表1-3　2019～2022年地下管线事故统计　　　　　　　　单位：起

项目	事故数量			
	2019年	2020年	2021年	2022年
给水管道	147	448	719	901
排水管道	42	52	94	28
燃气管道	92	194	230	145
热力管道	34	100	142	67
合计	315	794	1185	1141
给水管道占比/%	46.7	56.4	60.7	79.0

（2）事故类型

事故类型以管道泄漏为主，2022年给水、排水、燃气、热力管道泄漏事故1070起，占市政管网事故的93.8%。

（3）事故原因

事故原因以管道自身结构性隐患为主，次之是外力破坏。表1-4是对管道事故原因的统计数据，这也说明了管道更新改造迫在眉睫。

表1-4　管道事故原因统计　　　　　　　　单位：起

项目	自身结构性隐患	外力破坏	环境因素	管理缺陷	原因不明	合计
给水管道	665	181	46	1	8	901
排水管道	17	5	2	3	1	28
燃气管道	36	73	1	11	24	145
热力管道	57	6	2	0	2	67
合计	775	265	51	15	35	1141

2021年全国城市公共供水漏损水量达到80.4亿立方米，平均漏损率12.8%，县城公共供水漏损水量达到13.6亿立方米，平均漏损率12.2%，比2020年略有下降，但离"十三五"期末的预期性目标10%还存在一定差距。2021年全国及各地区的城市和县城公共供水漏损情况如表1-5～表1-10所列。

表1-5　2021年全国城市和县城公共供水漏损情况（全国+华北地区）

地区	城市			县城		
	供水总量/10⁴m³	漏损总量/10⁴m³	漏损率/%	供水总量/10⁴m³	漏损总量/10⁴m³	漏损率/%
全国	6307552.32	804412.06	12.8	1114096.42	136418.48	12.2
北京	144462.03	22820.60	15.8			
天津	94731.00	12883.01	13.6			
河北	144347.82	18285.07	12.7	67100.56	8471.07	12.6
山西	85505.50	7449.83	8.7	26892.35	2768.45	10.3
内蒙古	70255.20	10601.65	15.1	24223.00	3236.68	13.4

表 1-6　2021 年全国城市和县城公共供水漏损情况（东北地区）

地区	城市			县城		
	供水总量/$10^4 m^3$	漏损总量/$10^4 m^3$	漏损率/%	供水总量/$10^4 m^3$	漏损总量/$10^4 m^3$	漏损率/%
辽宁	237362.75	39178.81	16.5	17148.03	5246.28	30.6
吉林	86685.89	18863.39	21.8	10516.62	2197.41	20.9
黑龙江	117860.42	24744.92	21.0	17528.69	2937.63	16.8

表 1-7　2021 年全国城市和县城公共供水漏损情况（华东地区）

地区	城市			县城		
	供水总量/$10^4 m^3$	漏损总量/$10^4 m^3$	漏损率/%	供水总量/$10^4 m^3$	漏损总量/$10^4 m^3$	漏损率/%
上海	300783.48	44129.75	14.7			
江苏	571023.68	69440.42	12.2	50720.68	6955.92	13.7
浙江	450001.96	43558.78	9.7	70631.94	8159.77	11.6
安徽	219868.60	26453.91	12.0	69511.17	7824.32	11.3
福建	206793.71	23384.03	11.3	47218.65	6806.08	14.4
江西	153157.79	22032.38	14.4	70505.01	8061.43	11.4
山东	339182.94	36537.40	10.8	64087.21	6340.76	9.9

表 1-8　2021 年全国城市和县城公共供水漏损情况（中南地区）

地区	城市			县城		
	供水总量/$10^4 m^3$	漏损总量/$10^4 m^3$	漏损率/%	供水总量/$10^4 m^3$	漏损总量/$10^4 m^3$	漏损率/%
河南	198339.41	25065.80	12.6	73930.64	7019.08	9.5
湖北	302000.51	47377.62	15.7	39964.37	5499.31	13.8
湖南	234669.94	30897.99	13.2	99759.42	12398.44	12.4
广东	1039745.67	125134.72	12.0	50091.99	7281.02	14.5
广西	184000.79	22290.06	12.1	46153.02	5561.81	12.1
海南	50274.54	6191.54	12.3	9145.95	1152.65	12.6

表 1-9　2021 年全国城市和县城公共供水漏损情况（西南地区）

地区	城市			县城		
	供水总量/$10^4 m^3$	漏损总量/$10^4 m^3$	漏损率/%	供水总量/$10^4 m^3$	漏损总量/$10^4 m^3$	漏损率/%
重庆	174384.87	24770.43	14.2	15254.57	2051.85	13.5
四川	333981.24	41496.07	12.4	78699.83	10237.57	13.0
贵州	96682.31	13524.96	14.0	37628.91	5057.09	13.4
云南	108219.27	12651.25	11.7	39449.15	3395.94	8.6
西藏	15906.06	1636.84	10.3	4745.97	439.80	9.3

表 1-10　2021 年全国城市和县城公共供水漏损情况（西北地区）

地区	城市			县城		
	供水总量/$10^4 m^3$	漏损总量/$10^4 m^3$	漏损率/%	供水总量/$10^4 m^3$	漏损总量/$10^4 m^3$	漏损率/%
陕西	119409.79	9733.85	8.2	23499.16	2213.43	9.4
甘肃	59591.13	4852.89	8.1	17061.33	1570.56	9.2
青海	19725.11	1788.11	9.1	5468.48	488.57	8.9
宁夏	34291.16	3530.65	10.3	7522.82	655.51	8.7
新疆	93311.30	10959.94	11.7	29636.90	2390.05	8.1
新疆生产建设兵团	20996.45	2145.39	10.2			

2021年，城市公共供水漏损率低于10%的省份仅有山西、浙江、陕西、甘肃、青海，吉林省21.8%、黑龙江省21.0%；县城公共供水漏损率低于10%的省份仅有山东、河南、云南、西藏、陕西、甘肃、青海、宁夏、新疆，辽宁省30.6%、吉林省20.9%。

1.1.3　城镇供水管道漏损原因分析研究

城市供水管网系统安全健康地工作运行是人民生活生产和城市经济建设的保障，然而管网的构造纷繁复杂，隐蔽性强不易于检查，而且还受到诸多内在和外在的环境影响。管道在多年的输水过程中逐渐腐蚀老化，再加上维护不到位，极容易发生漏损事故，会带来巨大的危害和影响。危害包括直接危害和间接危害。

（1）直接危害

居民小区停水，影响人们生活作息；路面积水，影响人们生活和交通出行；淹没地下室、地下停车场、厂房和库房，危及人身安全和财产安全；水压冲破井盖，对周围行人造成人身危害；降低局部供水管网的水质。

（2）间接危害

水从破漏的管道中不断流出，对周围管道基础和构筑物地基构成威胁，长期浸泡很可能会引发重大事故，威胁生命；停水造成重要工业企业等生产部门无法正常运作，如核电站、供热站等部门，间接地对人们的人身安全和正常生活带来影响；由停水断电造成的工业企业经济损失，会导致各种社会纠纷和企业纠纷；自来水白白流失，对水资源造成极大浪费。

Lawrence A. Smith等将供水管道爆裂的方式分成环向破裂、纵向破裂、承口破裂和管壁穿孔四种类型，见图1-1，将管道爆裂的方式进行区分记录有利于数据统计工作的开展。

埋地供水管道在一般情况下会受到以下几种负荷：a. 外部压力，主要来自覆土、车辆和路面上的一些设施；b. 内部压力，通常由管道内部供水压力和水击压力产生；c. 温度变化引起的膨胀力和压缩力。在供水管道上截取一个管段单元，该单元上的纵向应力、径向应力和环向应力分别如图1-2所示。

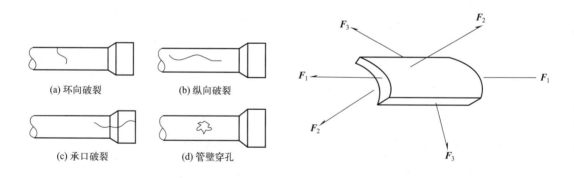

| (a) 环向破裂 | (b) 纵向破裂 |
| (c) 承口破裂 | (d) 管壁穿孔 |

图1-1　爆管的四种类型　　　　　　　　　图1-2　管道单元受力分析

引发管道环向破裂的力学原因是作用于管道上方的静荷载和动荷载与作用于管道内部的水压不平衡，造成管道挤压断裂或膨胀断裂。管道纵向破裂和承口破裂则是首先受到管道基础施工质量的影响，若管沟不平整，管道上方的压力将转化为管道纵向应力；其次在温度变化过大时，温度降低管道收缩，相反，温度升高则管道膨胀，产生纵向应力，引起管道纵向破裂以及承口破裂。管壁穿孔则是管道综合受力的结果，爆管概率则受管径（壁厚）、管材及其质量的影响。

供水管网漏损的原因复杂，往往是一种或多种因素共同作用的结果，整体可归纳为以下三个方面 10 种原因。

1.1.3.1　材料设备方面

（1）管材选择不当

管道材质低劣、耐压性差是管道漏损的内在因素。过去由于工业生产水平的限制，我国供水管网早期 DN75 以上的管材以灰口铸铁管为主，DN50 以下的以小口径镀锌管为主。据统计 80% 以上的漏损管道为灰口铸铁管和镀锌钢管，其中灰口铸铁管占绝大多数。

（2）管配件配套性差

当管配件系列不全、不配套、非标准型号时，在压力和温度有较大幅度变化的情况下管段各部分性能表现不一致、不协调，因此可能发生漏水情况。

① 阀门：阀门的漏水是最普遍的，阀杆周围密封不严、底座内部凹槽堆积物腐蚀、法兰连接处密封件脱落等都会引起不同程度的漏水，排气阀、排污阀关闭不严也会经常导致"跑、冒"现象发生。

② 马鞍：马鞍在管网中数量常常较少，但漏水现象比较普遍，主要原因是固定螺丝松动或脱落、密封垫年久老化、腐蚀破裂等。

③ 消火栓：消火栓是管道附件中漏水最多的附件，因锈蚀导致关闭不严，常常引起"滴、漏"现象，外界施工破坏和车辆撞击也常造成断裂漏水等。

1.1.3.2　设计施工方面

（1）早期建设标准偏低

我国于 20 世纪 60～70 年代建造的城市供水管网，压力一般为 0.2MPa，直到 80 年代以后提高至 0.4～0.6MPa。较低建设标准的管网很容易引发渗水问题。

（2）管道接口设计问题

供水管网中管道接口形式很多，接口的漏损概率较大，原因是接口处往往是应力的集中点，当管段发生伸缩、不均匀沉降时，应力传至接口处，容易使接口松动，甚至破裂。早期铸铁管道插口多设计为强制插口，其接口形式以铅麻插口/水泥和麻插口等为主，容易出现松脱，从而发生渗水等，后来慢慢发展为石棉水泥/膨胀水泥等方式，这种插口材料的刚度与握固力尽管表现不错，但是在管道发生不均匀沉降转变或者产生温差收拢等情况时容易出现管路横向破裂等，从而引起漏水。

（3）管道防腐处理问题

腐蚀主要是对金属管道（钢管、铸铁管、镀锌管等）来说的，是金属管道的变质现象，包括电化学腐蚀、酸碱腐蚀、微生物腐蚀，主要表现方式是生锈、坑蚀、结瘤、开裂或脆化等。随着使用时间的延长，管道受地下土质酸碱度的影响，会慢慢地腐蚀老化，特别是镀锌管、钢管、铸铁管等，腐蚀老化现象较为严重，防腐处理不当容易导致漏水以及爆管。

（4）管道施工安装问题

① 管道基础未处理好：管沟的底部基础没有满足夯实、整平等基本要求，施工时没有铺砂垫层，长期运行容易导致管道不均匀沉降，造成接口处出现渗漏。

② 覆土回填压实不够：回填时未分层夯实，管道两边的密实度达不到要求，容易造成管道局部受力，增加渗漏和爆裂的可能性，以大管径的管道更为突出。

③ 埋深不够受压过大：地下管道承受着过大的上面土层、路面及建筑物的静荷载，同时承受着交通车辆的动荷载。

④ 安装操作不规范：接口材料（如橡胶圈）不到位、管道与配件不协调、焊接质量不过关、防腐不好、法兰连接不规范等，均有可能导致管道渗漏。

⑤ 未设置支墩加固：管道在转角处未按规定设置支墩或支墩处理不当使土质松动，当管内水压增高时，其转角处因受力增大导致管道接口变形而渗漏。

1.1.3.3 运行管理方面

（1）外界环境的破坏

① 低温和冰冻影响：管道漏损在冬季相对较多，受热应力和冰荷载影响，季节性温差引起管道各部分伸缩变形不一致而产生渗漏。

② 地势沉降和荷载：城市供水管道大都敷设在地下，因此，管道不可避免要承受一定的地表荷载（包括静荷载和动荷载），还要承受管道的自重和管中的水重，从而导致地基不均匀沉降，造成管道破坏发生漏水。

③ 其他工程施工影响：其他管道施工时，没有弄清已经埋设供水管的位置，人为造成管道的破坏，主要有施工挖坏、车辆轧坏、沟槽塌方、勘探钻孔、打桩振动、新建构筑物压坏等几种形式。

（2）管网运行因素影响

① 管网水压：城市供水厂通常不但要供给用户足够的水量，而且要保证充分的水压。一些企业采用多级加压管道系统，致使局部压力过高，容易导致爆管和渗漏。

② 水锤破坏：由于迅速关闭阀门，停止水泵运行等，管内水流速度突然改变引起压力高低起伏，形成压力波，产生水锤，导致管道破裂。

（3）管网维护不到位

许多漏水事故都是由城市供水管网的维护不到位而造成的，如日常巡检和听漏不及时，造成渗漏、暗漏发现延迟，漏水损失加大，甚至小型漏水事故演变为大型爆管漏水事故。

（4）管理不到位

一些管道埋设年代已久，使用年限超过管道寿命周期，受土壤中酸碱成分和杂散电流的影响以及水中杂质的长期作用，管道已经老化，不能承受过大的温度变化、各种腐蚀、地基下沉、地面负载等因素的影响，未能及时更新改造，造成爆管、渗漏水等现象。

1.2 城镇排水管道的发展情况

1.2.1 城镇排水管道现状

随着中国经济的高速发展，国家在加强城市基础设施建设上取得了巨大的进展，作为市政工程的基础，城镇给排水系统也在城市和市郊不断地发展和延伸。根据住房城乡建设部统计数据，截至 2022 年，全国城镇排水管网总长度 141 万公里，其中，城市排水管网 91.4 万公里，县城排水管网 25.2 万公里，乡镇排水管网 24.4 万公里，具体数据见表 1-11。

表 1-11 2018~2022 年城镇排水管网总长度

年份	行政区域	管道长度/万公里
2018	城市	68.4
	县城	19.9
	乡镇	20.1
	总计	108.4
2019	城市	74.4
	县城	21.3
	乡镇	21.3
	总计	117
2020	城市	80.3
	县城	22.4
	乡镇	22.6
	总计	125.3
2021	城市	87.2
	县城	23.9
	乡镇	23.7
	总计	134.8
2022	城市	91.4
	县城	25.2
	乡镇	24.4
	总计	141

在城市排水管道中，很多已经达到了使用寿命，因年久失修造成的管道开裂、拥堵、腐蚀等病害问题给城市安全埋下了重大隐患。

排水管道就像是城市的"血管"，是城市健康运行的重要保障，一旦出现病害将会导致整个城市瘫痪，遇到大型的自然灾害时灾情将更加严重。2021 年 7 月，河南省郑州市受强降雨影响，单小时最大降水量达 201.9mm，使郑州市遭遇了严重的内涝事故，造成了多人遇难、经济损失达 655 亿元的重大灾害。

1.2.2　城镇排水管道的病害特征

受城市建设、经济条件和管理方式的制约,一些地区往往忽视对已建成排水管网的维护,城镇排水管道常常因为材料质量不合格、施工不当、腐蚀、交通荷载过大、土体沉降等原因,产生接口错位、脱节、管体裂缝、破损等结构性损伤。目前我国排水管道常见缺陷主要包括以下几种。

1.2.2.1　管道腐蚀

腐蚀主要是由于市政混凝土管常年埋于地下,管内受污水、雨水的冲刷,管外受地下水及土壤对管道的物理、化学及生物作用,复杂的环境与荷载作用,使混凝土管使用寿命大大衰减。

混凝土碳化是混凝土构筑物常见的化学反应。如图 1-3 所示(书后另见彩图),在碱性环境下,钢筋的表面会生成一层钝化膜,以防止外界有害物质的侵入。如果混凝土管产生裂缝,外部 CO_2 与水分会渗入裂缝,进而与混凝土内部的 $Ca(OH)_2$ 发生反应生成 $CaCO_3$,该反应会导致环境的 pH 值下降。碳化反应加剧,钝化膜遭到破坏,钢筋直接与水分及空气接触,造成锈蚀。

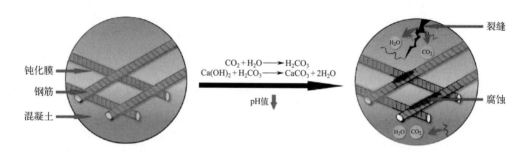

图 1-3　混凝土碳化反应示意图

氯离子的腐蚀过程与碳化反应类似,如图 1-4 所示,环境中氯离子通过管壁裂缝渗入混凝土后,吸附于钝化膜上,使该点的 pH 值下降,钝化膜受腐蚀破坏后,进而腐蚀钢筋。如果渗入的氯离子浓度较高,外露钢筋还会与未脱落的钝化膜之间形成电位差,从而形成了大阴极-小阳极的化学电池,加快了混凝土管的腐蚀速度。

污水在管道内的长期输送过程中,有机物及悬浮物沉积于管道底部,形成污泥层,在污泥层中含有多种微生物,会引发不同的腐蚀作用。如图 1-5 所示,污泥层中的硫酸根离子在 SRB(硫酸盐还原菌)作用下,还原成为硫化氢,随着污水流动及 pH 值的下

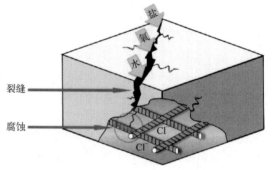

图 1-4　氯离子侵入腐蚀混凝土管示意图

降，生成的 H_2S 从污水中逸出，与管道上部的空气接触，同时在 SOB（硫氧化细菌）作用下生成 H_2SO_4。

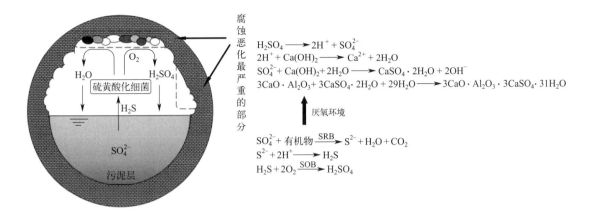

图 1-5　微生物腐蚀混凝土管示意图

H_2SO_4 与管壁接触，与混凝土中的 $Ca(OH)_2$ 反应，进而腐蚀混凝土管管壁。一般情况下，管壁的温度较管内的温度低，管内的水分会冷凝吸附在管壁上。经管壁冷却的空气向下流动，从污水中逸出的 H_2S 气体向上流动，形成对流，在管道顶部生成的 H_2SO_4 浓度最高，腐蚀也最严重。水位线以下部分的管道，由于受污水以及底部污泥层的覆盖，腐蚀程度相对较小。

1.2.2.2　管道渗漏

管道渗漏伴随着管道寿命缩短、腐蚀、不均匀沉降发生。地下水位较低时，易造成污水外渗；水位较高时，地下水会从管道缝隙处渗入。地下水渗入常常会将管道周围的土体一并带入市政管道，如此会逐步将管道周围的土体掏空，严重时会导致地面塌陷。一旦管体受到结构性破坏，或者管体的承载能力不足以承受外荷载时，管道很快就被压垮，柔性管材尤为明显。

早期受技术水平的制约，管道施工质量存在缺陷。密封材料多为黏土、水泥砂浆、沥青和密封圈，现如今大部分都已经损坏，如不及时更换的话将可能导致在密封处发生渗漏，如图 1-6 所示（书后另见彩图）。即使密封材料和管道部件得到了改良，因环境影响，密封处也极有可能发生渗漏。

1.2.2.3　管道阻塞

如图 1-7 所示（书后另见彩图），管道阻塞是污水中的固体物质或工程材料滞留在管道内，阻碍了管道内污水流通的现象，会导致污水产生绕流，甚至水位提升，埋下渗漏的风险。此外，管内的固体物质减小了管道的过流面积，如果不及时清除将造成更严重的管道缺陷。在雨水管道中，受雨水冲刷的沉积物随水流排出到河道，导致水体污染。树根的侵入还会加剧管道的泄漏，引发管壁破裂。

图 1-6　管道渗漏

1.2.2.4　管道偏移

如图 1-8 所示（书后另见彩图），管道偏移是在温度变化和重力作用下，管道受温度变化热胀冷缩造成纵向偏移的现象，管段长时间受重力影响，在垂直方向上也会产生偏移。除以上两种原因，造成偏移还可能是因为施工作业中操作不当、管道附近水文地质条件发生改变、外部荷载的变化、管道的自然沉降、地震破坏等。

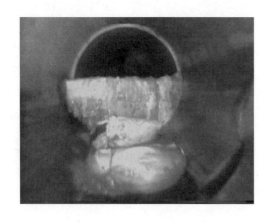

图 1-7　管道阻塞　　　　　　　　　　　　　　　　图 1-8　管道偏移

1.2.2.5　管道机械磨损

磨损通常出现在管道底部，由于其长期受到冲刷作用，故为磨损的重点区域。管道内污水流动时，管壁与污水中固体颗粒、流体介质以及气体产生相互碰撞，引起对管壁的机械磨损，如图 1-9 所示（书后另见彩图）。水中的固体颗粒随水流流动，对管道产生的磨损称为冲刷磨损。当管道中水流流速较高时，管壁上凹凸不平的区域会发生局部压力变化，当绝对压力降低到水的饱和蒸汽压以下时就会形成气泡。而在邻近区域，因压力恢复，先前形成的气泡会聚集、破裂，产生高频冲击，造成管壁点状侵蚀，这种磨损称为空穴气蚀。

图 1-9　管道机械磨损

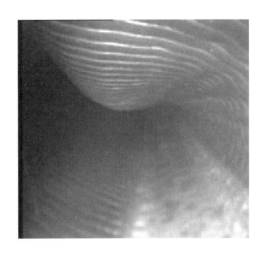

图 1-10　管道变形

1.2.2.6　管道变形

　　管道变形一般有刚性变形和柔性变形两种。当管道受管压或其他外部荷载作用发生破坏时，产生的变形为刚性变形。当管道受周围荷载产生变形，且变形后管道周边土体的荷载重新分布，与土体共同承受水力荷载时，产生的变形称为柔性变形，如图 1-10 所示（书后另见彩图）。

　　导致管道发生变形的因素主要有：管道在设计施工时，没有按照规范和标准执行；未全面考虑管道所受的荷载；土体条件不满足铺设要求；管道材料存在质量问题；地基处理方法不当，振实不彻底；受温度变化影响；等等。

1.2.2.7　管道破裂与管道坍塌

　　管道破裂通常出现在刚性管道上，包括纵向、横向和点源裂缝，裂缝是管道塌陷的诱导因素。和引发其他缺陷的原因类似，温度的变化也是引发裂缝的关键因素，受热胀冷缩影响，管道裂缝的延伸加剧。此外，受应力作用，裂缝两侧发生错位，也会加剧裂缝的延伸，进一步发展会造成管道破碎。管道坍塌是管道破裂长期发展的结果，如图 1-11 和图 1-12 所示（书后另见彩图）。

　　中国城市规划协会地下管线委员会《2021 年全国地下管线事故统计分析报告》指出：2021 年共收集到全国地下管线相关事故 1723 起，其中，地下管线破坏事故 1355 起，路面塌陷事故 347 起，其他事故 21 起，分别占事故总数的 78.64%、20.14% 和 1.22%；事故共造成 317 人受伤，76 人死亡。2019~2021 年间，地下管线相关事故的年平均增长率高达87.90%，对人民群众的生命财产安全和城市安全运行造成了极大威胁，管道的修复已迫在眉睫。

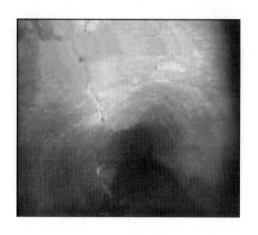

图 1-11 管道破裂

图 1-12 管道坍塌

1.3 给排水管道检测技术发展现状

作为城市的骨干基础设施，排水管网对于现代城市环境安全至关重要。截至 2021 年底，我国排水管道长度超过 8.0×10^5 km，污水年排放量达 6.25×10^{10} m³。由于结构恶化和环境动态变化的影响，我国市政排水管网事故频发。断裂、堵塞、腐蚀等管道问题，严重影响了污水系统的运行和市民的安全。随着城市的发展，市政污水管网在维护方面可能会面临前所未有的难题。常用的管道检测方法多为人工检测，但是排水管道埋于地下，结构复杂，人们很难直接在管道内工作，并且污水在管道内汇集发酵会产生硫化氢、一氧化碳等有毒有害气体，人工作业存在较大的安全隐患。机器人技术的发展和人们对管道安全的重视促进了管道机器人的推广。基于运动快速、操作灵活、判断准确和成本较低的优势，管道机器人已成为世界范围内市政排水管网维护管理的新趋势。管道的运行维护需要充足的管道数据作参考，因此，管道检测的主要目标应是通过检测获得准确的信息，而数据的准确性与完整性离不开高效准确的管道检测方法。根据不同的检测原理，管道检测技术可分为基于摄像机视觉的管道检测、基于计算机视觉的管道检测和基于非视觉的管道无损检测。

管道普查作为排查管道缺陷的常规手段，其主要任务是检测管道的结构功能状况，对存有缺陷的管道制订维修计划，从而保障城镇排水管道系统稳定运转。目前排水管道的普查技术主要分为传统管道普查方法和探测仪器辅助管道普查方法。

传统管道普查方法由技术人员进入管道内部探查，其工作成本高、效率低，并不适用于管道检测任务，只能作为辅助检测手段。面对一系列传统排水管道检测方法存在的问题，检测排水管道方式向协助、代替人工方向（即探测仪器辅助管道普查方法）发展。探测仪器辅助管道普查方法主要有潜望（quick view，QV）检测法、声呐检测法、探地雷达检测法、闭路电视（CCTV）检测法、3D 激光扫描检测法、超声导波检测法。表 1-12 为管道检测方法对比表，图 1-13 为管道检测机器人系统（书后另见彩图）。

表 1-12 管道检测方法比较

检测技术	工作原理	检测效率	主要应用领域	优势
QV 检测	图像捕获	高	管道内部检测,如裂缝、腐蚀等	高分辨率,能够检测细微的表面问题
声呐检测	超声波扫描成像	受工作频率影响	泄漏和裂缝检测,通常用于液体传输管道	可以检测管道内部问题,如裂缝、漏水等
探地雷达检测	雷达扫描成像	受天线频率影响	管道内部检测,适用于各种管道类型	可以穿透非金属管道,适用于不同材质的管道
CCTV 检测	图像捕获	高	管道内部检测,常用于污水处理等	实时监测管道,可用于检测问题的变化
3D 激光扫描检测	激光扫描成像	高	建筑、工程项目,模型生成和分析	可以创建精确的管道内部模型
超声导波检测	超声波扫描成像	受工作频率影响	管道内部检测、腐蚀检测、强度检测	可以穿透部分涂层或污垢,适用于不同管道材质

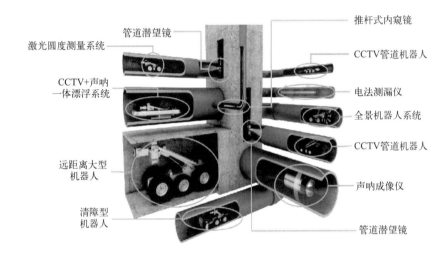

图 1-13 管道检测机器人系统

(图片来源:武汉中仪物联技术股份有限公司)

1.3.1 闭路电视(CCTV)检测法

基于摄像机的视觉检测可用于管道缺陷诊断以及管道维护。闭路电视(CCTV)检测系统一直是基于摄像机的视觉管道检测主要技术之一。CCTV 能检查管道结构性和功能性缺陷,但对检测管道要求较高。采用机器人 CCTV 检测系统进行管道检测前,必须对管道进行排水和清洗,清除管内障碍物,该过程耗时、昂贵且效率低下。此外,由于主观的人为解释和缺乏量化措施,缺陷报告在个别检查员之间不一致。但随着技术的进步,相机可以轻松获得更高质量的图像数据,管道视觉检测更为精确,因此,图像处理在管道缺陷检测中的应用成为研究热点。管道 CCTV 检测示意如图 1-14 所示。

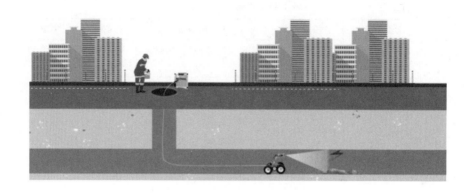

图 1-14 管道 CCTV 检测示意图

（图片来源：博铭维智能科技有限公司）

1.3.2 潜望（QV）检测法

潜望检测法是目前国际上用于管道状况检测的主流手段之一，由机械设备代替人工探入管道的检测方式，可以避免管道内部的危险情况对工作人员人身安全造成损害。潜望检测法采用伸缩杆将视频设备探入管道内部，通过将伸缩杆的调节功能与视频设备的放缩功能相结合，拍摄管道内部情况，如图 1-15 所示。其最大的特点是方便快捷，但是缺点是只能在管道检测口附近 100m 的范围内检测。针对管道内部更深处的调查检测，目前工程界采用的是闭路电视检测与潜望检测相互配合的方法。

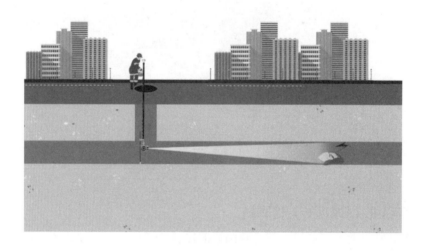

图 1-15 管道 QV 检测示意图

（图片来源：博铭维智能科技有限公司）

1.3.3 声呐检测法

声呐或超声波具有灵敏度高、穿透力强、探伤灵活、效率高、成本低等优点，是一项比较实用的检测技术。检测系统通常包括声呐探头、连接电缆和带显示器的声呐（超声波）处理器。声呐探头安装在牵引车、浮子或遥控水下装置上，而后被送入管道中并在管道内移动。检测系统采用主动声呐工作方式，利用声呐探头快速旋转并向水中发射超声波信号，然后从排水管道的不同表面反射回来，通过接收水下物体的反射回波发现目标，目标距离由发射脉冲和回波到达的时间差进行计算，采用计算机及专用软件系统对接收的反射回波信号进行自动处理以测定检测目标的各种参数，得到管道表面完整的360°外形图。检测结果具有直观的效果，可以判断管道断面的管径、沉积物形状及其变形范围。

目前，比较先进的排水管道声呐检测系统是PC1512声呐检测系统。该系统由一个水下扫描单元［由爬行器或ROV（遥控潜水器）驱动，可以滑行、漂浮］、声学处理单元以及一台高分辨率彩色显示器组成。声学处理单元装有硬盘驱动器，用于存储从显示器上得到的高分辨率轮廓图片，存储图像可以重新载入系统，指针定位，并可以进行数据的后期测量分析。

自带动力的排水管网水下声呐检测机器人，搭载环形扫描声呐，在管道不做预处理的情况下，能识别判定管道的沉积、变形、破损、异物穿插等缺陷情况。图1-16为动力声呐检测机器人。

1.3.4 探地雷达检测法

探地雷达是一种基于电磁波的地球物理勘探技术，用于无损地探测地下结构和物质分布。它通过发射高频的电磁脉冲信号，并接收其在地下反射、折射以及吸收后返回的信号，从而获取地下结构的信息。这些电磁波通常处于射频至毫米波的频段，具有较短的波长，能够穿透地下表面并与不同材料的界面相互作用。探地雷达在给排水管网中已经成为非常有价值的工具，用于管线定位、检测管线状态、识别问题以及规划维护等方面。图1-17为探地雷达机器人照片。

图1-16　动力声呐检测机器人　　　　　　　图1-17　探地地质雷达机器人
（图片来源：博铭维智能科技有限公司）　　　（图片来源：博铭维智能科技有限公司）

搭载CCTV高清摄像头和探地雷达，可以同步采集管道内部信息，探测地下管道周边存在的空洞、脱空、疏松体、富水体等病害的大小与分布，以及管道周边土壤回填密实度或灌浆密实度。

1.3.5 3D激光扫描检测法

随着管道检测精度的提升，传统的检测方法已无法满足高精度要求，因此引入更先进的激光扫描技术已成为实现高精度、高效率管体凹陷检测的必然趋势。3D激光扫描技术可以快速获得目标表面点云数据，能够反映目标实时现状，点位精度高，极大地降低了检测成本，且更加方便、快捷。基于 3D 激光扫描技术的变形检测方法已成功应用于大型水坝、隧道等工程的结构监测，并在逆向工程、机器人等领域得到了广泛应用。但由于该技术采集的数据量大，因此需要配备专业的数据处理软件，且对计算机的硬件要求较高。采用基于 3D 激光扫描技术的扫描仪，结合数据处理软件，进行点云数据获取和后期数据处理，表明 3D 激光扫描技术在管道检测领域具有适用性。

图 1-18 中的点 (1,2) 表示管道凹坑网格第 1 行、第 2 列。根据管道内检测结果，确定某在役埋地输油管道存在管体凹陷，管体凹陷范围较大，凹陷深度较深，使用传统的深度规或网格测量方式误差较大。

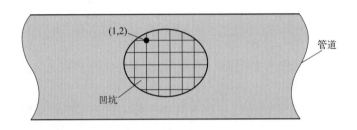

图 1-18　常规尺量网格法测量管体凹陷部位检测方法示意图

目前，国际上广泛采用 3D 激光扫描技术测量管体缺陷。3D 激光扫描技术是一种先进的全自动高精度立体扫描技术，可以无接触、高效率、高精度地完成管体的精确扫描；同时，建立应变分析数学模型进行缺陷的应变和疲劳分析，对缺陷整体形貌、缺陷应力集中等情况进行更深入的测量与分析。

1.3.6　超声导波检测法

超声导波（简称导波）检测法是近几年发展起来的一种新型的管道缺陷检测技术，具有传播距离远、检测速度快、可覆盖被检测物体的整个横截面、检测效率高等优点。对于表面裹有包覆层或埋地的管道，不需要将包覆层剥去或将地面挖开，只需在管道一端布置相应的传感器阵列，直接激励出相应的超声导波模态，因此在很大程度上降低了管道的检测经济成本，在管道检测中得到了广泛应用。

超声导波检测不仅可以利用超声技术检测管道焊缝的缺陷，还可以利用超声技术定点测厚，对于管道整体的内检测技术随着技术的发展越来越普及，但是有些管道的检测用常规的检测手段难以实现，例如有保温层的管道、小管径穿越的管道和套管内的管道，该特殊部位存在薄弱点，难以检测，出现问题也难以发现，因此找到适用于特殊位置的检测方法迫在眉睫。

1.3.7　带压管网检测技术

带压管网检测技术是通过管道附属设施，将检测机器人投入压力管道中，进行管内带压检测，查找管内存在的锈蚀、破损、异管插入等缺陷。图 1-19 是供水管道带压检测机器人工作示意图。

供水管道带压检测机器人采用模块化设计，配备流体力学动力伞与推进器两种动力装

图 1-19　供水管道带压检测机器人

（图片来源：博铭维智能科技有限公司）

置，可根据不同的检测工况，搭载云台灯光、高精度环形扫描声呐、压力变送器、水听器、定位信标、陀螺仪等传感器，形成多种形态，可对管道进行全方位的检测，如图 1-20 所示。

(a) 小管径形态
- 小型动力伞
- 最小DN80闸阀投放
- 可检测管径DN200及以上的管道

(b) 声呐形态
- 搭载高精度环形扫描声呐
- DN100及以上闸阀投放
- 有效适用于DN500以上的高浊度压力管道检测

(c) 自主动力形态
- 自带动力前进，无需配备动力伞
- 可主动选择检测管道路径
- 适用于DN150及以上闸阀投放
- 可用于DN500以上的无水流、支管多、管道内异物障碍多等复杂工况的管道

(d) 云台形态
- 前置云台搭载高强度灯光设备
- 可360°环视壁壁，精准捕捉细节隐患
- 适用于DN100及以上闸阀投放
- 可进入DN500以上的大管径管道进行检测

图 1-20　供水管道带压检测机器人不同形态

1.3.8　管道漏损检测技术

管道漏损检测是确保管道系统安全性和可靠性的主要方法之一。管道漏损检测可对管道系统中的压力、流量、温度、声音、气体浓度等参数变化进行监测，以便及早发现潜在的泄漏或漏损。

（1）检测方法

其检测方法主要包括以下几种。

① 压力差法：这是最常用的漏损检测方法之一，监测管道两端有压力差，如果管道中有泄漏，将导致压力下降，系统会定期测量压力差，并在异常情况下报警。

② 流速法：管道中的液体或气体流速变化也可以用于检测漏损，漏损通常会导致流速的增大或减小，这些变化可以通过流量计或速度传感器来监测。

③ 声波检测：通过使用声音传感器监测管道内部的声音变化来检测漏损，当液体或气体穿越漏洞时，会产生声音，这些声音可以被捕捉和分析。

④ 红外或气体检测：可用于检测气体管道中的泄漏，通过检测泄漏气体的浓度变化，可以确定漏损的位置和严重程度。

⑤ 温度变化：漏损通常会导致管道附近的温度发生变化，监测管道表面或周围的温度变化可以检测出潜在的问题。

（2）管道漏损检测的优点

① 及早发现问题：管道漏损检测可以在漏损问题变得严重之前及早发现，降低了环境和安全风险。

② 自动化：大多数漏损检测系统可以自动运行，不需要持续的人工干预，提高了效率。

③ 降低维修成本：通过迅速发现漏损，可以及时采取维修措施，避免了更大的维修成本和更长的停机时间。

④ 环保：漏损检测有助于减少泄漏造成的环境污染。

⑤ 提高可靠性：漏损检测有助于维护管道的完整性，从而提高管道系统的可靠性和持久性。

（3）管道漏损检测的缺点

① 误报率：有时会出现误报，将正常变化误认为是漏损，需要仔细校准和监测。

② 设备和维护成本：一些检测需要高成本的传感器和设备，并需要定期维护和校准。

③ 依赖电力和通信：自动化系统需要电力供应和通信设施的支撑，如果中断可能会影响漏损检测的可靠性。

④ 局限性：某些漏损检测方法对于特定类型的管道或液体/气体介质可能不适用。

综上所述，管道漏损检测是管道管理的关键组成部分，尽管存在一些挑战和缺点，但其优点明显超过了缺点，有助于确保管道系统的安全性和可靠性。选择适当的漏损检测方法应综合考虑管道特性、环境条件和成本等因素。

管道内壁为绝缘材料，电性为高阻抗，水和大地为低阻抗。管道内壁完好时，接地电极和探棒电极之间的电阻很大，电流很小；当管道内壁存在缺陷时（例如污水的漏进/漏出），电极之间存在低阻抗通路，电极之间的电流因此增加。图 1-21 所示为电法测漏原理（书后另见彩图），图 1-22 所示为电法测漏仪实物图片。

1.3.9 管道剩余强度检测技术

管道剩余强度检测是用于评估管道系统结构完整性和耐久性的主要方法，可以确保其长期安全运行。管道剩余强度检测的原理涉及使用各种技术和方法来评估管道系统内部和外部的腐蚀、裂纹、材料退化和其他结构性缺陷，以确定管道的剩余寿命和结构强度。

（1）检测原理

其检测原理包括以下内容。

① 超声波检测：这是一种非侵入性方法，通过向管道表面或内部发送超声波束，然后测量其反射来检测腐蚀、裂纹和其他结构性缺陷。不同类型的超声波探头可以用于不同类型的管道材料和厚度。

② 磁粉检测：磁粉检测使用铁磁性粉末，通过在管道表面涂覆粉末并应用磁场来检测管道壁上的裂纹和缺陷，当磁粉附着在缺陷处时可以通过视觉检查或磁粉探测仪来检测

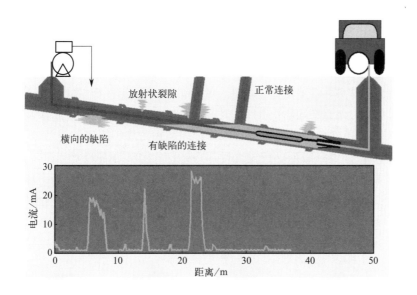

图 1-21 电法测漏原理

（图片来源：武汉中仪物联技术股份有限公司）

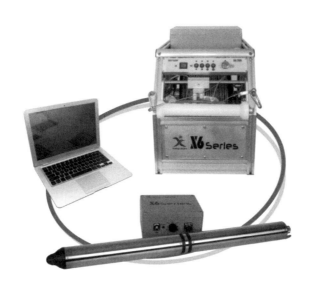

图 1-22 电法测漏仪

（图片来源：武汉中仪物联技术股份有限公司）

问题。

③ 射线检测：使用 X 射线或 γ 射线来穿透管道壁并检测内部结构性缺陷。这是一种非侵入性方法，可以检测到裂纹、腐蚀、焊接问题等。

④ 应力分析：通过应变计或应力传感器来监测管道的应力分布，这可以用于评估管道在不同条件下的应力和应变，以确定剩余强度。

⑤ 振动分析：通过监测管道的振动模式和频率来评估其结构的完整性，不均匀的振动

模式表明可能存在问题。

⑥ 电化学检测：通过监测管道材料的电化学反应来检测腐蚀和材料损伤，这包括测量电流、电位差和金属离子的释放。

（2）管道剩余强度检测的优点

① 精准性：许多非破坏性检测方法可提供高度精确的数据，从而精确评估管道的剩余强度。

② 早期问题发现：可以在问题变得严重之前及早发现，从而减少维修成本和避免突发故障。

③ 数据支持：提供详细的数据，支持维修计划和预防维护决策的制订。

④ 不中断生产：许多方法可以在线进行，不需要关闭管道系统，从而减少停机时间。

⑤ 安全性：检测有助于确保管道的结构完整性，降低事故风险，减少环境污染和人员伤害。

（3）管道剩余强度检测的缺点

① 设备和技术要求：一些方法需要昂贵的设备和专业的技术人员，这可能增加成本和复杂性。

② 历史数据依赖：准确的剩余强度评估通常需要与历史数据进行比较，对于新管道或缺乏历史数据的情况较为困难。

③ 局限性：对于不同类型的管道和病害，各检测方法检测能力有限，需要选择适当的技术。

④ 未知因素：无法考虑所有可能的失效模式和未知因素，因此可能存在一定的风险。

⑤ 时间和资源消耗：某些方法可能需要较长时间才能完成全面的检测，这可能会影响管道的运行。

综上所述，管道剩余强度检测对于管道管理至关重要，但需要仔细选择适当的方法，根据具体管道的特点和需求来制订维护策略，这有助于确保管道系统的长期安全性和可靠性。

管道强度检测原理如图 1-23 所示，弹性波速度与材料的动弹性模量之间存在着一定关系，通过测量管道中弹性波的传播速度来反映管道的强度。通过震源在管壁发出冲击信号，然后通过传感器接收冲击信号，通过分析信号，得到两个信号传播的时间差，而已知两个探头的距离，从而可算出波速。表 1-13 所列为混凝土强度与弹性波速对照，图 1-24 所示为弹性波检测仪。

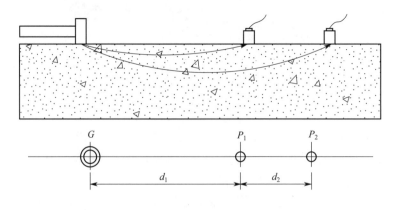

图 1-23 管道强度检测原理图

G—震源；P_1—探头 1；P_2—探头 2；d_1—探头 1 与震源间的距离；d_2—探头 2 与探头 1 间的距离

表 1-13　混凝土强度与弹性波速对照

混凝土强度	C15	C20	C25	C30	C35	C40	C45	C50	C55	C60
混凝土波速/(m/s)	2500	3000	3400	3700	3876	4000	4097	4180	4242	4300

注：C15 表示抗压强度达到了 15MPa，以此类推。

图 1-24　弹性波检测仪

1.4　给排水管道非开挖修复技术发展现状

相比于管道开挖修复技术，管道非开挖修复技术的优势更为明显，具体如下。

① 可以避免开挖施工对居民正常生活的干扰，以及对交通、环境、周边建筑基础的破坏和不良影响。非开挖施工不会阻断交通，不会破坏绿地、植被，不会影响商店。

② 在开挖施工无法进行或不允许开挖施工的场合，可用非开挖技术从其下方穿越铺设，并可将管线设计在工程量最小的地点穿越，减少对现有河网、管线的干扰。

③ 施工效率高。非开挖修复不需要进行土石方的开挖和回填，大大缩短了工程项目的工期，施工速度快，方便解决临时排水问题，且施工完成后可在较短的时间内实现通水，施工周期短，在确保施工质量的基础上可大幅降低工程施工成本。

④ 修复类型广。非开挖修复后的内衬管强度和环刚度高，能对坍塌管道管顶起到一定的支撑作用，可用于管道结构性、半结构性防渗漏修复，对于重力管道和压力管道的应用无局限性，可用于修复管道界面为圆形、蛋形、方形、马蹄形的各种给排水管网。

⑤ 可精准修复。现代非开挖技术可以高精度地控制地下管线的铺设方向、埋深，并可使管线绕过地下障碍物（如巨石和地下构筑物）。

⑥ 修复性能优异。非开挖修复可达到防腐、防渗、增加结构强度、延长原管道使用寿命等效果，修复后的内衬管道与原管道紧密贴合，内衬管表面光滑，减小了原有管道的过流阻力损失，还可加大管道直径，从而增加原有管道的过流能力。

⑦ 施工安全性和环保性。施工时路面的暴露面较小，对施工人员和途经的车辆行人而

言，大大提高了安全性。非开挖修复技术避免了因开挖施工而产生的扬尘、土石等对路面环境造成的破坏（开挖时，路面的使用寿命会缩短 60％左右）。

⑧ 有较好的经济效益和社会效益。在可比性相同的情况下，非开挖管线铺设、更换、修复的综合技术经济效益和社会效益均高于开挖施工，管径越大、埋深越大时越明显。

管道非开挖修复主要分为管道更新、局部修复和整体修复三大类。

（1）管道更新

管道更新是指管道的原位替换，对无法修复的管道实施碎（裂）管法，然后将原有损坏管道用新管道替换。管道更新常用的修复技术有内置套管修复技术、液压胀管扩管技术、胀插法施工技术、碎（裂）管法修复技术等。

（2）局部修复

局部修复是对管道上的局部损坏点或接口错位、局部腐蚀等缺陷进行修复，以达到堵漏防渗的目的。局部修复方法包括不锈钢套筒法和点状原位固化法等，适用于管道破损较轻、渗漏点较少的情况。常用的局部修复技术包括嵌补法、点状 CIPP（原位固化）法、不锈钢双胀圈法等。

（3）整体修复

整体修复是针对某一特定管段，在进行修复后可以达到加固、防渗、防腐要求的方法。在排水管道中常用的整体修复技术包括穿插法、原位固化法、折叠内衬法、缩径内衬法、机械螺旋缠绕法、管片内衬法等。在市政供水管道修复中，目前可选择的、较为成熟的技术有翻转内衬法修复工艺、UV-CIPP（紫外-原位固化）管道修复工艺、喷涂管道修复工艺、玻璃钢夹砂管内插修复工艺、折叠管牵引内衬修复工艺、模块拼装法管道修复工艺。

1.4.1　原位固化法

原位固化法按照施工方式可分为翻转法、拉入法以及复合法；按照固化方式，可分为热水固化、蒸汽固化、自然固化以及紫外光固化。此处以翻转法热水固化修复技术和紫外光固化修复技术为例进行介绍。

（1）翻转法热水固化修复技术

翻转法热水固化修复技术是将充填好热固化树脂的无纺布软管，通过水压翻转进入原有管道内，树脂层紧贴原有管道，防渗层置于管内，通过热水锅炉加热循环水，使树脂反应固化，形成内衬管，如图 1-25 所示（书后另见彩图）。

翻转法热水固化修复技术在排水领域应用时间较长，是最早发展起来的管道非开挖修复技术，在世界范围内有超过 40 年的应用历史，质量稳定可靠。近年来由于热固化材料储存困难，锅炉上路操作面临压力容器风险，而逐渐减少使用。但是，由于翻转法的工艺特点，其在长距离（500m）、大管径管道（DN3000）的应用上有巨大潜力，且过弯能力强，可修复 90°弯头，壁厚可根据设计要求不断增大，在解决供水安全问题的前提下，在供水管道非开挖修复方面将具备长足应用优势。

（2）紫外光固化修复技术

紫外光固化修复技术是将浸润好光固化树脂的玻璃纤维织物软管，牵拉进入原有管道内，通过充气膨胀使软管紧贴原有管道，之后通过紫外光的辐照，引发树脂固化，形成高强度的内衬管，如图 1-26 所示（书后另见彩图）。

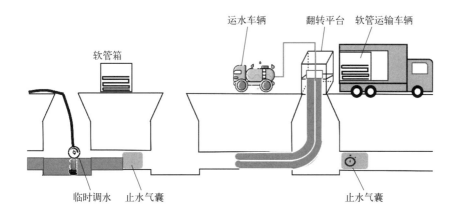

图 1-25　翻转法热水固化修复技术

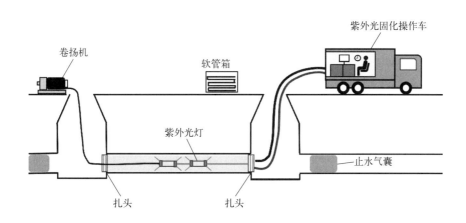

图 1-26　紫外光固化修复技术

紫外光固化修复技术因其操作简单，材料储存时间长，在排水管道修复领域占有大部分市场份额，基本取代了翻转法热水固化修复技术。目前最大修复管径达到 DN2000，内衬管壁厚达到 2cm 以上，过大的壁厚会导致固化不完全，引发工程缺陷，因此大管径软管及长距离施工是该技术突破的难点。

1.4.2　机械螺旋缠绕法

机械螺旋缠绕法是将 PVC-U（硬质聚氯乙烯）带状型材和钢带压合，以螺旋缠绕的方式向前推进。在缠绕过程中，型材边缘的公母锁扣互锁，并将钢带压合在接缝处，到达下一检查井后，在内衬管与原有管道之间灌注水泥砂浆，从而形成具有高强度和良好水密性的复合内衬管，见图 1-27（书后另见彩图）。

机械螺旋缠绕修复技术典型的优势是能够带水作业，特别适合大管径管道的修复。PVC-U 塑料带缠绕形成模板，通过嵌合钢带，提高整体强度，通过注浆，有效嵌补原有管道与塑钢内衬空隙，形成复合管道。管径覆盖 DN300～DN5500，施工长度可根据原有管道长度任意延长。该技术的缺点是过弯能力较差，占原有管道截面较大，过水断面面积损失较大。

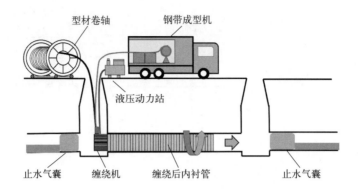

图 1-27　机械螺旋缠绕修复技术

1.4.3　原位热塑成型法

　　原位热塑成型法是将折叠内衬管加热软化，采用牵拉方法置入原有管道内，通过加热、加压使其膨胀，并与原有管道紧密贴合，冷却后形成内衬管，如图 1-28 所示（书后另见彩图）。

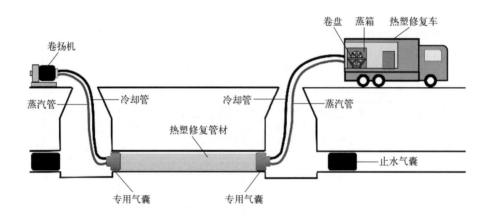

图 1-28　原位热塑成型修复技术

　　热塑成型修复技术施工过程仅涉及材料的物理变化，不进行化学反应，因此在原料满足饮用水安全要求情况下可用于供水管道的修复。目前最大修复管径可达 DN1200，壁厚覆盖3～20mm。过大壁厚会导致残余应力不均，进而发生开裂现象，导致工程失败，并且在长距离施工过程中温度控制和拉伸力度控制仍是一个技术难题。

1.4.4　喷涂法

　　喷涂法是采用人工或喷涂机将有机或无机喷涂材料均匀地喷涂到管道内壁的管道修复方法。喷涂材料通过黏结作用与原有管道结合，原管道的材质可以是混凝土、钢筋混凝土、钢、铸铁、砖、石材料。喷涂修复技术如图 1-29 所示（书后另见彩图）。
　　喷涂内衬管是否可用于结构性修复，主要取决于其是否具有经济性，即取决于喷涂内衬管管壁厚度。目前，国内用于结构性修复的高分子材料主要是高强聚氨酯、改性聚脲类材料，在局部使用和抢险过程中，进行结构性修复具有机动灵活的优势。当用于全管段结构性修复时，高分子材料喷涂法因价格高昂，不一定具有经济优势。

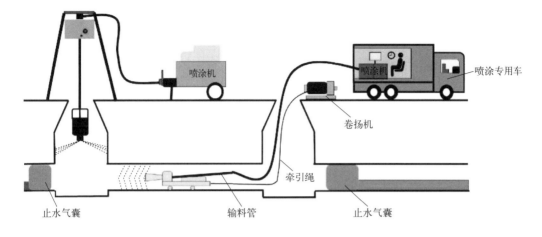

图 1-29　喷涂修复技术

1.4.5　穿插法

穿插法是采用牵拉或顶推的方式将内衬管直接置入原有管道的修复方法。可采用折叠内衬和缩径内衬，管材为 PE（聚乙烯）材质。穿插修复技术如图 1-30 所示（书后另见彩图）。

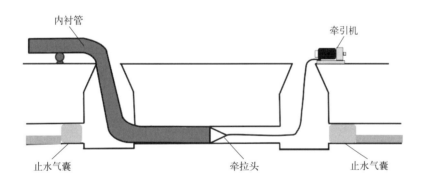

图 1-30　穿插修复技术

穿插法适合管径大于 DN200 的管道修复，因 PE 材料密封性好、整体性强、卫生级别高，穿插法在供水管道修复中应用较多。为了增加施工距离，近年开发了柔性复合材料，可满足长距离施工要求，但此类材料依靠原有管道较多，能够承受内压而不能承受外压。

1.4.6　碎（裂）管法

碎（裂）管法属于非开挖更换技术中的一种，它是应用机械力将原有管道从内部纵向割裂或脆性破碎，并将管道碎片挤入周围土体或取出，同步顶（拉）入等径或更大直径新管道的原位更换工法，可用于较宽的排水管道直径范围和各种地层条件，如图 1-31 所示（书后另见彩图）。该技术所用新管管材可为 PE 实壁管、球墨铸铁管、泥管、陶瓷管、石棉管、钢管等，内衬管的接口可采用焊接、机械连接等传力方式。

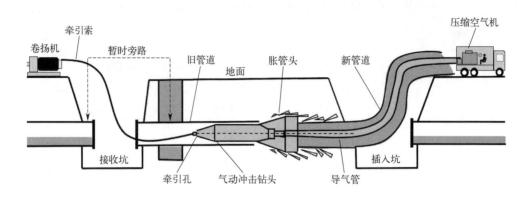

图 1-31　碎（裂）管法修复技术

碎（裂）管法适用于等管径管道更换或更大直径管道更换以及不同管道材质的更新施工，包括脆性管道（石棉水泥管、混凝土管、灰铸铁管等）、柔性管道（金属管、塑料管）以及无相关技术或受限管道，适用管径为 50～1200mm。与其他管道修复方法相比，碎（裂）管法的优势在于能够采用大于原有管道直径的管道来更换原有管道，从而增加管道的过流能力。碎（裂）管法非常适合更换管壁腐蚀、管道变形［超过壁厚80%（外部）、60%（内部）］和塌陷的管道，但由于存在着工艺差异、材料多样性等问题，施工质量难以控制，不利于该技术的应用与推广。

1.5　非开挖修复施工关键设备

非开挖修复施工关键设备是各技术实施过程中不可或缺的，表1-14列出了几种非开挖修复技术涉及的施工设备的大致情况。

表 1-14　非开挖修复设备信息

序号	设备名称	设备动力来源	生产厂家	服务技术
1	热水加热机	燃油、燃气、电力	上海管丽建设工程有限公司、澜宁管道（上海）有限公司	翻转式热水原位固化修复技术
2	紫外光固化机	电力	杭州四叶智能设备有限公司、安徽普洛兰管道修复技术有限公司	紫外光固化修复技术
3	卷扬机、钢带机	电力	天津倚海科技发展有限公司	机械螺旋缠绕修复技术
4	空气换热机	燃油、燃气、电力	江苏徐工集团工程机械股份有限公司	原位热塑修复技术
5	喷涂机	电力	宁波华宁机械制造有限公司、温州温工工程机械有限公司	喷涂修复技术
6	折叠机、缩径机	电力	山东柯林瑞尔管道工程有限公司	穿插法
7	液压碎管机	电力	山东卡博恩工程机械有限公司、济宁鼎东机械设备有限公司	碎（裂）管法

施工的成功，除了需各技术的核心材料外，还要靠施工装备加以实现，而非开挖修复设备从原有单一设备也逐渐丰富起来，从进口转向国产化，并相继进行市场化和标准化。如安徽普洛兰公司"紫舰"系列光固化车，作为国内领先的光固化材料生产企业，安徽普洛兰也致力于光固化设备的国产化，主持了国内第一部光固化设备的产品标准编制工作。天津倚通科技发展有限公司依托丰富的螺旋缠绕施工经验积累，也开发了系列机械螺旋缠绕设备，并逐步实现智能化。江苏徐工机械以热塑成型施工车辆进入非开挖领域，也加速了非开挖修复设备的集成化。

总之，工业4.0时代下的智能制造为产品质量控制提供了有效支撑，如图1-32所示的基于数字化管理的云平台，也将为多点分散工程质量控制带来福音。管道检测与修复已进入了机器人时代，各类先进的管道检测设备、修复装备逐步投入市场，大数据、机器视觉、智慧管控的融入更好地替代了人工，减少了人员伤亡，为实现给排水管道修复事业的健康及高质量发展保驾护航。

图1-32 基于数字化管理的云平台

ARP—地址解析协议；ICMP—Internet控制报文协议；IPv6—互联网协议第6版；WDM—波分复用

参考文献

[1] 中华人民共和国住房和城乡建设部.中国城市建设统计年鉴（2020）[M].北京：中国统计出版社，2021：10-12.

[2] 王志委.埋地式圆形混凝土排污管腐蚀规律及蚀后力学性能[D].重庆：重庆大学，2012.

[3] 阎富杰.市政混凝土污水输送管道内部腐蚀及防腐的研究[J].城市道桥与防洪，2019（08）：305-307，314，35.

[4] 王萌.城市生活污水对混凝土的腐蚀及防治研究[D].石家庄：石家庄铁道大学，2015.

[5] 安关峰.城镇排水管道非开挖修复工程技术指南[M].北京：中国建筑工业出版社，2016：25.

[6] 胡远彪，王贵和，马孝春.非开挖技术施工[M].北京：中国建筑工业出版社，2014：56.

[7] 赵俊岭.地下管道非开挖技术应用[M].北京：机械工业出版社，2014：23.

[8] 马保松.非开挖管道修复更新技术[M].北京：人民交通出版社，2014：31-32.

[9] 城市系统工程研究所.2021年全国地下管线事故统计分析报告[EB/OL].中国城市规划协会地下管线专业委员会，2022-01-22.

[10] 马保松，舒彪，陈宁宁.非开挖工程领域相关技术标准探讨［C］//中国地质学会非开挖技术专业委员会.2010年非开挖技术会议论文集.

[11] 曹井国，张文宁，杨婷婷，等.城镇排水管道原位修复内衬软管产品标准研究［J］.中国给水排水，2019，35（02）：24-28.

[12] 曹井国，田琪，闻雪，等.城镇排水管渠检测、清淤与非开挖修复标准体系思考［J］.给水排水，2020，56（11）：138-142.

[13] 田琪，曹井国，杨宗政，等.浅析紫外光固化修复技术国内外标准［J］.非开挖技术，2021（2）：7.

[14] ASTM F 2019-2000. Standard Practice for Rehabilitation of Existing Pipelines and Conduits by the Pulled in Place Installation of Glass Reinforced Plastic（GRP）Cured-in-Place Thermosetting Resin Pipe（CIPP）［S］. USA：ASTM，2000.

[15] BS EN ISO 11296-4-2011. Plastics piping systems for renovation of underground non-pressure drainage and sewerage networks. Lining with cured-in-place pipes［S］. UK：BSI，2011.

[16] 城镇给水排水管道原位固化法修复工程技术规程：T/CECS 599—2018［S］.北京：中国计划出版社，2019.

[17] 张婷.玻纤增强环氧树脂复合材料成型工艺及力学性能研究［D］.西安：西安工程大学，2019.

[18] 中华人民共和国国家质量监督检验检疫总局，中国国家标准化管理委员会.玻璃纤维无捻粗纱布：GB/T 18370—2014［S］.北京：中国标准出版社，2015.

[19] 中华人民共和国国家质量监督检验检疫总局，中国国家标准化管理委员会.玻璃纤维缝编织物：GB/T 25040—2010［S］.北京：中国标准出版社，2011.

[20] ASTM D 5813-2004. Standard Specification for Cured-In-Place Thermosetting Resin Sewer Piping Systems［S］. USA：ASTM，2004.

[21] ASTM F 1743-2008. Standard Practice for Rehabilitation of Existing Pipelines and Conduits by the Pulled-in-Place Installation of Cured-in-Place Thermosetting Resin Pipe（CIPP）［S］. USA：ASTM，2008.

[22] 马建.紫外光快速固化环氧树脂及其复合材料研究［D］.武汉：武汉理工大学，2009.

[23] DIN EN 14654-2-2013. Management and control of operational activities in drain and sewer systems outside buildings—Part 2：Rehabilitation［S］. GER：ISO，2013.

[24] 盛运华，曾黎明.玻纤增强型浸润剂的作用及对性能的影响［J］.武汉理工大学学报，2001（07）：19-21.

[25] 肖红波，王钧，杨小利，等.树脂的粘度及表面张力对浸润速率影响研究［J］.武汉理工大学学报，2006（07）：15-17.

[26] 陈平，张明艳，韩丽洁.玻璃纤维浸润性能和玻璃纤维/环氧基复合材料介电性能的研究［J］.哈尔滨理工大学学报，1997（04）：32-35.

[27] 张卓，杨威，颜丙越，等.高压绝缘拉杆树脂浸润纤维的气泡缺陷数值模拟与工艺参数优化［J］.绝缘材料，2020，53（04）：89-94.

[28] Young W B, Wu S F. Permeability measurement of bidirectional woven glass fiber［J］. Journal of Reinforced Plastics and Composites, 1995, 14（10）: 1109-1120.

[29] 唐泽辉，王林，董青海，等.乙烯基酯树脂对玻璃纤维的浸润研究［J］.玻璃钢/复合材料，2016（03）：86-88.

[30] 方荀，周云飞，沈春银，等.高黏度树脂在纤维织物中浸渍过程的 CFD 模拟［J］.华东理工大学学报（自然科学版），2016，42（05）：615-624，707.

[31] 周永娜.原位固化法（CIPP）软管浸渍树脂过程控制研究［J］.四川建材，2020，46（09）：174-175.

[32] 张立功，张佐光.先进复合材料中主要缺陷分析［J］.玻璃钢/复合材料，2001（02）：42-45，55.

[33] 舒彪，马保松，陈宁宁.CIPP 管道修复工程质量控制［C］//中国地质学会非开挖技术专业委员会.2010年非开挖技术会议论文集.

[34] 马雯，刘福顺.玻璃纤维复合材料孔隙率对超声衰减系数及力学性能的影响［J］.复合材料学报，2012，29（05）：69-75.

[35] Huang H, Talreja R. Effect of void geometry on elastic properties of unidirectional fiber reinforced composites［J］. Composites Science and Technology, 2005, 65（13）: 1964-1981.

[36] 王景明，孙志杰，赵卫娟，等.树脂中气泡运动速度的影响因素［J］.玻璃钢/复合材料，2005（04）：27-30.

[37] 金天国，杨波，李建广，等.基于多相流的 LCM 工艺气泡生成仿真［J］.复合材料学报，2014，31（03）：725-732.

［38］ Trochu F，Ruiz E，Achim V. Advanced numerical simulation of liquid composite molding for process analysis and optimization［J］. Composites，Part A. Applied Science and Manufacturing，2006，37（6）：890-902.

［39］ Leclerc J S，Ruiz E. Porosity reduction using optimized flow velocity in resin transfer molding［J］. Composites，Part A. Applied Science and Manufacturing，2008，39（12）：1859-1868.

［40］ Li Y，Li Q，Ma H. The voids formation mechanisms and their effects on the mechanical properties of flax fiber reinforced epoxy composites［J］. Composites，Part A. Applied Science and Manufacturing，2015，72：40-48.

［41］ 陈晓林. CIPP 拉入式紫外光固化法在水环境综合整治工程的应用［J］. 建设监理，2021（8）：82-84.

［42］ 谢堂水，崔光强，张和明. CIPP 紫外光固化全内衬修复施工技术在广州城区污水管道修复中的应用［J］. 工程建设与设计，2021（02）：182-183.

［43］ 郭函君. 大口径供水管道紫外光固化修复工艺的工程应用［J］. 净水技术，2021，40（S1）：211-214.

［44］ 廖宝勇. 排水管道 UV-CIPP 非开挖修复技术研究［D］. 武汉：中国地质大学（武汉），2018.

［45］ Sterling R，Alam S，Allouche E，et al. Studying the life-cycle performance of gravity sewer rehabilitation liners in North America［J］. Procedia Engineering，2016，165：251-258.

［46］ 向维刚，马保松，赵雅宏. 给排水管道非开挖 CIPP 修复技术研究综述［J］. 中国给水排水，2020，36（20）：1-9.

［47］ 遆仲森. 城镇排水管道非开挖修复技术研究［D］. 武汉：中国地质大学（武汉），2012.

［48］ 城镇排水管道非开挖修复技术标准：DG/TJ 08—2354—2021［S］. 上海：同济大学出版社，2021.

2
第 2 章
管道修复预处理设备

给排水管道修复处理的方法主要包括清障技术、清淤技术以及清洗技术。另外，清障技术包括高压水射流清障以及机械清障；清淤技术包括机械清淤、水力冲刷清淤、绞车清淤；清洗技术包括冰浆工艺、喷砂工艺以及高压水射流清洗。

给排水清淤方法分类如图 2-1 所示。

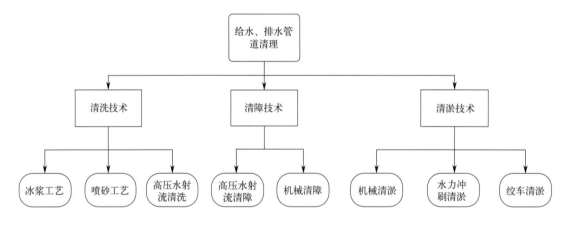

图 2-1　给排水清淤方法分类

2.1　管道清理工艺

2.1.1　清障技术

管道缺陷包括结构性缺陷和功能性缺陷。结构性缺陷是指影响结构、构造、强度、使用寿命的缺陷，即管道构造的完好程度，可通过修复、更换方式进行改善。功能性缺陷是指影响管道功能发挥的缺陷，即管道的畅通情况，可以通过清洗、清淤等疏通方式恢复和改善。

管道清障技术包括对生活垃圾堵塞、树根堵塞、围体堵塞、工程渣土堵塞、道路沉积堵塞问题的处理。

沉积物或硬质固体堵塞可通过高压大流量管道疏通泵组，在高压水作用下推进疏通喷头，对管道内沉积物进行破拆，在高压水反作用推动下，喷头在管道中顺利前行。同时，通过高压泵水束将污染物集中带出至井口。

硬质固体堵塞作业原理是通过高压大流量疏通设备，在超高压水射流作用下驱动水力盾构机构，对管道内硬质固体物进行破碎，在高压水反作用推动下，喷头在管道中顺利前行。同时，利用大流量管道疏通设备推进水束，将破碎后的污染物集中带出至井口。

2.1.1.1 机械清障工艺

在城市污水和雨水等排水管道中，存在生活垃圾沉降、水泥砂浆沉积形成板结、树根钻入管道生长等情况，会造成管道不畅进而影响居民生活。

针对直径在800mm以下的管道内硬质障碍物的清除，一般采用清障机器人进行清障工作。清障机器人一般由机器人本体、多自由度机器臂、气动切割马达等组成，机器人本体采用四轮驱动在管道内行走，在本体前端的多自由度机器臂末端安装气动马达及切割头。清障作业时，机器人在管道内移动的过程中，存在四轮与管壁接触面积不一致或者打滑现象，各轮速度出现偏差，导致机器人本体位置偏移，影响正常作业和移动，进而影响清障作业效率和稳定性。

2.1.1.2 水力破拆工艺

水力破拆工艺，也被称为高压水射流技术，属于静力铣刨方式，利用高压水射流清除混凝土，以便修复管道。水力破拆是通过大功率柴油发动机驱动高压水泵，高压水泵输出高压水，传送到水力破拆机构，水力破拆机构喷射出高压水，作用于管道。清障作业时，水力破拆机构可用于市政主管网排污、雨水管道的清洗以及疏通，能够去除一些传统破拆机构难以破除的硬质结垢。水力破拆机构通常适用于破除管径在 $300 \sim 800mm$ 的管道中的硬质结垢。

2.1.1.3 盾构清障工艺

管道中通常存在硬质固体堵塞管道的情况，此情况可以通过超高压流量疏通设备，在超高压水射流作用下驱动水利盾构机构，对管道内的硬质固体物进行破碎，高压水反作用推动喷头在管道中推进，同时大流量管道疏通设备推进水束，将破碎后的固体物质集中带出至井口。水力盾构机构通常应用于DN1000的管道出现板结的严重情况。

2.1.2 清淤技术

2.1.2.1 清淤工序

国内排水管网主要分为雨水管网、污水管网、雨污合流管网。雨水管网主要用于接纳地表降水，最终排入河道；污水管网用于接纳生产、生活产生的各类污水，最终排入污水处理厂；雨污合流管网可同时接纳前述污水，最终排入污水处理厂。雨水管网中的污泥成分较为简单，多以泥、砂、石为主；污水管网中的成分相对复杂，可能含有生活污染物、餐饮垃圾、工业排放物等；雨污合流管网中两种管网的成分并存。对于人口密集的老城区，由于排水管网设计落后，垃圾分类尚未形成，生活废物排放随意，管网中的成分尤其复杂。通常管网清淤的难易程度与污泥成分的复杂程度相关，成分越复杂，清淤难度越大。图 2-2 所示为清淤流程图。

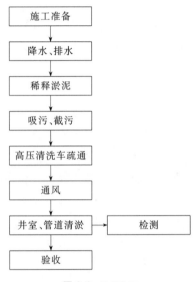

图 2-2　清淤流程

管道清淤工序主要包括以下几步。

（1）降水、排水

使用泥浆泵将检查井内污水排出，该工作通常需要将疏通的管线进行分段，分段应根据管径与长度分配，相同管径两检查井之间为一段。

（2）稀释淤泥

采用高压水车向分段的两检查井的井室内灌水，使用疏通器搅拌检查井和污水管道内的污泥，使淤泥稀释，便于后续抽吸。

（3）吸污

用吸污车将两检查井内淤泥抽吸干净，针对两检查井内剩余的少量淤泥，用高压水枪冲洗井底，再一次进行稀释，使得抽吸彻底。

（4）截污

将上下游管段用封堵气囊进行封堵，再将下游检查井出水口和其他管线进行封堵，只保留该管段进出水管口。

（5）高压清洗车疏通

使用高压清洗车进行管道疏通，将高压清洗车水带置入上游检查井底部，将喷水口沿着管道水流方向对管道壁进行喷洗，下游检查井则继续对室内淤泥进行抽吸。

（6）通风

施工人员进入检查井前，应确保氧气进入检查井中或用鼓风机进行换气通风，测量井室内氧气含量，施工人员进入井内必须佩戴安全带、防毒面具及氧气罐。

（7）井室、管道清淤

对检查井内剩余的砖、石、部分淤泥等残留物进行人工清理，直到清理完毕为止。

按照程序对下游污水检查井逐个进行清淤，在清淤过程中对上游最先清理的检查井进行封堵，以防止上游淤泥流入管道或在下游施工期间对管道进行充水时流入上游检查井和管道中。

当管道内淤泥沉积物充满度较高时，受管网直径限制，单独使用人工或机械方法均不能满足各种工况下的清淤要求。人工清淤相对简单、成本低、清淤彻底，最大隐患是有限空间作业具有安全风险；使用机械清淤效果较好，人工参与度较低，但施工时间较长，施工成本高，且受管径限制，需要多种规格的设备投入才可满足清淤要求。当管道产生淤塞时，采用钻杆或者高压冲击器贯通后，可使用高压水射流进行清淤，但会造成工序重复、用时增加，需要增大水量以及降低人工及机械使用率。

2.1.2.2 清淤方法

清淤方法的分类与对比见表 2-1。

表 2-1 清淤方法分类与对比

序号	类别	适用管径	方法要点	管损程度	优点	缺点
1	推转杆疏通	小管径	把竹片、钢条等杆状工具伸入管道内部，人力把引起堵塞的物质推移至下游清除	低	费用低、方法简单	清掏条件差、速度慢、效率低
2	水冲刷清淤	适用广	于上游用节流装置抬高水位，撤节流器利用水流冲走管道内的淤积物，分段清淤	低	方法简单、费用较低	需水量大、冲刷欠佳，对于已经固化的淤积物无法清理
3	高压水射流清淤	中小型	用高压水泵将储水罐内的水加压后送入射水喷头，靠喷头射水产生反作用力，使喷头和管道向前移动进行清淤	高	速度快、简便	冲击大、对管壁有损伤，对波纹管清淤效果差
4	绞车清淤	适用广	在待清淤管段两端的检查井内分别设置绞车，钢丝绳连接绞车与挖泥器，利用绞车来回绞动钢丝绳，带动管道中的清通工具将淤泥刮至下游检查井内，完成清淤	中	清淤力强	需配合水冲、提前穿管耗时较长
5	机器人清淤	大中型	机器人可以利用自身排污泵向后输送泥沙，也可以配合吸污车牵引其吸污管在水中进行工作，并且可通过无线操作系统，在遥控显示屏上对暗渠、箱涵、管道的水深及淤泥堵塞情况进行分析，然后进行准确、高效率、有针对性的清淤作业	中	效率高、人员健康伤害程度低	费用高、中小型管难以应用

高压水射流清洗系统由柱塞泵、调压装置、高压软管、喷嘴等部件组成。操作时由柴油

发电机驱动柱塞泵,将水加压后送入射水喷嘴,向后喷射产生反作用力,使射水喷头和高压软管一起向反方向推进,同时清洗管壁,当喷头到达上游检查井时机动绞车将软管收回,射水喷头继续喷射水流,将残余的沉积物冲到下游的检查井内,由吸污车将其吸走。图2-3为高压水射流施工图,图2-4为高压水射流清淤作业示意图。

图 2-3 高压水射流施工

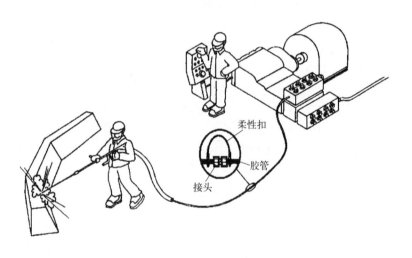

图 2-4 高压水射流清淤作业示意图

清淤绞车为机动车,机动车设有清管机,清管机设有软管,软管一端开口与高压水管相连,另一端连接喷头,喷头上设有喷水孔,喷水孔设置在朝向软管一侧。采用竹片或者通杆穿过需要清通的管道段,竹片或者通杆一端系钢丝绳。在清通管段两端检查井上各设一台绞车,当竹片或者通杆穿过清通段后,将钢丝绳拴在另外一台绞车上,往复拉动钢丝绳,带动清淤工具,使管道得到清理。图2-5为绞车清淤示意图。

水下清淤机器人是集检测、清淤功能于一体的智能特种作业机器人,适用于市政管网、暗渠箱涵、净水厂、污水处理厂、气田水池、油罐、钢厂、冷却塔水池等高危环境的检测和清淤,受限空间清淤时宜选用水下清淤机器人,其体积小、设计紧凑、作业扰动小,可防止二次污染。图2-6为施罗德机器人清淤示意图。

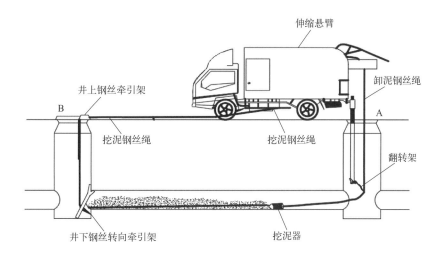

图 2-5 绞车清淤示意图

A、B—检查井

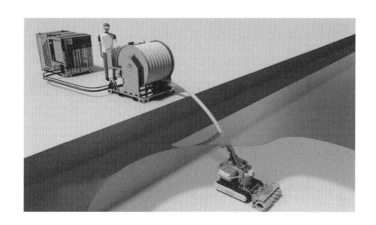

图 2-6 施罗德机器人清淤示意图

2.1.3 清洗技术

2.1.3.1 喷砂工艺

喷砂主要是对管道表面进行处理，使其他镀层更好地吸附在材料表面，也可以采用喷砂使工件表面产生特殊的金属闪光效果，另外可以去除金属表面锈蚀物、氧化皮与其他脏污等，达到装饰的目的。

喷砂工艺利用压缩气体，以高速气体携带喷料（常用喷料有铜矿砂、石英砂、金刚砂、铁砂、海南砂等）喷射到管壁的表面上，在喷料对管壁表面的冲击和切削作用下，工件表面获得一定的清洁度（如除锈），与此同时，也提高了工件的抗疲劳度。喷砂处理会让管道内表面形成一定的粗糙度，增加与涂层之间的附着力，延长涂膜的耐久性，有利于涂料的流平和装饰。喷砂工艺流程一般为清洗、去油、喷砂、防锈。

清理等级也即清洁度，代表性国际标准有两种：第一种是美国 1985 年制订的

"SSPC-"；第二种是瑞典 1976 年制订的"Sa-"，它分为四个等级，分别是 Sa1、Sa2、Sa2.5、Sa3，为国际惯常通用标准。

① Sa1 级：相当于美国 SSPC-SP7 级，采用一般简单的手工刷除、砂布打磨方法，这是清洁度最低的一级，对涂层的保护仅仅略好于未采用处理的工件。Sa1 级处理的技术标准：工件表面应不可见油污、油脂、残留氧化皮、锈斑和残留涂料等污物。

② Sa2 级：相当于美国 SSPC-SP6 级，Sa2 级也叫商品清理级（或工业级）。Sa2 级处理的技术标准：工件表面应不可见油腻、污垢、氧化皮、锈皮、涂料、氧化物、腐蚀物和其他外来物质（疵点除外），疵点不超过每平方米表面的 33%，可包含轻微阴影，少量因疵点、锈蚀引起的轻微脱色，氧化皮及涂料疵点。如果工件原表面有凹痕，则轻微的锈蚀和涂料还会残留在凹痕底部。

③ Sa2.5 级：工业上普遍使用，可作为验收技术要求及标准，也叫近白清理级（近白级或出白级）。Sa2.5 级处理的技术标准：同 Sa2 要求前半部分一样，但疵点限定为不超过每平方米表面的 5%，可包含轻微暗影，少量因疵点、锈蚀引起的轻微脱色，氧化皮及涂料疵点。

④ Sa3 级：相当于美国 SSPC-SP5 级，是工业上的最高处理级别，也叫作白色清理级（或白色级）。Sa3 级处理的技术标准：阴影、疵点、锈蚀等都不得存在。

2.1.3.2 冰浆工艺

冰浆工艺是一种以冰浆作为介质来清洗管道的方法，冰浆的剪切力可以达到水的 2～4 个数量级；使用冰浆清洗管道时，先将冰浆加注进管道内，使冰浆在管道内填充，并形成一段柔软的"冰活塞"，再利用管道上游水压推动"冰活塞"向前移动，在移动时冰浆与管道内壁发生碰撞及摩擦，使管底沉积物与管壁附着物遭到破坏，从而剥离管壁，并随着冰浆一起向前移动直至排出管道，最终达到清洗管道的目的。

冰浆清洗适用于 DN50～DN600 的各种材质管道，清洗废水最高浊度一般大于 3000NTU。清洗废水耗氧量显著高于自来水正常水平，COD_{Cr} 可超过 1000mg/L，管道生长环现象较为严重。清洗沉积物质量一般大于 20kg/km，清洗除锰效果良好，清洗废水最高锰含量超过 200mg/L。清洗作业的停水时间为 2～4h，平均清洗时间为 0.5h。冰浆清理工序如图 2-7 所示。

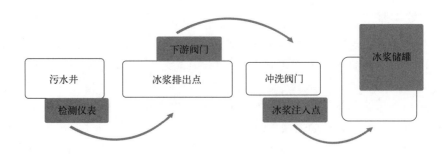

图 2-7 冰浆清理工序

冰浆清管主要是针对管道锈垢及软垢，较容易操作，单次冲洗长度超过1km，冲洗速度2~4km/h，消耗的水量较少。冰浆工艺清洗车如图2-8所示。

图2-8 冰浆工艺清洗车

（图片来源：苏州吴中供水有限公司）

为保证清洗作业，应注意以下几点：

① 清洗大管径管道所需要的冰浆量增加，冰浆加注时间延长，冰浆泵送进管道内后在浮力作用下开始上浮并出现冰水分层现象，这会导致冰浆无法填充满管道形成有效的"活冰塞"。

② 供水管道的冷缩量除管材外主要受冰浆与管道的温度差以及冰浆与管道的持续接触时间的影响。温度差通常在15~25℃，冰浆清洗时，冰浆与管道的持续接触时间较短，因此管道受冷缩影响较小。

2.1.3.3 高压水射流工艺

高压水射流清洗就是将普通自来水通过高压泵增压到数百乃至数千巴（$1bar=10^5 Pa$，后同），通过特殊的喷嘴（孔径1~2mm），以极高的速度（500m/s左右超音速）喷出能量高度集中的水流，在能量由势能转化为动能后，水流对垢物进行撞击、气蚀、磨削、楔劈、粉碎和剥离，它能够进行铸件清砂、金属除锈，更能够除掉管道内孔的盐、碱、油垢、焦炭垢及各种堵塞物。由于采用普通自来水清洗，对设备管材无腐蚀，清洗效率高。

高压水射流清洗依靠高速水流切割击碎管道内的结垢物，高压水射流清洗主要对象：各类上下水管道、工业用水管道、企业及居民区排污管道、雨水管道、煤气管道和烟道以及饭店和宾馆下水管道等。

2.2 管道修复预处理设备

管道修复预处理设备包括清障设备、清淤设备、清洗设备（见表2-2）。以上3种设备构成了管道修复预处理设备体系，以保证管网修复预处理的质量，为后续管道的修复工作打下基础。

表 2-2　清理设备类型及应用

设备名称	功能描述	管道非开挖修复中的应用
清障设备	对管道中的大体积障碍物进行疏通	进行管道杂物的清理
清淤设备	清理管道中污泥	清理管道中的污泥
清洗设备	对管道内壁细节处进行清洗	管道内壁结垢等的清洗

2.2.1　清障设备

在一些复杂管道中，有一些很难清理的深层障碍物（如混凝土），需要选用特殊的设备对障碍物进行清理。清障设备是对深层障碍物进行彻底清除的一种设备，高压水力清障设备如表 2-3 所列。

表 2-3　高压水力清障设备

设备名称	参数	构件	示意图
TTP88G 疏通装备	压力 150bar； 流量 88L/min； 汽油机驱动	(1)30 管喷头； (2)65 穿型喷头	
TTF130GH 疏通装备	压力 200bar； 流量 130L/min； 汽油机驱动	(1)65 穿型喷头； (2)六棱冲击喷头； (3)56 型长箭喷头； (4)85 炸弹喷头； (5)40 菱形喷头	
TTP130GM 疏通装备	压力 200bar； 流量 130L/min； 汽油机驱动	(1)65 穿型喷头； (2)六棱冲击喷头； (3)56 型长箭喷头； (4)85 炸弹喷头； (5)40 菱形喷头	
TTP130GL 疏通装备	压力 200bar； 流量 130L/min； 汽油机驱动	(1)30 管喷头； (2)65 穿型喷头； (3)菱形喷头	
TTP600D 疏通装备	压力 240bar； 流量 600L/min； 柴油机驱动	(1)13 孔 1 号大地雷喷头； (2)13 孔 104 大地雷喷头； (3)8 海霸超底喷头	
TTP200DM 疏通装备/ TTP200DH 疏通装备	压力 200bar； 流量 200L/min； 柴油机驱动	(1)65 穿型喷头； (2)56 型长箭喷头； (3)156 链式喷头； (4)650 自旋转宝塔喷头； (5)新 70 菱形喷头	

设备名称	参数	构件	示意图
TTP300D 疏通装备	压力 200bar； 流量 300L/min； 柴油机驱动	(1)13 孔 1 号大地雷喷头； (2)70 穿型喷头； (3)650 自旋转宝塔喷头； (4)81 新菱形喷头； (5)85 炸弹喷头	
TTP450D 疏通装备	压力 200bar； 流量 450L/min； 柴油机驱动	(1)13 孔 1 号大地雷喷头； (2)70 穿型喷头； (3)650 自旋转宝塔喷头； (4)81 新菱形喷头； (5)85 炸弹喷头	
TTP900D 疏通装备	压力 250bar； 流量 900L/min； 柴油机驱动	(1)13 孔 1 号大地雷喷头； (2)13 孔 104 大地雷喷头； (3)8 海霸超底喷头	
TTP1500D 水力盾构装备	压力 2800bar； 流量 291L/min； 柴油机驱动	(1)水力破拆机构； (2)钟摆式水力破拆机构	

资料来源：天津市通洁高压泵制造有限公司。

注：$1bar = 10^5 Pa$。

2.2.2 清淤设备

按照疏通清淤方式可分为推转杆疏通、水冲刷清淤、高压水射流清淤、绞车清淤以及机器人清淤。目前使用最广泛的是高压水射流清淤以及机器人清淤。

2.2.2.1 高压水射流清淤设备

当射流压力达到污垢材料的屈服极限时才能使污垢急剧破坏，从而达到清洗效果。因此，射流压力是极为关键的性能参数。污垢对管道内壁的附着力决定了水射流的水压，从而决定水泵压力。水压过小，清洗效果不明显或效率较低；水压过高，则会使能量浪费，甚至损坏管道基体，同时配件材料的寿命也会缩短，导致投入成本过高。因此要根据污垢性质及其黏附强度来设计射流水压，附着材料与压力匹配如表 2-4 所列。管道附着层黏附方式按黏附强度高低可分为化学黏附、特殊黏附和机械黏附三种，其黏附强度依次减小，高压水射流主要适合清洗特殊黏附和机械黏附式污垢。

表 2-4　附着材料与压力匹配

压力/MPa	附着材料
10～12	砂子、淤泥、轻质沉淀物
15～20	含油污垢、中等硬度污垢
25～30	硬结污垢

射水流量也同样影响清洗效果和效率。同等条件下，流量越大，射流传递的能量越大，其射流打击力也越大。同时，从表 2-5 可以看出，泵流量的选择与待清洗管径的大小密切相关，随着排水管径的增大，清洗面积也相应增大，故清洗所需的流量也随之增大。

表 2-5　管径与流量

管径	流量/(L/min)
DN300～DN400	170～180
DN500～DN600	200～230
DN700～DN900	250～280
DN1000～DN1200	300～340

进行高压水射流清淤或清洗时，需要考虑高压软管、喷头的选择以及射水流量和角度等参数的设置。

（1）高压软管选取

高压软管中流量一般在 170～340L/min，而其管径一般在 DN15～DN40，沿程损失可达 2.0～4.0MPa，占总水压比重较大。因此高压软管的管径应根据流量合理选择，一般流体流速在 10～14m/s 较为经济。高压软管管材选取除应满足承压要求外，还应选择滑动阻力小、可弯性能好的管材，方便施工操作。高压软管布置应避免弯曲角度过大，尽量避免软管布置过长，以最大限度减少沿程阻力，保证喷嘴处的水流有足够大的工作压力，减少不必要的能量损失，确保高效的清洗效果。

（2）喷头的选型

喷头作为形成高压水射流的直接部件，它的作用效果会直接影响清洗效率，同时也反作用于系统的每个部件。喷头的选型需要考虑的因素有：水泵流量和压力、管道内径、管道淤积等。

喷头的规格型号应与水泵的压力、流量相匹配，确保喷头能够在正常工况下运行，保证清洗效果。待清理管道内径越大，其清洗表面积就越大，因此喷头规格尺寸应相应增大，其喷嘴数量也越多，所需流量也越大，才能保证全面充分清洗管道内的污垢。管道中含有较少的砂子、淤泥、轻质沉淀物时，通常选用常规清洗类喷头，适合于管道日常维护清洗；对于仅管底有淤积物的非满管流污水管，选用管底清洗喷头，其清洗效果较好，此类喷头底边圆润，具有非常好的滑行能力，底部喷嘴数量密集，管底清洗效果好；当管道堵塞严重，排水管内为硬结污垢时，一般喷头在管道内难以行进，应选择疏通类喷头。

当管道内含水泥浆块、树根等异物时，可选用链式铣头，配有适合各种管径的链条，借助于链条清理坚硬污垢，链条可以在铣头工作的同时进行自动磨锐，提高清洗效率。链式铣头可以将切碎的一些大块淤积物通过后喷带出，其用于旋转的切割力较大，所需推进力较小，可以在有管道错位、裂管、管道内有突出接头等复杂问题存在的情况下使用。图 2-9 为高压水喷头实物图片。

(a)　　(b)　　(c)　　(d)　　(e)

图 2-9　高压水喷头

（3）靶距与射流角度

水射流对管道的打击力是影响清洗效果的关键因素之一，在压力、流量相同条件下，靶距则是决定打击力度的关键性因素。射流打击力随靶距的增加呈先增大后减小的趋势。使射流打击力最大的最佳靶距计算经验公式如下：

$$L = 99.7(P/100)^{-0.88}d^{0.9}$$
$$\boldsymbol{F}_{max} = 120(P/100)^{1.15}d^{1.75}$$

式中　L——最佳靶距；

　　$\boldsymbol{F}_{max}$——最大射流打击力；

　　P——射流压力；

　　d——喷嘴出口直径。

2.2.2.2　清淤绞车

绞车清淤通过拖拽竹片一端，带动系在竹片另一端的钢丝绳，从而穿过管段。钢丝绳中部绑定清通工具，两端分别系在待清通管段两侧检查井上的两台绞车上，通过启动绞车往复拉动钢丝绳来带动清通工具将淤泥刮至下游检查井，然后用吸污车吸走，其工作原理如图 2-10 所示。

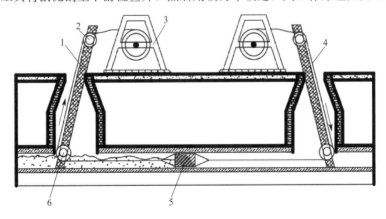

图 2-10　绞车清淤法工作原理

1—支撑杆；2—滚轮；3—绞车；4—牵引绳；5—疏通块；6—导向轮

这种清淤方法可适应各种直径的下水管道，比较适合管道淤积严重、淤泥黏结密实的情况，主要缺点是需人工下井完成从一个井口向另一个井口穿竹片的操作，井下工作环境非常恶劣，给工人带来极大不便。

2.2.2.3 管路疏通车

（1）10MM 管路疏通车（汽油版）

工业级汽油驱动型高压清洗机配置单杠 13 匹发动机，具有较好的稳定性和清洗力，保证清洗效率和效果，压力 300bar，水流量 900L/h，能在恶劣的环境下有效去除顽垢，使用环境无需电源。

图 2-11 为 FOWWA 10MM 管路疏通车实物图，FOWWA 10MM 管路疏通技术参数见表 2-6。

图 2-11　FOWWA 10MM 管路疏通车

表 2-6　FOWWA 10MM 管路疏通技术参数

驱动类型	汽油风冷
发动机功率/hp	13
最大水流量/(L/h)	900
最大压力	300bar/30MPa/4350psi
最高进水温度/℃	60
泵转速/(r/min)	3400
机器质量/kg	70
尺寸	730mm×740mm×700mm

注：1hp＝745.6999W；1psi＝6894.757Pa。

（2）200MM 管路疏通车（汽油版）

200MM 管路疏通车（汽油版）的功能特点是：便携移动，无级调压，关枪减缓，自动加油，内置灭火装置。FOWWA 200MM 管路疏通车（汽油版）技术参数如表 2-7 所列。

表 2-7　FOWWA 200MM 管路疏通车（汽油版）技术参数

最大工作压力	200bar(2900psi)
最大流量/(L/min)	40
发动机功率/hp	24
最高进水温度/℃	60
驱动类型	V 型双缸，四冲程
燃油类型	汽油机
油箱容量/L	16
电机转速/(r/min)	3400
机器质量/kg	210
尺寸	1000mm×850mm×950mm

（3）200MM 管路疏通车（电动版）

200MM 管路疏通车（电动版）的功能特点是：便携移动，无级调压，由三相感应电动机热保护器关枪泄压保护。FOWWA 200MM 管路疏通车（电动版）技术参数如表 2-8 所列。

表 2-8　FOWWA 200MM 管路疏通车（电动版）技术参数

最大工作压力	200bar(2900psi)
最大流量/(L/min)	40
发动机功率/kW	15
最高进水温度/℃	60
电源线长度/m	5
电源	380V,3P(380v 中的中性线),50Hz
电机转速/(r/min)	1450
电机绝缘等级	F
机器质量/kg	230
尺寸	1070mm×720mm×1350mm

（4）500MM 管道疏通车（电动版）

500MM 管道疏通车的功能特点是便携移动，无级调压，由三相感应电动机热保护器关枪泄压保护。FOWWA 500MM 管道疏通车（电动版）技术参数如表 2-9 所列。

表 2-9　FOWWA 500MM 管道疏通车（电动版）技术参数

最大工作压力	200bar(2900psi)
最大流量/(L/min)	84
发动机功率/kW	22
最高进水温度/℃	60

电源线长度/m	5
电源	380V,3P,50Hz
电机转速/(r/min)	1450
电机绝缘等级	F
机器质量/kg	300
尺寸	1070mm×720mm×1350mm

高压清洗机使用过程中出现问题时,应根据不同故障现象仔细查找原因。

1)喷枪不出水

入水口或进水滤清器堵塞,或喷嘴堵塞,或加热螺旋管堵塞,必要时清除水垢。

2)出水压力不稳

可能是由于供水不足导致,或者是管路破裂、清洁剂吸嘴未插入清洁剂中造成空气吸入管路,也可能是因为喷嘴磨损,或高压水泵密封处漏水。

3)燃烧器不点火燃烧

若进风量不足,则会出现冒白烟现象;燃油滤清器、燃油泵、燃油喷嘴肮脏堵塞,也可能使电磁阀损坏,导致点火电极位置变化,火花弱。此外,还可检查高压点火线圈是否损坏,或压力开关是否损坏。

高压清洗机出现以上问题,可逐一查找原因,排除故障。但清洗机若出现泵体漏水、曲轴箱漏油等比较严重的故障时,应将清洗机送修,以免造成不必要的经济损失。

2.2.2.4 吸污净化车

该车可外接三相电源,也可使用自带动力作业,适用于多种工作环境,使用外接电源可降低成本。吸污净化车可以连续工作,90%以上的清理工作由机械完成,人工作业量小。浙江铭普环境科技有限公司吸污净化车的主要配置功能见表 2-10,吸污净化车参数见表 2-11。

表 2-10 浙江铭普环境科技有限公司吸污净化车主要配置功能

序号	名称	规格	数量	备注	备注说明
1	动力源	车身动力	1	夹心取力器	—
	柴油发电机	40kW,三相 380V 柴油发电机组	—	发电驱动叠螺机系统	该部分可使用外接 380V,三相电,电控箱带相序提示,防止电机接反
2	药剂箱	自动搅拌,材质不锈钢	1	—	—
3	缓存箱	材质不锈钢	1	—	—
4	絮凝反应箱	双搅拌机构,材质不锈钢	1	—	—
5	叠螺机	402 型	2	—	吸出固体量 300kg/h,处理污水大于 30m³/h,由于污水浓度不同,处理量有所变化

序号	名称	规格	数量	备注	备注说明
6	电控箱	—	—	—	手动/自动控制,可能因配置不同部分功能只能手动控制
7	出清水时药剂	絮凝剂	—	0.3～0.7 元/m³	可能会因污水及絮凝剂的状态不同,实际使用时费用存在差异
8	处理水标准	—	—	出清水,使用直抽直排功能时,因污水的性质不同可能无法达到该排放标准	
9	高压清洗泵	高压泵 16MPa,130L/min	—	—	
10	清水水箱	材质不锈钢	1	1.5～2m³	
11	吸污管	6m	4	6m 吸污管	
12	高压喷头	标配喷头	3	—	图册疏通车配件 ABC 款
13	倒车影像	—	1	安装倒车影像1套	
14	高压疏通耐磨管	19 型	1	进口橡胶双层钢丝高压耐磨管100m	
15	排污泵	合资	1	合资排污泵1台	
16	水循环真空泵	7.5kW	1	水循环真空泵 7.5kW	

表 2-11　吸污净化车参数

产品型号	底盘型号	发动机	发动机马力/功率	清洗罐容量/m³	高压水泵流量/(L/min)	高压水泵压力/MPa	污水罐容量/m³	真空泵型号	真空泵流量/(m³/h)
DXA5251GQWD6	DFH1250D4	D6.7NS6B290	290hp/213kW	8.34	330	20	11.50	2BEA253	2800
DXA5182GQWD6	DFH1180EX8	B6.2NS6B230	230hp/169kW	6.30	270	18	7.88	SK-30	1800
DXA5140GQWD6	EQ1145SJ8CDC	YCY30165-60	165hp/121kW	4.00	170	24	6.56	SK-15	900
DXA5121GQWD6	EQ1125SJ8CDC	YCY30165-60	165hp/121kW	3.70	213	20	6.12	SK-12	720
DXA5072GQWD6	EQ1075SJ3CDF	YCY24140-60	140hp/103kW	2.00	153	16	2.50	SK-6	360

资料来源:徐工环境技术有限公司。

2.2.3　污泥脱水设备

2.2.3.1　移动式污泥脱水车

移动式污泥脱水装置,针对一些结构老化、管道受限制、改造成本过于昂贵的老旧城区,可以有效地对污泥进行干湿分离并净化处理。适用于市政污水处理工程以及石化、轻工、化纤、造纸、制药、皮革、矿山等行业的水处理系统,主要参数见表 2-12。

表 2-12　移动式污泥处理设备参数

驱动方式	可载人数/人	处理效率/(t/h)	功率/kW	压力/MPa	出泥含水率/%	总质量/kg	轮胎数/个	排量/L	轴数/个	额定功率/kW	燃料类型	车速/(km/h)
后驱	3	1～100	1～15	100	≤30	约9000	6	2	2	96	柴油	100

该处理设备的特点是：处理成本低，节约大量运输成本，能够实现环境效益和经济效益"双赢"的目的；操作方便，可以就地处理；低噪声，不会造成二次污染，不会对设备附近的居民区造成影响。

2.2.3.2 污泥脱水机

应用于淤泥清淤工程中的传统机械脱水机主要是叠螺脱水机、板框压滤机、离心脱水机等。叠螺脱水机是由固定环和游动环相互层叠，螺旋轴贯穿其中形成的过滤装置，前段为浓缩部，后段为脱水部。其优点是使用现场干净、整洁、无臭气，设备设计紧凑，占地空间小，能够实现24h连续运行，处理量尚可且稳定。缺点是淤泥脱水干度低，固含量最多达到30%。某公司叠螺式污泥脱水机选型表见表2-13。

表 2-13　叠螺式污泥脱水机选型表

机型	DS标准处理量/(kg/h)		污泥处理量(污泥浓度)/(m³/h)					
	低浓度	高浓度	2000mg/L	5000mg/L	10000mg/L	20000mg/L	25000mg/L	50000mg/L
YDL131	6	12	3	1.2	1	0.5	0.4	0.24
TYDL132	12	25	6	2.4	2	1	0.8	0.5
TYDL201	9	20	4.5	1.8	1.5	0.75	0.6	0.4
TYDL202	18	40	9	3.6	3	1.5	1.2	0.8
TYDL301	30	70	15	8	5	2.5	2	1.4
TYDL302	60	140	30	12	10	5	4	2.8
TYDL303	90	210	45	18	15	7.5	6	4.2
TYDL304	120	280	60	24	20	10	8	5.6
TYDL401	100	160	50	20	18	10	8	3.2
TYDL402	200	320	100	40	35	20	16	6.4
TYDL403	300	480	150	60	50	30	24	9.6

污泥脱水机的特点是：a. 改善现有重力式浓缩缺点，实现低浓度污泥的高效浓缩；b. 絮凝与浓缩一体化完成，减轻后续脱水压力；c. 结合调节伸缩阀，可将进泥度调到脱水最优状态。

叠螺式污泥脱水机工作原理如图2-12所示（书后另见彩图），叠螺式污泥脱水车型号及参数如表2-14所列。

表 2-14　叠螺式污泥脱水车型号及参数

机型	螺旋轴规格	泥饼排出口离地面距离/mm	机械尺寸/mm			净重/kg	运行质量/kg
			长	宽	高		
TYDL131	Φ130×1	250	2400	750	1500	240	500
TYDL132	Φ130×2	250	2400	900	1500	320	550
TYDL201	Φ200×1	350	3000	800	1500	340	550
TYDL202	Φ200×2	350	3000	1200	2100	470	680
TYDL301	Φ300×1	495	4000	700	2100	820	1230
TYDL302	Φ300×2	495	4000	1200	2100	1350	2050
TYDL303	Φ300×3	495	4000	1500	2100	1820	2810
TYDL304	Φ300×4	495	4000	2000	1750	1900	3220
TYDL402	Φ400×2	600	4500	1900	2300	3350	4650
TYDL403	Φ400×3	600	4500	2200	2300	4350	5600

资料来源：山东拓源环保科技有限公司。

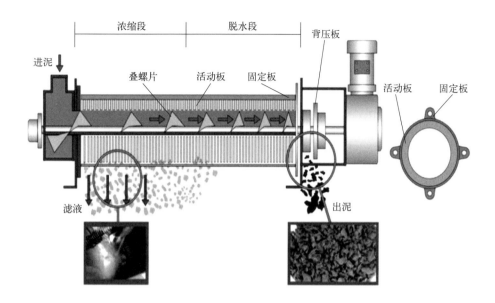

图 2-12　叠螺式污泥脱水机工作原理

（图片来源：山东拓源环保科技有限公司）

　　带式压滤机又叫带式浓缩脱水一体机、带式污泥压滤机，采用电磁感应，用较小的力就可以启动纠偏电磁阀工作，从而使气缸工作。电磁感应阀连接气缸，就近控制，反应快，滤带两边同时纠偏，快速复位，整个系统动作频率低，纠偏幅度小。电控系统设有完善的连锁保护装置，确保整机运行的安全可靠性，有效防止了错误动作给整机造成的损伤。带式压滤机具有浓缩效果好、处理效率高、适应能力强、处理量大、连续运行处理效果好、泥饼含水率低、可连续 24h 运行等优点。带式污泥脱水机工作原理如图 2-13 所示，带式污泥脱水车型号及参数如表 2-15 所列。

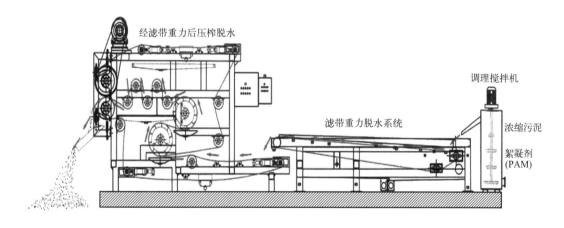

图 2-13　带式污泥脱水机工作原理

　　离心脱水机是在密闭的筒内安装螺旋轴，通过密度差进行固液分离的方法。在高速旋转的筒内注入泥浆后，通过离心力的作用压出泥饼。它的优点是：a. 淤泥处理量相对其他类型的脱水机较大；b. 泥饼的含水率非常均匀且稳定。它的缺点是：a. 受其特殊的脱水原理

表 2-15　带式污泥脱水车型号及参数

机型	电机功率/kW	空压机功率/kW	带宽/mm	处理量/(m³/h)	机械尺寸/mm			进泥浓度/%	出泥浓度/%
					长	宽	高		
DNTY-500	1.5	2.2	1000	3~6.5	4880	1600	2300	3~8	30~45
DNTY-1000	2.2	2.2	1500	4~9.5	4880	2100	2300		
DNTY-1500	3.0	3.0	2000	5~13	4880	2600	2300		
DNTY-2000	3.0	3.0	2500	7~15	4950	3100	2400		
DNTY-2500	4.0	4.0	3000	8~25	5200	3600	2600		
DNTY-3000	5.5	5.5	3500	10~25	5200	4100	2060		
DNTY-3500	7.5	7.5	4000	12~30	5200	4600	2800		

资料来源：山东拓源环保科技有限公司。

制约，当污泥浓度偏低，或者固相、液相的密度差别不是很大时，很难通过离心力进行固液分离，脱水的效果差；b. 需要进行淤泥浓缩的预处理，并且离心脱水机前期投资成本高，需要配备的附属设备较多；c. 机器在运行时需要耗费的电量也极大；d. 该设备在运行时不需要用水冲洗，但在运行结束后，为了保证下一次的脱水效果，需要用大量的冲洗用水进行冲洗；e. 脱水机本身噪声与振动均较大，严重影响现场操作环境。

离心脱水机的工作原理如图 2-14 所示（书后另见彩图），离心脱水机型号及参数如表 2-16 所列。

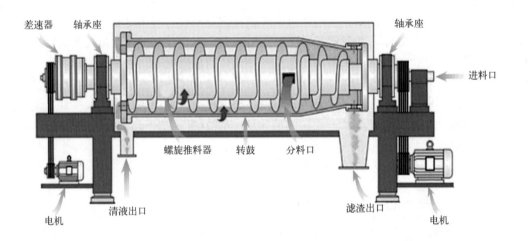

图 2-14　离心脱水机工作原理
（图片来源：瑞辰环保科技有限公司）

表 2-16　离心脱水机型号及参数

机型	电机功率(额定功率/输出功率)/kW	转鼓直径/mm	转鼓长度/mm	处理量/(t/h)	排渣量/(t/h)
Wl650	75/37	2.2	2600	65~70	6~8
Wl720	75/37	2.2	2600	65~70	6~8
Wl800	75/37	2.2	2600	65~70	6~8
Wl350	15/7.5	—	1300	5~10	0.7~1.2
Wl450	37/11	—	1800	20	2
Wl550	55/22	—	2250	20~45	3~5

资料来源：瑞辰环保科技有限公司。

2.2.4 清洗设备

2.2.4.1 喷砂设备

（1）喷砂机

管道内壁移动式喷砂机如图 2-15 所示。

图 2-15 移动式喷砂机

（图片来源：东莞迪砂喷砂设备有限公司）

管道内壁喷砂机参数如表 2-17 所列。

表 2-17 管道内壁喷砂机参数

名称	机型	总容积/m³	设备外形尺寸/mm		喷砂除锈效率/(m²/h)
			直径	高	
移动式喷砂机	MH-420P	0.1	420	1200	15
	MH-520P	0.2	520	1300	20
	MH-620P	0.3	620	1400	30
固定式喷砂机	MH-820P	0.6	820	1700	40
	MH-1020P	1.0	1020	1900	50

（2）喂料机

NLB-300-AC 喂料机可装载 136kg 磨料，NLB-600-AC 喂料机可装载 272kg 磨料，可调节磨料的流速（参考计量阀片组件流速控制表），也可使用加压的喂料机。详细参数如表 2-18 所列。

表 2-18　计量阀片组件参数

编号	阀片尺寸/mm	每分钟流量♯36 或♯50 石榴石/(kg/min)	每分钟流量♯80 石榴石/(kg/min)	每分钟流量 石英砂/(kg/min)
CA2032	15	0.7	0.7	0.5
CA2033	20	0.9	0.9	0.7
CA2034	30	1.4	1.5	1.0
CA2035	40	1.8	1.9	1.3
CA2036	50	2.3	2.4	1.7
CA2037	60	2.7	2.9	2.0
CA2038	70	3.2	3.4	2.3
CA2039	80	3.6	3.9	2.5
CA2040	90	4.1	4.3	3.0
CA2041	100	4.5	4.8	3.3

注：♯36 为 36 目；♯50 为 50 目；♯80 为 80 目。

2.2.4.2　冰浆设备

冰浆清洗检测车是一种能够对排水系统进行清洗和检测的专业设备，可以实现对运行管路的实时监测和评估，能够发现排水管道的缺陷、破损等问题，并为管道维护提供及时、精准的数据支持，其工作通常分为以下几步。

① 清洗：使用高压水泵和喷嘴将水流喷射进管道内，以去除管道内壁上的沉积物、树根、碎石等堵塞物，确保管道畅通。

② 设备连接：在完成清洗后，将清洗液排放出来，将清洗车与检测车相连，连接处通过密封件将二者完全隔离，避免漏水和淤泥进入检测系统。

③ 检测：启动检测系统，将所需的传感器、监控设备和精密仪器全部投入排水管道内部，同时开启摄像头采集图像数据，并记录下相关指标，例如背向流速和闸门水位差等。

④ 数据处理：通过微型计算机分析处理由摄像头采集而成的检测图像数据和其他相关指标，发现并生成管道缺陷信息，为之后的修复决策提供支持。

如图 2-16 所示，本清理装置包括冰浆制取单元和冰浆运送单元。冰浆制取单元包括可移动式集装箱和冰浆发生器，冰浆发生器安装在可移动式集装箱内；冰浆运送单元包括运输车和存储罐，存储罐设置在运输车上，存储罐与冰浆发生器相连通，且二者为可拆卸连接。

2.2.4.3　高压清洗车

高压清洗车选用国产底盘，采用高压射水系统清洗疏通下水管道，能高效清除管壁油垢、管道污泥及其他杂物。高压清洗车用高压水泵的水压高，流量大，性能稳定；搭载移动电源和便携式管道检测仪等工具，旋转绞盘要求能够水平旋转 160°以上，有效增加车辆对疏通位置的适应性；导向保护装置使喷头投放方便，有效降低井口对高压疏通软管的磨损；液压收放可以实现对下水管道的往复疏通、清洗作业，加强清洗效果，降低操作人员劳动强度；车辆配置有多套系统性的自我保护装置，防止错误操作或因其他原因导致的安全事故，降低故障率和设备后期使用成本。高压清洗车参数如表 2-19 所列。

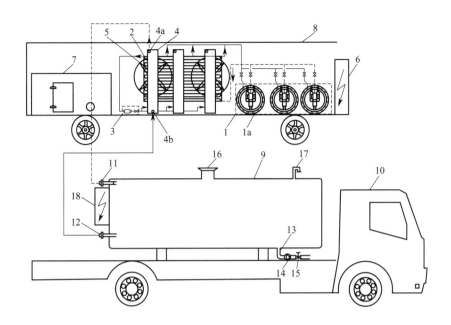

图 2-16 冰浆清洗检测车

1—压缩机模块；1a—压缩机；2—冷凝器；3—干燥过滤组件；4—冰浆发生器；4a—冰浆出口一；4b—循环水进口；
5—风机；6—电箱二；7—发电机组；8—可移动式集装箱；9—存储罐；10—运输车；11—冰浆入口；
12—循环水出口一；13—冰浆出口二；14—冰浆输送泵；15—截止阀；16—人孔；17—压力平衡口；18—电箱一
（图片来源：广州中臣埃普科技有限公司）

表 2-19 高压清洗车参数

高压清洗车型号		JT700		JT1200	JT1400	JT1600	JT1800	
底盘	品牌	东风凯普特	庆铃	福田欧马可	东风凯普特	东风天锦	东风多利卡	东风天锦
	型号	EQ1075SJ3CDF	QL1070BUHACY	BJ1128VGJEA-FK	EQ1145SJ8CDC	DFH1160EX8	EQ1185LJ9CDE	DFH1180EX8
功率/kW		103	88	115	125	154	154	154
外形尺寸（长×宽×高）/mm		6023×2020×2380	5980×1920×2380	6900×2260×2770	6870×2450×2700	7520×2530×2800	7955×2530×2845	7930×2530×2840
轴距/mm		3308	3360	3800	3800	4200	4500	4500
总质量/kg		7360	7300	11995	14060	16000	18000	18000
整车质量/kg		4120	4060	6170	7385	8310	8465	8465
水箱容积/m³		3.26	3.26	5.9	6.8	7.8	9.8	9.8
泵流量/(L/min)		122	122	210	210	212	265	333
最大压力/bar		160	160	160	160	210	200	170
疏通管长/m		60	60	80	80	80	80	100

续表

高压喷头	管底榴弹	●	●	●	●	●	●	●
	菱形穿刺	●	●	●	●	●	●	●
安全保护系统	水质颗粒度	●	●	●	●	●	●	●
	低水位	●	●	●	●	●	●	●
	低温防冻	●	●	●	●	●	●	●

注：●表示有或选装。

冲洗作业完成后需要接入清洁剂的软管和过滤器，去除任何清洁剂的残留物以防止腐蚀，断开连接到高压清洗机上的供水系统，扣动喷枪杆上的扳机可以将软管里全部压力释放掉，从高压清洗机上卸下橡胶软管和高压软管，切断火花塞的连接导线以确保发动机不会启动（适用于发动机型）。

（1）电动型

将电源开关转到"开"和"关"的位置4～5次，每次1～3s，以清除泵里的水，这一步骤有助于保护泵免受损坏。关闭高压清洗机，将高压软管和伺服喷枪杆与泵断开连接，将阀接在泵防护罐上并打开阀。启动清洗机将罐中所有物质吸入泵里，关闭清洗机，高压清洗机可以直接储存污泥。

（2）发动机型

缓慢地拉动发动机的启动绳5次以清除泵里的水，这一步骤有助于保护泵免受损坏。定期维护，每2个月维护一次，定期从储油箱里清除燃料沉淀物，可延长发动机的使用寿命。燃料的沉淀物会导致燃料管道、燃料过滤器和化油器的损坏。当不使用高压清洗机时，用防护套件保护高压清洗机，泵的防护套件专门用来保护高压清洗机，防止其受腐蚀、过早磨损和冻结等，并且要给阀和密封圈涂润滑剂，防止它们卡住。关闭高压清洗机，将高压软管和伺服喷枪杆与泵断开连接，将阀接在泵防护罐上并打开阀，点火，拉动启动绳，将罐中所有物质吸入泵里，高压清洗机可以直接储存污泥。

2.3　施工案例

2.3.1　工程概况

罗沙路污水管道混凝土固结物破拆项目位于深圳市罗湖区罗沙路与梧桐山南路交叉口，需要对该处排水管渠进行针对性的混凝土固结物破拆清理。管道为合流制，且固结物严重淤堵造成汛期有污水溢流情况发生，因此该管段急需疏通清理。由于罗沙路属于交通干道，且旁边为高架桥，不具备开挖条件，管道管径500mm，不具备人工清理混凝土条件，如图2-17所示，因此本项目采用人工清理检查井室内混凝土结合水力破拆机构清理管道内混凝土固结物的方式进行。

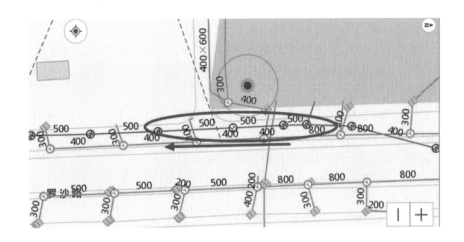

图 2-17　管线位置示意图

清理疏通工作采用机械+人工的方式，主要施工工艺包括：人工清理检查井室内混凝土固结物、人工清理管道口固结物（以保障执行机构顺利放入管道）、水利盾构破拆机构清理管道内固结物。现场踏勘情况统计工程量如表 2-20 所列。

表 2-20　现场踏勘情况统计工程量

序号	管段编号	管径/mm	管道长度/m	堵塞比例/%	预计工程量/m³
1	WS1-WS2	500	21.73	85	3.38
2	WS2-WS3	500	10.08	80	1.70

深圳属亚热带季风气候，年平均气温 23.3℃，历史极端最高气温 38.7℃，历史极端最低气温 0.2℃。一年中 1 月平均气温最低，为 15.7℃，7 月平均气温最高，为 29.0℃。年日照时数平均为 1853h，年降水量平均为 1932.9mm，全年 86% 的雨量出现在汛期（4～9 月）。

工程施工场地为现状市政道路，人多车多，需做好交通疏解措施，并尽量将道路交通影响降到最低。管道所处场地环境比较复杂，位于交通路口，需要封堵支管后架设排水管导流。

施工现场及周边道路现状均为建成区，可利用资源充沛，便于施工资源协调及调配。

2.3.2　施工准备

2.3.2.1　技术准备

① 检验、校正施工及测量仪器，熟悉施工现场环境。

② 组织有关人员学习图纸，了解设计意图及要求，对图纸疑点认真记录汇总，准备图纸会审。

③ 参照施工组织设计，编制详细可行的分部分项工程施工方案和措施，明确本工程的关键工序和特殊过程，编制作业指导书指导施工，并对其实施全过程监控。

④ 做好技术交底，将可能影响施工进程及其质量的问题解决在施工以前。

⑤ 根据进度要求，提出各种施工计划，如分阶段材料需用量计划、原材料检验和试验计划、机械设备计划等，经项目经理或项目总工审批后予以实施。

⑥ 提交新技术、新工艺、新材料应用项目的可行性报告和计划。

⑦ 建立工程档案，在工程施工中严格按照深圳市档案管理规定，及时准确地收集内业资料、整理资料，包括施工前期资料、材料合格证明、设计变更、施工洽商、测量复核记录、会议纪要等其他有关施工记录。

⑧ 与业主方沟通，确定工程实施方案，业主方联络河道、交警部门，关闭河道闸板，设置围堰，设计道路占道方案。

⑨ 涉及道路需到交警部门办理占道施工许可证。

2.3.2.2　现场准备

① 成立项目领导班子，按《施工组织设计》配备管理人员。

② 分期分批组织劳动力进场，并进行入场教育及施工质量、安全技术交底，明确任务目标。

③ 根据施工总平面图做好现场临时施工图，安装好水、电及消防等系统。

④ 根据施工组织设计中的机具配备表，分阶段配备各种施工机具进场。

⑤ 做好施工机械设备的准备和维修保养工作，保证设备性能优良、使用完好。

⑥ 合理安排、精心组织各种周转材料进场。

⑦ 选择可靠的供货商采购施工物资，进场检验合格后方可使用。

表 2-21 为机械设备配置计划。

表 2-21　机械设备配置计划

序号	设备名称	型号规格	数量	产地	制造年份	额定功率/kW	生产能力	用于施工部位
1	洒水车	—	1	湖北	2018	—	良好	加压供水
2	吸污车	—	1	湖北	2018	—	良好	破拆碎块清理
3	高压疏通车	天津通洁牌 TTP900D	1	天津	2022	—	良好	管道清洗
		天津通洁牌 TTP1500D	1	天津	2022	—	良好	管道清洗
4	发电机	EM160L-4	1	福建漳州	2017	—	良好	管道封堵
5	有害气体检测仪	MC2-4	4	上海	2022	—	良好	人员下井
6	CCTV 检测设备	X5-HQ	4	湖北	2020	—	良好	管道检测
7	长管呼吸器	HTCK-4B	6	辽宁	2021	0.072	良好	人员下井
8	轴流风机	T35	8	福建厦门	2020	0.55	良好	人员下井
9	抽水泵	150ZX-150-32	4	浙江	2020	32	良好	导流
10	工具车	江铃牌 JX5045XXYXG2	1	江西南昌	2015	—	良好	布设围挡
11	泥浆泵	NL150-16	2	江苏	2018	22	良好	降水
12	封堵气囊	DN300	2	广东	2018	—	良好	管道封堵
13	封堵气囊	DN500	2	广东	2018	—	良好	管道封堵

2.3.3 施工过程

工程主要施工顺序为现场调查、复核→堵水→导流→降水→检查井固结物清理→QV检测→管道口处固结物清理→水力破拆机构清理管道内固结物→管道CCTV检测→清理现场→施工验收。

2.3.3.1 施工围挡

现场进行连续围挡，保障施工场地无外来人员、车辆影响，方可进行施工。

前期经协调交警部门、城管部门，现场应按交通疏解要求封闭围挡，防止外来人员进入作业区；涉及道路到交警、交委部门办理占道施工许可证；按区疫情防控小组要求进行现场防疫设施的准备，并进行现场消杀；夜间实施作业，应在作业区域周边显著位置设置警示灯，地面作业人员应穿戴高可视反光警示服。

按交通疏解方案要求的预警区、缓冲区布置警示标识和围护栏，不同路段的预警区累计长度取值见表2-22，缓冲区累计长度取值见表2-23。

表 2-22　预警区累计长度取值

位置	设计速度 $v/(km/h)$	预警区分段长度/m		
		A1	A2	A3
路段	≥100	300	500	800
	60＜v≤80	200	300	500
	50＜v≤60	100	300	400
	40＜v≤50	100	200	300
	30＜v≤40	100	100	—
	v≤30	50	—	—
各类平面交叉口	50	—		

表 2-23　缓冲区累计长度取值

设计车速/(km/h)	30	40	50	60	80	100	120
缓冲区累计长度/m	10	20	30	40	40	50	50

2.3.3.2 堵水

因检查井和污水管内存在可燃气体或有毒有害气体，为了保证作业人员安全，人员下井前需要进行通风，通过不断地送风，达到置换井、管内有毒有害气体的目的。通风分为自然通风和机械通风。此外，还需进行气体检测，下井前，监护人员用综合气体检测仪不断进行有害气体检测，直到施工井内和管道内有害气体达到规定安全值后方可下井作业。在井下有毒有害气体超标的情况下，人员严禁下井作业；作业过程中当井内气体超标时，应立即停止作业，加强通风，待气体检测合格后再下井作业。

根据各类有毒有害气体的情况，在检查井内主要检测一氧化碳、氧气、硫化氢及其他可燃性气体的含量。按照氧气、可燃性气体、有毒有害气体的顺序，对有限空间内的气体进行检测，可采用检测仪软管井底采样检测，并记录检测结果，内容包括检测时间、检测位置、检测结果和检测人员。如果发现检测仪在检测中发出声光报警（鸣叫、闪烁）、读数大于规定值，则表示气体浓度超标，需要继续通风再次检测，直至检测符合要求为止。

进行气囊封堵时，堵水使用适合修复管径规格的橡胶气囊，封堵待修复管段的上下游管口，上游封堵两条（有人进入管道）或一条（无人进入管道）橡胶气囊，下游封堵一条。搬运气囊过程中，不得拖拉气囊，以防损伤气囊外壁。施工前，先将封堵充气装置的配件进行组合，做工具漏气检查。用充气泵向气囊充气，气压不得超过 0.15MPa，喷洒肥皂水，检查气囊是否漏气。打开管道口，将气囊从此口慢慢向里面放置至所需位置，然后向管道封堵器充气至适宜的压力（一般是 0.25MPa）。在作业时，要时刻关注气囊的压力值，如果气囊压力值下降较慢或未下降，应继续向气囊补气至标准气压。密封前，检查管道内壁是否光滑，是否有突出的毛刺、玻璃、石头和其他锋利物体。气囊完成封堵后，采用钢丝绳拉紧固定，严禁固定在树木、电杆上。拆除气囊顺序与封堵气囊顺序相反，放气时应缓慢均匀。放气完成后不得立刻下井取气囊，同样需进行通风检测，符合要求后才可下井作业。

2.3.3.3　导流

管道封堵后，需进行导流。根据现场调查水流量，确定导流管管径，导流管采用 PVC（聚氯乙烯）管或其他轻型管材，强度与规格应满足工程导流需要。导流管安装完成后，采用抽水泵进行抽排，污水抽排至污水管道，雨水抽排至雨水管道，严禁随意排放。导流期间现场设置专人看护，并负责维护抽水设施。图 2-18 为排水导流示意图。

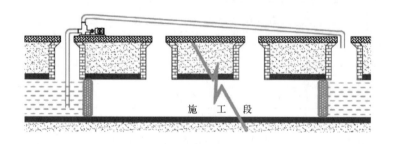

图 2-18　排水导流示意图

2.3.3.4　管道清淤

根据现场情况选定不同的专业喷头，配合大流量高压疏通车进行清洗。

操作时由清淤车引擎驱动高压泵，将水加压后送入射水喷嘴，其向后的喷射产生的反作用力使射水喷头和胶管一同向反方向行进，同时清洗管壁。当喷头抵达下游检查井时，机动绞车将软管回收，射水喷头持续喷射水流将残余的沉积物冲到下游的检查井，再采用吸污车的抽吸管将淤泥水抽吸至吸污车的储泥罐内。

采用高压清洗车进行清淤时，为防止高压水射流冲洗过程中对原有管道造成损伤，高压水射流清洗水性、油性、黏着性附着垢时压力一般为 20～30MPa，对硬质垢一般为 30～70MPa。依照不同的工况，采用不同的专用喷头，水流压力不得对管壁造成剥蚀、刻槽、裂缝及穿孔等损坏，当管道内有沉积碎片或碎石时应防止碎石弹射而造成管道损坏。喷射水流不宜在管道内壁某一局部停留超过15s。使用高压清洗车进行管道疏通时，将高压清洗车水带伸入上游检查井底部，把喷水口向着管道流水方向，对准管道进行喷水，在污水管道下游检查井继续对室内淤泥进行吸污。

2.3.3.5 管道混凝土固体结构破拆

水力盾构机构适用于300~800mm管径内硬质板结的水力清除。

机构配有二维水力自旋转刀头，工作压力可以达到160MPa。刀头应用于市政管道，易调换，专业匹配喷嘴数量及角度不伤管壁，可有效清理，具有不产生剧烈振动、不产生应力扩散、不伤害管道结构、可以逐层破碎任意深度的管道等优势。

机构同时连接着两套高压清洗机组，TTP1500D机组作用在机构的前端刀头上，负责对混凝土固结物进行破拆。TTP900D机组作用在机构后端，负责提供机构前进的动力、往回拖拽时对管壁进行清洗以及将破拆碎块冲洗至检查井口，同时使用吸污车将清理出的碎渣吸走。图2-19为水力盾构破拆机构实物图。

超高压大流量泵组TTP1500D机组为自主研发设计，核心组件高压泵引进美国进口技术，整机采用柴油发动机驱动750型高速大流量泵，最高压力为280MPa，可解决市政排水管道堵塞严重问题，以及清洗和疏通雨水管道。机组采用多功能的设计理念，建立液压系统，不仅可提供卷筒动力，还可接入液压渣浆泵，解决抢险、防汛排涝、抽出井口污水等问题。超高压大流量泵组TTP1500D机组如图2-20所示。

图2-19　水力盾构破拆机构　　　　　　图2-20　超高压大流量泵组TTP1500D

低压大流量泵组TTP900D机组（见图2-21）自主研发设计，核心组件高压泵引进美国进口技术，整机采用柴油发动机驱动450T型高速大流量泵，最大流速可达900L/min，最高压力250kg，可解决堵塞严重、井口间距150m以上的长距离管道的疏通和深度清洁等。

2.3.4　检测验收

管道完成清淤、混凝土固结物破拆并清理完毕后，进行管道闭路电视（CCTV）检测，观察管道内部清理效果。

CCTV检测不应带水作业，当现场条件无法满足时，应采取降低水位措施，确保管道内水位不大于管道直径的20%。管径不大于200mm时，直向摄影的行进速度不宜超过

图 2-21   低压大流量泵组 TTP900D

0.1m/s；管径大于 200mm 时，直向摄影的行进速度不宜超过 0.15m/s。检测时摄像镜头移动轨迹应在管道的中轴线上，偏离度不应大于管径的 10%。当对特殊形状的管道进行检测时，应适当调整摄像头位置并获得最佳图像。

当有下列情形之一时应中止检测：

① 爬行器在管道内无法行走或推杆在管道内无法推进时；

② 镜头沾有污物时；

③ 镜头浸入水中时；

④ 管道内充满雾气，影响图像质量时；

⑤ 其他原因无法正常检测时。

施工完成后，清点现场剩余材料及设备，及时撤离现场，并对道路进行整理清扫，做到"工完场清"。逐步拆除现场施工围挡，并通知相关部门，按要求恢复道路通行。

参考文献

[1]   杨清梅，王立权，王知行．一种新型排水管道机器人研究 [J]．机床与液压，2006 (03)：120-122.

[2]   石三旗，陈国荣，陈亚军．高压水射流技术在管道清淤中的设备参数选型 [C] //《施工技术》杂志社，亚太建设科技信息研究院有限公司．2021 年全国工程建设行业施工技术交流会论文集（中册）．

[3]   张述清，宋政昌，马志骞，等．水平定向高压旋喷清淤法在市政管网清淤中的应用 [J]．西北水电，2023 (01)：13-16.

[4]   骆煜，黄大为．地下管网清淤机器人开发前景浅析 [J]．建设机械技术与管理，2020，33 (S1)：11-13.

[5]   孙建宇，杨向东，汪劲松，等．新型下水管道自动清淤机器人 [J]．给水排水，1997 (03)：54-56.

[6]   黄绵达，胡畔，付青凯，等．一种移动式环保型清淤设备在南水北调中线应用实例分析 [C] //中国水利学会．中国水利学会 2019 学术年会论文集（第四分册）．

[7]   宋文吉，冯自平，肖睿．冰浆技术及其应用进展 [J]．新能源进展，2019，7 (02)：129-141.

[8]   林茂锋，李万权，甘虎，等．管网清淤及污泥脱水集成工法及设备研究 [J]．绿色环保建材，2019 (11)：24-25.

第 3 章
管道检测技术与设备

3.1 管道检测技术

管道检测按照检测时间及检测内容可分为管道状况普查、移交接管检测、应急事故检测三种模式，如表 3-1 所列。管道状况普查模式是针对老旧管道进行检测，是目前国内大力推广的检测模式，是主动性检测，同时也表明了现阶段国家对地下管网养护工作的重视。移交接管检测是针对新建管道进行检测，随着管道内窥摄像检测技术的发展，移交接管检测已经成为新建管道验收的重要依据。应急事故检测是针对发生事故的老旧管道进行检测，属于被动的应急检测。

表 3-1 管道检测模式

管道检测模式	检测内容		检测时间
	功能性检测	结构性检测	
管道状况普查	沉积物、结垢、障碍物、坝根、树根、浮渣等	破裂、变形、腐蚀、错口、脱节、起伏、接口材料脱落、支管暗接、异物穿入、渗漏等	以功能性状况为目的的普查周期宜采用1～2年；以结构性状况为目的的普查周期宜采用5～10年；流沙地区、管龄30年以上的管道、施工质量差的管道和重要管道普查周期可相应缩短
移交接管检测	沉积物、障碍物、残墙等	破裂、变形、腐蚀、错口、脱节、起伏、接口材料脱落、支管暗接、异物穿入、渗漏等	新建管道验收前
应急事故检测	沉积物、结垢、障碍物、残墙等	破裂、变形、腐蚀、错口、脱节、起伏、接口材料脱落、支管暗接、异物穿入、渗漏等	事故发生后

管道检测技术包括传统检测技术、潜望镜检测技术、声呐检测技术、CCTV 检测技术等，如表 3-2 所列。各种检测技术特点不同，适用于不同的场景，管道检测方法选择如表 3-3 所列。选择检测技术时应综合考虑具体使用范围、检测目的、检测成本。

表 3-2　管道检测技术

检测技术	技术特点	使用范围	适用管径/mm	优点	缺点	可检测缺陷类型
传统检测技术（反光镜法、烟雾法等）	可采用工具测量缺陷位置及尺寸,主要应用于大管径管道检测	水管、燃气管、石油管道等	≥50	操作简单,容易培训操作人员	需要直接接触管道表面,可能需要停机和清洗管道	表面腐蚀、泄漏、焊缝问题、管道变形、管道内部沉积物和堵塞等
CCTV检测技术	管道内水位不应大于管径的20%且不大于200mm,可显示缺陷位置,凭经验估计缺陷等级,大管径管道检测时要求光源充足	排水管道、工业管道等	≥200	实时视觉,可获取图像和视频数据	无法检测管道外部缺陷,不能穿越较弯曲的管道	管道内部缺陷,如沉积、破裂、变形等
潜望镜检测技术	检测距离有限,可粗略估计缺陷位置及尺寸	排水管道、工业管道等	≥50	可探测管道外部和内部缺陷,具有精准测量功能	需要人工操作,依赖于操作人员技能水平,不能穿越较弯曲的管道	管道内部和外部缺陷,如裂缝、变形、破损、腐蚀等
探地雷达检测技术	探测速度快,探测过程连续,分辨率高,操作方便灵活,图像直观;可以探测金属和非金属管线,以及地下空洞、不密实、裂缝、含水等病害缺陷	工业管道、地下管道等	≥50	可探测管道内外壁缺陷,适用于非金属管道	精度受管道材料和周围环境影响,无法检测非导电材料的管道	管道内、外壁缺陷,如腐蚀、破损、裂纹等
声呐检测技术	管道内排水困难或排水成本较高时采用,可显示缺陷位置及部分缺陷尺寸	给水管道、排水管道、海底管道、水力发电管道等	≥200	可穿透水域,测量海底管道和水下结构的位置、尺寸和形态	受水域环境影响较大,易受噪声干扰	海底管道和水下结构的位置、尺寸和形态
3D扫描检测技术	把激光先投射到被测物体表面,继而反射回扫描仪内的传感器中,扫描仪据此计算其与物体的距离,确定物体在空间中的位置,得到三维点云数据	工业管道等	≥50	可以对管道进行全方位、快速、高精度的三维扫描	依赖于设备精度,不能穿越较弯曲的管道	管道内、外壁缺陷,如腐蚀、破损、裂纹等

表 3-3　管道检测方法选择

管道类型	常见缺陷	检测方法	注意事项
排水管道	破裂、渗漏、起伏、腐蚀等	CCTV检测、电子潜望镜检测、声呐检测	检测时需要确保排水管道已排空或达到现行标准要求
压力管道	腐蚀、破裂等	3D扫描检测、声呐检测	对于压力管道的检测应由专业人员进行,操作时需严格遵守相关安全规范,避免意外事故发生

管道类型	常见缺陷	检测方法	注意事项
重力管道	渗漏、腐蚀、破裂等	CCTV 检测、电子潜望镜检测、压力测试	检测时需注意管道的倾斜角度,避免出现不准确的检测结果
给水管道	腐蚀、破裂等	CCTV 检测、电子潜望镜检测、水质检测、流量检测、温度检测	检测时需注意管道的运行状态,避免对供水系统的正常运行造成影响

3.2　传统检测技术

　　传统检测技术主要包括人员进入管道检测、潜水员进入管道检测、简易工具法、反光镜法,如表 3-4 所列。传统检测技术虽然存在局限性,但在特定条件下仍是现代检测技术不可或缺的补充,如潜水员进入管道检测在高水位情况下仍然是不可取代的检测技术。

表 3-4　传统检测技术

检测方法	适用范围和局限性
人员进入管道检测	管径较大,管内无水,通风良好,优点是直观且能精确地测量,但检测条件较苛刻,安全性差
潜水员进入管道检测	管径较大,管内有水且要求低流速,优点是直观,但无影像资料,准确性差
简易工具法(泡沫法、烟雾法等)	检查井和管道口处淤积情况,优点是直观、速度快,但无法测量管道内部情况,无法检测管道结构损坏情况
反光镜法	管内无水,仅能检测管道顺直和垃圾堆积情况,优点是直观、快速、安全,但无法检测管道结构损坏情况,有垃圾堆积或有障碍物时,则视线受阻

　　人工检测技术是指当管道管径较大或进行较大箱涵检测时,由于 CCTV 检测光源不足,依靠 CCTV 检测设备无法看清管道或箱涵壁上的缺陷,因此需要人工进入管道进行检测。

3.3　闭路电视(CCTV)检测

3.3.1　CCTV 检测原理

　　CCTV 管道内窥检测系统是由 PC(可编程序控制器)主控器、操纵线缆、带摄像头的爬行器三部分组成的,基本原理如图 3-1 所示。光学系统由一个激光二极管、一个环形激光发生器和一个电荷耦合摄像机组成。检测过程中,激光二极管和环形激光发生器在管壁上投射,产生与管道中心轴线正交的光圈,通过电荷耦合摄像机对光圈进行成像。PC 主控器主要控制爬行器在管道内前进的速度和方向,控制摄像头对管内壁进行全程拍摄。

　　20 世纪 50 年代,闭路电视技术逐步被应用于管道的摄像检查中,突破了人工检测的局限性,更为客观地反映出了管道的运行状况,也改善了城市排水管道检测作业环境。CCTV检测原理如同"胃镜",即将具有摄像与灯光功能的爬行器置于管道内爬行,采集管道摄像,

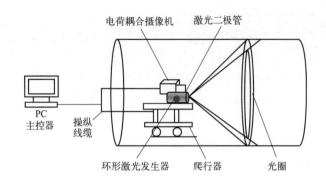

图 3-1　CCTV 管道内窥技术基本原理

诊断管道使用状态。CCTV 设备由摄像、照明、爬行器、线缆、显示器和控制系统等部件组成，通过自动爬行驱动进入下水管道内部，拍摄并录制管道内部状况，灯光亮度可以调节，摄像头可随意旋转，同时支架高度也可在一定范围内调节。为配合检测，需进行必要的管道封堵、管道疏通清洗、抽水降水等。

CCTV 检测技术是目前国际上用于管道状况检测最为有效、安全的手段。CCTV 检测技术适用的管道最小直径为 50mm，最大为 2000mm。管道 CCTV 检测示意见图 1-14。

与传统的管道检测技术相比，采用 CCTV 检测地下管道具有以下优势：

① 不需要人员直接进入管道，避免了可能发生的人身意外事故；

② 利用现代科技手段，工作效率和质量得到了大大提高，能以更快的速度和更高的精度发现管道内存在的问题，找出问题的根源，大大缩短了故障排除时间；

③ 为清洗、疏通、修复管道方案的确定提供可靠、准确的依据；

④ 为管道施工、竣工、验收以及接管状况检测提供了科学有效的方法。

采用 CCTV 检测技术进行管道检测时必须遵循以下要求：

① 检测过程应符合《城镇排水管道维护安全技术规程》（CJJ 6—2009）中的规定；

② 人员下井辅助施工时，应填写《下井安全作业票》（见《城镇排水管道维护安全技术规程》附录 A 中的表 A-2）；

③ 检测过程中爬行器的行进方向宜与水流方向一致；

④ 管径不大于 200mm 时直向摄影的行进速度不宜超过 0.1m/s，管径大于 200mm 时直向摄影的行进速度不宜超过 0.15m/s；

⑤ 检测时，摄像镜头移动轨迹应在管道中轴线上，偏离度不应大于管径的 10%。

3.3.2　CCTV 检测设备

图 3-2 中的 CCTV 检测设备主要包括检测模块、抬升机构、车体、激光传感器等。

摄像头是管道 CCTV 检测中最关键的设备之一，通过光学镜头拍摄管道内部的图像，将图像传输到地面的监视器或计算机上进行观察和分析。摄像头的类型有很多种，例如防水摄像头、高清晰度摄像头、全景摄像头等，可以根据不同的检测需求进行选择，CCTV 检测设备主要技术指标见表 3-5。

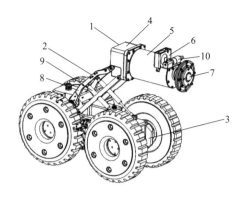

图 3-2 CCTV 检测设备

1—检测模块；2—抬升机构；3—车体；4—电控盒；5—转筒；6—激光传感器；7—全景镜头；

8—抬升架；9—支撑杆；10—航空插头

（图片来源：武汉中仪物联技术股份有限公司）

表 3-5 CCTV 检测设备主要技术指标

序号	检测项目	技术指标
1	视场角	对角线方向≥45°
2	图像输出	≥主码流：1920×1080@25fps
3	照明灯光	≥1500cd，可根据管径的大小调节光源强度
4	变焦范围	光学变焦≥20 倍；数字变焦≥12 倍
5	图像变形	变形率≤5%
6	爬行器	电缆长度为 120m 时，爬坡能力应大于 10°
7	电缆抗拉力	≥2kN
8	存储	录像封装格式：MPEG4、AVI；录像编码格式：H264、H265；照片格式：JPEG
9	电缆、行进器、摄像头、照明灯的防护	IP68，气密保护
10	前后视相机像素	前：210 万，后：210 万
11	云台变倍	10 倍光学，16 倍数字
12	云台控制	轴向 360°，径向 270°
13	灯源	主光 8×2W，辅光 6×3.5W，LED 灯
14	防护等级	IP68
15	爬坡能力	≤45°

光源则用于提供管道内部的照明，以确保摄像头可以获得清晰、明亮的图像。一般来说，管道内部比较暗，因此需要使用专门的光源来提供足够的照明。常见的光源有 LED 灯、氙气灯等。

推进器是将摄像头等设备从管道入口或井口推进到管道内部的设备。推进器可以通过电动、液压或手动的方式进行推进，同时可以控制设备的前进、后退、旋转等操作，以确保设备可以准确地拍摄到需要检测的位置和角度。CCTV 机器人至少配备两个行走机构，每个行走机构包括底盘和驱动组件，驱动组件连接于所述底盘的两侧，驱动组件包括滚轮式、滚筒式、履带式等。

数据采集器用于接收和存储管道内部的图像和数据，以便在地面上进行分析和处理。数据采集器可以通过有线或无线的方式与摄像头等设备进行连接，同时可以将采集的图像和数据传输到计算机等设备上进行分析和处理。

图 3-3 为管道 CCTV 检测机器人，图 3-4 为管道检测机器人的应用展示。

(a) 全景量化检测机器人　　　　　(b) 箱涵检测机器人　　　　　(c) 全地形检测机器人

图 3-3　管道 CCTV 检测机器人

（图片来源：武汉中仪物联技术股份有限公司）

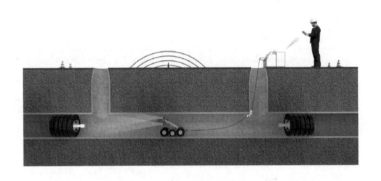

图 3-4　管道检测机器人应用展示

（图片来源：武汉中仪物联技术股份有限公司）

3.3.3　CCTV 检测设备选型

CCTV 检测设备在选型时需要考虑以下几个因素。

（1）管道直径和长度

首先需要考虑管道的直径和长度，选择适合的检测设备。通常情况下，管道直径越小，需使用的 CCTV 设备就越小。例如，管径小于 200mm 的管道可以使用手持式摄像机或者推进式摄像机，而管径大于 200mm 的管道则需要使用车载或者人员推进式的摄像机。同时，需要根据管道的长度来选择合适的电缆长度和设备重量。

（2）管道环境

不同的环境需要选择不同材质的摄像头、推进器和灯具等设备。例如，对于污水管道，需要选择防水和防腐蚀性能好的摄像头，以保证设备能够正常运行，并且可以拍摄到清晰的图像。对于化学品管道，需要选择能够耐受酸碱腐蚀的摄像头和推进器，以保证设备的稳定性和安全性。

（3）管道弯曲程度

管道的弯曲程度也会影响CCTV设备的选择。一般来说，弯曲程度大的管道需要使用柔性的推进器和适应性强的摄像头，以保证设备能够顺利通过弯曲处，并且可以拍摄到清晰的图像。对于弯曲程度较小的管道，可以使用硬性的推进器和摄像头，以提高检测的准确性和效率。

（4）摄像头的视角和分辨率

摄像头的视角和分辨率对于CCTV检测的准确性和效果有很大的影响。视角越宽，能够拍摄到的范围就越广，但是分辨率也就越低。因此，在选择摄像头时需要根据管道的实际情况和检测要求综合考虑，以达到最佳的检测效果。

（5）数据采集和存储

数据采集和存储是CCTV的重要部分，需要选择能够高效、准确地采集和存储数据的设备。现代化的CCTV检测设备都配备有专门的数据采集和存储系统，可以自动记录和分类数据，提高数据的准确性。

结合多种因素，CCTV检测设备选型表见表3-6。

表3-6　CCTV检测设备选型

品牌/型号	管道尺寸范围/mm	检测目的	检测要求
iPEK Rovver X	150～2000	全方位检测	高清晰度视频和照片
Rausch KTS 150	150～2000	全方位检测	高清晰度视频和照片
Pearpoint P424	225～1200	检测管道缺陷	高清晰度视频和照片
Mini-Cam Proteus	200～2000	全方位检测	高清晰度视频和照片
Insight VISION	150～2000	检测管道缺陷	高清晰度视频和图像报告

数据来源：iPEK、Rausch KTS、Pearpoint、Mini-Cam、Insight VISION。

3.3.4　CCTV检测流程

CCTV检测流程如图3-5所示，CCTV检测实景如图3-6所示。

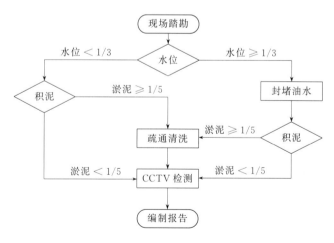

图3-5　CCTV检测流程

当进行管道CCTV检测时通常会遵循以下详细步骤。

① 确定管道的位置和长度：首先需要明确待检测管道的位置和长度，以便在进行检测

图 3-6　CCTV 检测实景
（图片来源：武汉中仪物联技术股份有限公司）

时能够准确地定位和识别管道。

② 检查管道入口和出口：在进行 CCTV 检测之前，需要对管道的入口和出口进行检查，确保检测器材和设备能够正常进出，并确定检测器材和设备的适配器类型和规格。

③ 清洗管道：在进行 CCTV 检测之前，需要对管道进行清洗，以确保管道内部没有阻碍视线的沉积物、泥沙和杂物等，清洗可以采用高压水冲洗、真空抽吸等方式。

④ 安装检测器材和设备：在清洗完成后，需要将 CCTV 摄像机、推进器、照明设备等安装到管道内部，摄像机和照明设备的数量和位置需要根据管道的长度和直径、管道内部环境的情况来确定，同时还需要根据管道的形状和弯曲程度，选用适合的摄像机和适配器等设备。

⑤ 进行检测操作：在安装完设备后，需要进行检测操作，操作过程中需要注意摄像机的视角、推进器的速度和方向、照明设备的亮度等参数，同时还需要关注管道内部的环境变化，例如水位、水压、温度等参数的变化。

⑥ 数据采集和记录：在进行检测操作时，需要将摄像机拍摄到的图像和管道内部的数据采集下来，并进行记录和分类，数据包括管道的长度、直径、坡度、接口位置、管道材质等参数，这些数据可以用于评估管道的健康状况，预测管道的故障和维修需求。

⑦ 数据分析和处理：在采集和记录完管道的数据之后，需要对数据进行分析和处理，可以使用专业的数据分析软件对图像和数据进行处理，找出管道内部的问题和故障，并提出相应的维护和管理建议。

⑧ 撰写检测报告：工程技术人员采用管道 CCTV 检测系统，对管道内部情况进行分析，评估管渠的结构性和功能性缺陷，缺陷名称、代码、等级划分及分值均依据《城镇排水管道检测与评估技术规程》（CJJ 181—2012）中的要求进行。

CCTV 管道内窥检测技术能够有效采集实景影像，具有实用性强、操作简单、设备体积小、价格低廉等优点，目前已发展成为管线检测设备下井探测最主要的方式，在各国管道检测中得到了广泛运用。有许多学者提出了使用图像处理的方法来自动识别 CCTV 视频中的管道缺陷，大体可分为机器学习识别方法与深度学习识别方法。利用形态学、滤波等方法与机器学习方法相结合的方式能够实现单一类别的智能化检测。根据《城镇排水管道检测与评估技术规程》（CJJ 181—2012）中的相关规定，管道缺陷可分为两大类、十六小类，单种算法很难检测出全部类型的缺陷，并且管道环境复杂，基于传统图像处理的检测方法精度有限，因此这类传统的图像处理方法不能满足管道缺陷检测的自动化需求。将图像处理方法与传统机器学习方法相结合，能实现管道缺陷的自动化检测，但该方法能够实现的分类类别有限，需要人工选取特征，数据受噪声影响大，已经开始被深度学习识别方法所取代。将深度学习技术应用于城市管道 CCTV 视频检测，不仅可以极大地提高管道缺陷检测的智能化、自动化水平，同时可以大大降低工作人员的工作强度，减少人力、物力的投入。目前国内外学者已开始利用深度学习技术对 CCTV 视频管道缺陷类型的智能识别进行初步研究，并取得了一定的成果。

3.4 电子潜望镜（QV）

电子潜望镜是一种将反光镜和电视检查结合在一起的检测工具，主要由控制器、显示器、连接电缆、摄像头、灯光系统、伸缩杆等组成。通过可调节长度的伸缩杆将高放大倍数的摄像机伸入检查井后，高质量的聚光、散光灯配合镜头高倍变焦的能力，得到排水管道一定距离内较为清晰的影像资料。电子潜望镜检测图像清晰度不及管内检查的 CCTV 检测，但远胜于反光镜。有些电子潜望镜设备还能够通过测距对管道中缺陷的距离进行测量。同时该方法还可以和充气式封堵气囊配合使用，在进行封堵后，对下游管道进行检测，能迅速探知管道较大结构性问题。与传统的检测方法相比，电子潜望镜检测方法避免了人员进入管道。

3.4.1 电子潜望镜检测原理

电子潜望镜检测是通过潜望镜镜头和 LED 光源组合构成的光学检测系统，将管道内部的图像实时传输到显示屏上，从而实现对管道内部的检测。电子潜望镜实物见图 3-7，主要技术指标见表 3-7。

图 3-7 电子潜望镜实物

（图片来源：武汉中仪物联技术股份有限公司）

表 3-7 管道电子潜望镜检测设备主要技术指标

序号	检测项目	技术指标
1	视场角	对角线方向≥45°,
2	图像输出	≥主码流:1920×1080@25fps
3	图像变形	变形率≤5%
4	变焦范围	光学变焦≥20倍;数字变焦≥12倍
5	存储	录像封装格式:MPEG4、AVI;录像编码格式:H264、H265;照片格式:JPEG
6	电缆、行进器、摄像头、照明灯的防护	IP68,气密保护

电子潜望镜包括以下几个单元。

（1）光源系统

管道电子潜望镜检测设备内置有高亮度的 LED 光源，其主要作用是为管道内部提供充足的照明，以保证拍摄到的图像具有较高的清晰度和色彩还原度。

（2）摄像头

潜望镜的摄像头是管道电子潜望镜检测设备的核心部件之一，其作用是将管道内部的图像通过光电转换器转换为电信号，然后通过信号传输线路传输到显示屏上。一般来说，摄像头会配备高清晰度的 CMOS（互补金属氧化物半导体器件）或 CCD（电荷耦合器件）传感器，以提高拍摄的图像质量。

（3）镜头

潜望镜的镜头是指镜筒内部的透镜组，其作用是对管道内部的图像进行聚焦和放大，以便在显示屏上观察到更加清晰的图像。不同类型的管道电子潜望镜检测设备配备的镜头形状和参数也不同，可以根据需要进行选择。

（4）显示屏

管道电子潜望镜检测设备的显示屏通常为液晶显示器或 OLED（有机发光二极管）显示器，用于显示管道内部的图像。根据不同的应用场景和需要，显示屏可以有不同的尺寸和分辨率。

管道电子潜望镜通过伸缩式的装置将镜头和摄像头送入管道内，然后在地面上进行图像的传输和录像。通过此设备，可以实时观察管道内部情况，快速确定管道的缺陷和问题。

管道潜望镜包括摄像头模组、探头模组、光源模组等，如图 3-8 所示。为减少线缆干扰，还开发了无线潜望镜，如图 3-9 所示。

适用范围：市政（工业）排水管道、水利输水管涵、综合管廊、电缆管沟、隧洞、大型容器罐体的内部视频检查，槽罐车内部视频检测，野外侦察和灾难搜救。无线潜望镜检测作业示意见图 3-10（书后另见彩图）。

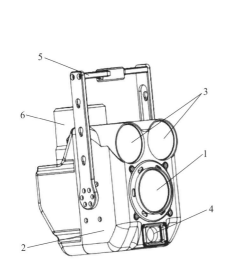

图 3-8 管道潜望镜结构
1—摄像头模组；2—探头模组；3—光源模组；
4—激光测距模组；5—连接吊臂；6—电池模组
（图片来源：武汉中仪物联技术股份有限公司）

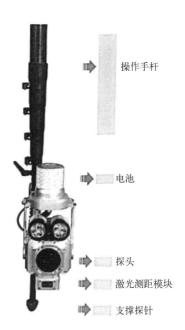

图 3-9 无线潜望镜
（图片来源：武汉中仪物联技术股份有限公司）

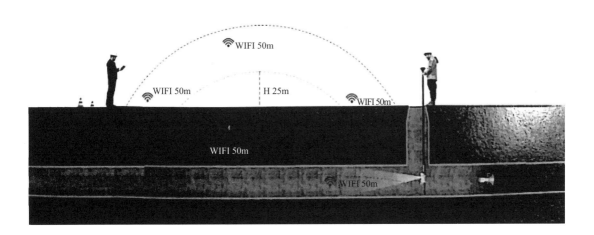

图 3-10 无线潜望镜检测作业示意图
（图片来源：武汉中仪物联技术股份有限公司）

技术特点：

① 无线传输，大功率无线传输技术可实现 100m 远距离无线操作；

② 高清画质，采用 214 万像素高清数字摄像机，画质高清，动态范围宽，智能自动对焦，可输出 1080P 高清画面；

③ 激光测距，搭载高精度高亮度激光测距仪，日光下可见光斑，最远探测距离可

达 100m;

④ 电动除雾，镜片电加热快速除雾，同时具有自动关闭除雾功能，防止错误操作带来的仪器损伤；

⑤ 高度集成设计，机身采用一体式设计，对称式布局，整机可浸水，轻便小巧，降低工作强度，提高工作效率；

⑥ 无限制俯仰角度，可上下 360°无限旋转，保证设备进入垂直管道时可以看清底部情况，可确保管道内部无死角检测，主体姿态角实时显示，为检测提供更准确的信息。

3.4.2　电子潜望镜选型

（1）检测管道的直径和长度

不同型号的管道电子潜望镜适用于不同直径和长度的管道。通常管道直径越小，所需要的管道电子潜望镜直径就越小；而管道长度越长，管道电子潜望镜就需要越大的存储容量和更长的检测时间。因此，在选择管道电子潜望镜时需要根据实际管道的直径和长度选择合适的型号。

（2）检测精度

不同型号的管道电子潜望镜具有不同的检测精度，通常用于检测不同类型的缺陷。例如，一些管道电子潜望镜可以检测管道内的裂缝、破损、腐蚀和异物等缺陷，而另一些管道电子潜望镜可以检测更小的缺陷，例如管道内的微小裂缝、泄漏和毛刺等。在选择管道电子潜望镜时需要根据实际选择适合的型号。

（3）检测环境

管道电子潜望镜需要在不同的检测环境下进行工作，例如在水下、高温、含有害气体等环境下进行工作。不同型号的管道电子潜望镜具有不同的适用环境，需要选择具有相应特性的型号。

（4）操作难度

不同型号的管道电子潜望镜具有不同的操作难度。操作某些潜望镜时，需要经过专门的培训。在选择管道电子潜望镜时，需要考虑使用者的技术水平。

（5）成本和维护费用

不同型号的管道电子潜望镜价格不同，同时也需要考虑维护和维修的成本，一些型号需要更频繁的维护和更高的维修费用。因此需要综合考虑，选择适合的型号。在选择时，也可以参考厂家提供的技术参数和客户评价等信息进行比较和评估。

具体的选型方法见表 3-8。

表 3-8　管道电子潜望镜选型

品牌/型号	直径/mm	长度/m	分辨率(像素)	视野角度/(°)	防水性能	耐用性	便携性	适用场景
RIDGID micro CA-350	9	0.9	640×480	≤54	IP68	良好	轻便	一般检测
RIDGID SeeSnake CS10	33	30	1024×768	≤62	IP68	良好	便携式	安全检测
Extech BR250-4FL	9	1.5	640×480	≤60	IP67	良好	轻便	安全检测
General Tools DCS665	9	1	320×240	≤50	IP67	一般	轻便	一般检测

品牌/型号	直径/mm	长度/m	分辨率(像素)	视野角度/(°)	防水性能	耐用性	便携性	适用场景
FLIR VS70	6	1.5	640×480	≤60	IP67	良好	轻便	工业检测
FLIR T640bx	6	0.12~0.6	640×480	28~16	IP67	良好	便携式	非破坏性测试
Olympus IPLEX G Lite	6	2.5	1024×768	≤120	IP55	良好	便携式	工业检测
Olympus IPLEX NX	6	3.5	1280×960	≤120	IP55	良好	便携式	非破坏性测试

数据来源：RIDGID、Extech、General Tools、FLIR、Olympus IPLEX。

3.4.3　电子潜望镜检测流程

受设备本身的局限，电子潜望镜无法像 CCTV 检测设备一样可以进入管道内检测，只能在窨井内管口位置进行摄像，其检测示意见图 1-15。同样存在镜头在水中拍摄会失真或不准确的问题，因此在进行检测前，应将管道清洗干净，水位尽量降低（不超过管径的 1/2），以保证检测的效果。

潜望镜的优点是携带方便、操作简单。管道潜望镜只能检测管内水面以上的情况，管内水位越深，可视的空间越小，能发现的问题也就越少。光照的距离一般能达到 30~40m，一侧有效的观察距离为 20~30m，通过两侧的检测便能对管道内部情况有所了解。

采用电子潜望镜检测技术进行管道检测的要求如下：

① 如需人员下井辅助施工，应填写《下井安全作业票》（详见《城镇排水管道维护安全技术规程》附录 A 中的表 A-2）；

② 镜头中心应保持在管道竖向中心线的水面以上；

③ 拍摄管道时，变动焦距不宜过快，拍摄缺陷时，应保持摄像头静止，调节镜头的焦距，并连续、清晰地拍摄 10s 以上；

④ 拍摄检查井内壁时，应保持摄像头无盲点地均匀慢速移动，拍摄缺陷时，应保持摄像头静止，并连续拍摄 10s 以上；

⑤ 对各种缺陷、特殊结构和检测状况应作详细判读并填写《排水管道检测现场记录表》（详见《城镇排水管道检测与评估技术规程》附录 B 中的表 B.0.1）；

⑥ 整理相关表格及视频资料。

管道电子潜望镜检测流程可以分为以下几个详细步骤。

① 现场勘查和准备：在进行管道电子潜望镜检测之前，需要进行现场勘查和准备工作，这包括对待检测管道的位置、管径、长度、材料、使用年限、维护历史等进行调查，以及对检测入口进行准备，如清理杂物、排空水、布置工具等。

② 设备选择和准备：根据待检测管道的特点和要求，选择相应的电子潜望镜设备，并准备相应的镜头、LED 光源、电缆等配件，在准备过程中需要注意设备的质量、性能和适应性。

③ 设备安装和调试：将电子潜望镜设备安装到管道入口，并进行相应的调试和校正，这包括对光源、镜头、摄像头等进行调整和校准，以获取最佳的图像和视频质量，此外还需要对控制台和监测软件进行设置和调试。

④ 检测操作和数据采集：将电子潜望镜设备插入管道入口，开始进行检测操作，在检测过程中需要注意设备的操作规程，如推进、旋转、调整光源、对焦等，同时还需要注意对管道内部的各种缺陷和异常进行记录和采集，如裂缝、漏水、堵塞、破损等，在数据采集过

程中可以使用一些辅助工具，如计量仪、红外测温仪等。

⑤ 数据分析和报告：将采集到的数据进行分析和处理，根据检测结果生成相应的检测报告和维护建议，这包括对管道内部各种缺陷进行评估、分类、定位和测量，以及对缺陷的危害性和修复建议的分析，同时还需要对数据进行有效的管理和存储，以便后续分析和处理。

⑥ 设备保养和维护：管道电子潜望镜是一种高精度、高灵敏度的设备，需要经常进行保养和维护，以确保设备的稳定性和可靠性，这包括对设备进行清洁、校准、充电、存储等操作，以及对设备进行定期的维护和保养。

3.5 声呐检测技术

声呐管道检测仪可以将传感器头浸入水中进行检测。声呐系统对管道内侧进行声呐扫描，声呐探头快速旋转并向外发射声呐信号，然后接收被管壁或管中物体反射回来的信号，经计算机处理后形成管道的横断面图。图 3-11 为声呐检测设备示例及声呐检测图像（书后另见彩图）。

图 3-11　声呐检测设备示例及检测图像
（图片来源：武汉中仪物联技术股份有限公司）

3.5.1 声呐设备检测原理

置于水中的声呐发生器令传感器产生响应，当扫描器在管道内移动时，可通过监视器来监视其位置与行进状态，测算管道的断面尺寸、形状，并测算破损、缺陷位置，实现对管道的检测。与 CCTV 检测相比，声呐适用于水下检测。只要将声呐探头置于水中，无论管内水位有多高，声呐均可对管道进行全面检测。声呐处理器可在监视器上进行监视，并以数字和模拟形式显示传感器在检测方向上的行进状态，声呐传感器连续接收回波，对管内的情况进行实时记录，根据被扫描物体对声波的穿透性能、回波的反射性能，以及与原始管道尺寸的对比，计算出管渠内的结垢厚度及淤积情况，根据检测结果对管渠的运行状况进行客观评价。根据采集存储的检测数据，还可以将管道的坡度情况形象地反映出来，为保证管道的正常运行以及进行有针对性的维护提供科学的依据。

采用声呐对排水管道进行扫描检测，可以在恶劣的环境下工作，不受光线的影响，且对污水充满度高、流量大的排水管道都可以进行检测。采用单探头旋转反射镜超声检测成像方法对排水管道进行检测，通过第一次回波的检测来识别管道的内部情况，检测装置安装在牵引缆绳上，随牵引缆绳在管道中行进，其检测成像原理见图 3-12。检测装置中安装有超声探头、反射镜装置和步进电机，超声探头发出的超声波，经过与管道轴线成 45°的平面反射镜反射后，垂直射向管壁，步进电机逆时针旋转，带动反射镜旋转，实现排水管道 360°的超声扫描成像。

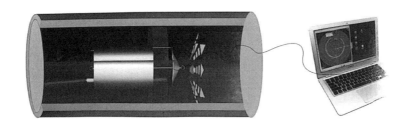

图 3-12　声呐检测成像原理
（图片来源：武汉中仪物联技术股份有限公司）

用于工程检测的声呐解析能力强，数据更新速度快。2MHz 频率的声音信号以对数形式压缩，压缩之后的数据经过 Flash A/D 转换器转换为数字信号；检测系统的角分辨率为 0.9°，即该系统将一次检测的一个循环（圆周）分为 400 个单元，而每个单元又可分解成 250 个单位。因此，在 125mm 的管径上，分辨率为 0.5mm，而在长达 3m 的极限范围上也可测得 12mm 的分辨率，可以满足市政、企业排水管（渠）检测的要求。

检测时，将管道分解成若干个断面进行检测，经过综合判断达到检测目的，声呐检测示意见图 3-13（书后另见彩图）。根据要求检测的管道管径和故障点的不同，以及在管道内的移动速度，调整检测仪扫描的螺旋间距。

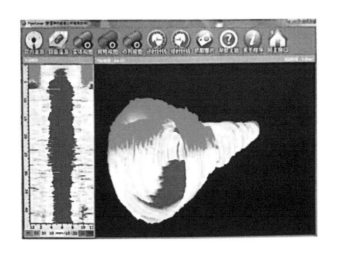

图 3-13　声呐检测示意图
（图片来源：武汉中仪物联技术股份有限公司）

操作者在地面上对检测仪进行操控，并且可将声呐信息图形化显示。根据管径的不同，按表 3-9 选择不同的脉冲宽度。

表 3-9　脉冲宽度选择标准

管径范围/mm	脉冲宽度/μs
300~500	4
500~1000	8
1000~1500	12
1500~2000	16
2000~3000	20

3.5.2　声呐检测设备

声呐检测设备通常由舱体、前摄像机构、后摄像机构、声呐探测机构、推进机构和控制器组成。前摄像机构和后摄像机构分别设置在舱体的前后两端，分别用于获取舱体前后两端的实时影像。声呐探测机构设置在舱体上，且其探测方向可上下转动。推进机构设置在舱体上，以带动舱体在水下移动。控制器设置在舱体内，前摄像机构、后摄像机构、声呐探测机构和推进机构分别与所述控制器电连接。其可以在垂直于地面的管道内实现下潜并找到水下水平于地面方向的管道，而后在水平方向管道环境下进行数据采集，一次性得到整个管道的功能性数据。声呐检测设备结构见图 3-14。

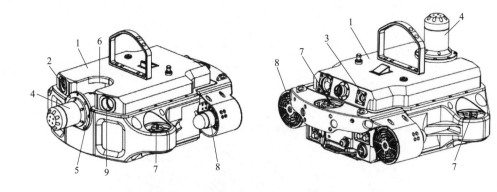

图 3-14　声呐检测设备结构

1—舱体；2—前摄像机构；3—后摄像机构；4—声呐探测机构；5—第一开口槽；
6—第二开口槽；7—第一螺旋桨推进器；8—第二螺旋桨推进器；9—照明灯
（图片来源：武汉中仪物联技术股份有限公司）

管道声呐检测设备还可以结合其他技术一起使用，如 GPS 定位、数字化成像等，以提高检测精度和可靠性。通过对管道内部的异常情况进行分析和诊断，可以及时发现管道的缺陷、漏水、堵塞等问题，从而采取相应的维修和保养措施，以确保管道的正常运行和使用寿命。

（1）双轴动力声呐检测漂浮筏

双轴动力声呐检测漂浮筏主要用于市政排水管道、雨水收集管道内部快速检测成像，适用于在 DN300 以上的满管水或 2/3 管水的管道中快速成像形成检测数据。

双轴动力声呐检测漂浮筏是一种利用声波在水下的传播特性，通过电声转换和信息处理，完成水下探测和通信任务的电子设备，如图 3-15 所示。

其具备 IP68 防护等级，10m 防水。漂浮筏前后各搭配 200 万像素摄像头，定距自动

图 3-15　双轴动力声呐检测漂浮筏

（图片来源：武汉中仪物联技术股份有限公司）

抓拍影像，使用智能收放线缆车，具有自动收放线功能，方便、易操作，可适应管网积水较多的情形，能够对水面以下管网状况进行检测。其施工示意见图 3-16，其检测结果见图 3-17（书后另见彩图）。

图 3-16　施工示意图

（图片来源：武汉中仪物联技术股份有限公司）

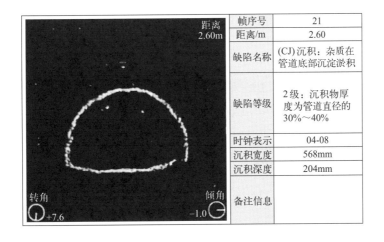

帧序号	21
距离/m	2.60
缺陷名称	(CJ)沉积：杂质在管道底部沉淀淤积
缺陷等级	2级：沉积物厚度为管道直径的30%～40%
时钟表示	04-08
沉积宽度	568mm
沉积深度	204mm
备注信息	

图 3-17　管道变形检测结果

（图片来源：武汉中仪物联技术股份有限公司）

（2）供水管道检测机器人

供水管道检测机器人（见图 3-18，书后另见彩图）是一种基于声学和视频影像技术等开发的无损检测设备。相较于传统地面听音等检漏技术，系缆式管道内部检测技术能够在不影响管道供水运营的情况下，对管网进行体检式查漏，能够对微小的漏点进行检测，能够实时呈现管道内部状况。一次检测距离远，效率高，对于城市复杂管网检测具有巨大的优势。

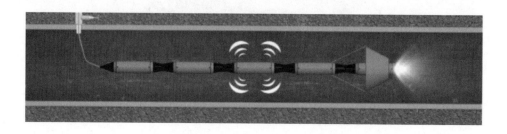

图 3-18　G60 供水管道检测机器人

（图片来源：武汉中仪物联技术股份有限公司）

供水管道检测机器人工作原理：通过插入装置将设备投放到压力管道内，水流推动小型牵引伞拉着传感器在管道中行进，传感器通过电缆与地面设备连接，将获取的管道内部声波与视频信息传回地面控制单元。供水管道检测机器人技术参数见表 3-10。

表 3-10　供水管道检测机器人技术参数

适用管材	钢管、水泥管、PVC、PE 等材质的所有供水管线
适用管径	≥DN300
适用流速/(m/s)	0.2～3
最小探测漏点/(L/min)	0.04
检测距离/km	标配 1，定制 10
适用管压/MPa	0.1～1.0
开孔直径/mm	≥100
定位精度/m	0.5

供水管道检测机器人工作示意见图 3-19（书后另见彩图），工作人员通过接收处理后的声音、图像，判断管道漏点等健康状况。发现异常后，操作人员通过线缆控制传感器进退，反复确认缺陷位置，同时借助地面信标系统实现异常状况的精准定位。

3.5.3　声呐检测设备选型

选择管道声呐检测设备时，需要更具体地考虑以下几个因素。

（1）管道类型和材质

不同类型和材质的管道需要配备不同类型的声呐设备。对于金属管道，可以使用高频声波来检测管道壁面的腐蚀，而对于非金属管道可以使用低频声波来检测管道壁面的变形和裂缝。

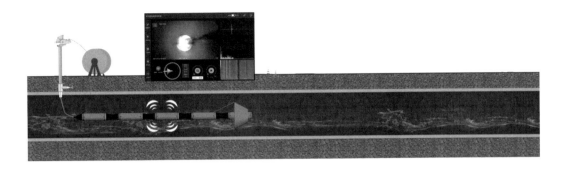

图 3-19　供水管道检测机器人工作示意图

（图片来源：武汉中仪物联技术股份有限公司）

（2）管道直径和长度

声呐检测设备的选择应考虑管道的直径和长度。对于大直径管道和长管道，需要使用高功率的声呐设备来检测。此外，大型管道通常需要使用机动车辆等设备来进行操作，因此设备的重量和体积也需要考虑。

（3）环境条件

声呐检测设备的选择应考虑环境因素，如管道所处的深度、水的流速和水的透明度等。如果环境条件恶劣，则可能需要使用更高功率的声呐设备。此外，需要考虑使用声呐设备的时间和地点，以避免对周围居民造成噪声污染。

（4）检测目的

声呐检测设备的选择应考虑检测的目的，如检测管道壁面的腐蚀、漏水或堵塞等。不同的声呐设备可能具有不同的功能和检测能力，因此需要根据实际情况进行选择。例如，某些声呐设备可以检测管道内部的流量和压力，从而帮助确定管道的状况。

（5）操作和维护成本

声呐检测设备的选择应考虑操作和维护成本，如设备的价格、维护费用和使用寿命等。需要注意的是，高性能的声呐设备通常价格较高，但也更加可靠和精确。

综上所述，管道声呐检测设备的选型需要考虑管道类型和材质、管径大小等信息，设备选型可参考表 3-11。

表 3-11　声呐检测设备选型

品牌/型号	适用管径	最大检测距离/m	速度/(m/s)	适用范围	特点
X7-DS 双轴动力声呐检测系统	DN500 以上	150	1	排水管道、供水管道、工业管道、污水管道	水下动力强劲，抗水流扰动，可定深循迹，垂直声呐导航进入管道，双声呐全面快速检测管道沉积、错口、接口脱落等缺陷
X7 CCTV 检测声呐漂浮系统	DN500～DN6000	120	0.5	市政（工业）排水管道、水利输水管涵	提供缺陷判读功能，可将管壁横断面图中的某一帧指定为缺陷帧，并设置缺陷名称、级别、时钟表示、备注信息等

品牌/型号	适用管径	最大检测距离/m	速度/(m/s)	适用范围	特点
X4-H 管道声呐检测系统	DN300~DN3000	120	0.5	排水管道、供水管道、工业管道、污水管道	用于带水管道检查井或地下空洞检测,自动分析提取内壁轮廓,建立三维模型,并进行量化分析。应用于管道检测时,能够准确判定较多结构性缺陷,自动测算淤积量并生成管底沉积状态纵断面图像
Otter-S 动力声呐检测机器人	DN500~DN6000	150	0.3	排水管道	自带动力的排水管网水下声呐检测机器人,搭载环形扫描声呐,在管道不做预处理的情况下,能识别判定管道的沉积、变形、破损、异物穿插等缺陷情况,配合声呐处理软件,可快速输出检测报告
Otter-mini 声呐检测漂浮筏	DN100~DN6000	120	0.5	市政排水管道、雨水收集管道	高分辨率,高信噪比,适用于各种复杂环境下的检测

数据来源:武汉中仪物联技术股份有限公司、深圳博铭维技术股份有限公司。

3.5.4 声呐检测流程

(1) 管道声呐检测流程的步骤

① 确定检测区域:根据需要检测管道的位置和长度,确定检测的区域。

② 准备声呐设备:根据检测区域的管径大小选择合适的声呐设备,安装好探头;然后连接数据采集设备,同时也要保证设备的充电和储存等工作已经完成。

③ 准备工作:在开始检测前,需要先对管道进行清洁,以确保管道内表面没有杂物和沉积物,从而保证声波的传播和接收质量,还需要对检测点进行标记,便于之后的检测和数据处理。

④ 进行检测:将声呐探头逐渐推入管道中,采集声波信号,并将数据传回数据采集设备,操作人员需要根据采集到的信号实时判断是否有异常,并进行记录。

⑤ 数据处理:将采集到的数据导入电脑,通过声学信号处理软件对数据进行处理,将信号转换为音频和波形图,并进行分析,通过分析波形图,可以识别出管道中可能存在的异常,如管道腐蚀、破损、堵塞等,并确定缺陷的位置和程度。

⑥ 生成报告:根据分析结果,生成管道检测报告,对管道缺陷进行描述和评估,并提出相应的维修建议。

(2) 进行管道声呐检测时的注意事项

① 环境噪声:要避免在高噪声的环境中进行检测,以免影响检测结果,最好选择安静的环境进行检测。

② 传感器位置:传感器的位置对于检测结果有很大的影响,应尽可能将传感器放置在管道表面最接近目标点的位置,以获得最佳的检测结果。

③ 检测速度:管道声呐检测速度较慢,需要逐步进行,在进行检测时应缓慢地移动传

感器，以确保获得准确的结果。

④ 数据记录：在进行检测时，应及时记录数据，并确保数据的准确性和完整性。

⑤ 设备维护：管道声呐检测设备需要进行定期维护和校准，以确保设备的正常运行和检测结果的准确性。

⑥ 安全措施：在进行管道声呐检测时，应做好安全防护，避免因操作不当而导致意外事故的发生。

3.6 雷达检测技术

管中雷达检测技术是一种通过发射高频电磁波探测地下物体的无损检测技术，广泛应用于管道检测领域。

管中雷达检测设备由控制单元、发射器、接收器、天线等组成。控制单元负责控制发射器发射电磁波信号，并接收接收器接收到的反射信号，然后将信号转换为图像显示在屏幕上。发射器产生高频电磁波信号，天线将信号发射到管道内部或地下，当信号遇到管道或其他物体时，一部分能量被反射回来，并被接收器接收。接收器将反射信号转换成电信号，并传回控制单元，控制单元通过处理这些信号，生成管道内部或地下物体的图像。

管中雷达检测设备可以探测管道的内部和外部结构，如管道壁面腐蚀、裂缝、变形等缺陷。同时，它还可以探测管道周围的土壤和地质构造，例如地下岩层、水位、地下建筑等，以便评估管道的安全性和稳定性。

管中雷达检测设备的优点包括非侵入式检测、无损检测、快速、精准、可靠、可重复等，它能够在不破坏管道的情况下，快速探测到管道内部和周围的缺陷和异常，提高了管道维护和管理的效率和精度。

3.6.1 雷达检测原理

管中雷达检测原理基于电磁波在介质中的传播和反射特性。当管中雷达发射器发射出高频电磁波信号时，信号会在介质中传播，经过物体或介质的表面，部分信号被反射回来，部分信号被折射。

（1）发射信号

管中雷达的发射器通过天线向管道或地下结构内部发射电磁波信号。电磁波信号的频率通常在几百 MHz 到几千 MHz 之间，取决于被测物体的深度和预期的分辨率。发射器的输出功率以及发射天线的尺寸和形状也会影响信号的传播和接收。

（2）接收反射信号

当电磁波遇到管道或地下结构内部的物体或介质时，一部分信号会被反射回来。接收器通过天线接收反射回来的信号，并将其转化为电信号。接收信号的天线通常与发射器的天线相同。

（3）信号处理和分析

通过对接收到的信号进行信号处理和分析，可以得到管道或地下结构的相关信息。处理和分析的方法包括时间域分析、频域分析、偏移成像等。

在时间域分析中，通过观察反射信号的时间延迟和振幅变化，可以判断管道或地下结构内部的缺陷、变形等情况。在频域分析中，可以分析反射信号的频谱特性，以获取更多的信息。在偏移成像中，通过对反射信号进行二维或三维成像，可以更加直观地展现出管道或地下结构的内部情况。

需要注意的是，管中雷达检测的有效深度和分辨率受到多种因素的影响，包括信号频率、地下介质的性质、接收天线的位置和方向等。因此，在实际应用中需要对各种因素进行综合考虑，以获得准确和可靠的检测结果。

3.6.2 雷达检测设备

雷达检测设备包含机器人本体、雷达装置、摄像装置、压线装置、避障环等，如图 3-20 所示。管道雷达检测机器人可对管径不小于 300mm 的管道进行检测，同时可以对管道有缺陷的位置进行精准定位。

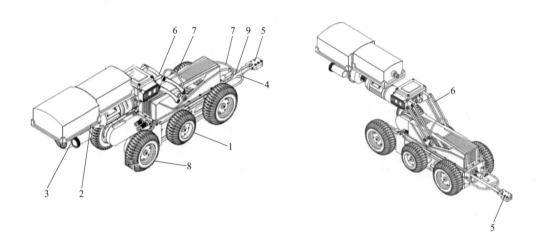

图 3-20　雷达检测设备结构

1—机器人本体；2—雷达装置；3—摄像装置；4—避障环；5—压线装置；6—抬升装置；

7—吊环装置；8—驱动轮；9—定向钻进旋转装置

管道雷达机器人（见图 1-17）可对管径不小于 300mm 的管道进行检测，同时可以对管道有缺陷的位置进行精准定位。检测时，机器人本体行走速度最高可达 1m/s，可进行无级调速，越障能力最大可达 35mm。摄像装置包含摄像头壳、镜头锁紧螺母、钢化玻璃、照明灯和摄像头后座。

摄像装置由高清网络摄像头（20 倍光学变焦）与高亮冷光无影灯组成，合理设计两者之间的位置，可使灯光为摄像头提供足够的光照亮度。摄像头、灯光与主控板之间通过航空插头快速连接，可根据管道情况更换不同的摄像头组件，管中雷达机器人技术参数见表 3-12，管中雷达检测机器人见图 3-21。

表 3-12 管中雷达机器人技术参数

管中地质雷达机器人	尺寸/mm	950×550×550
	质量/kg	50
	适用管径/mm	DN600~DN1200
	防护等级	IP65
云台	灯光	4 颗高亮 LED 冷白光源
	摄像机	214 万像素(1920×1080P)
	俯仰角/(°)	±90
	旋转角/(°)	360
地质雷达	天线类型	收发一体屏蔽式
	中心频率/MHz	900(标配)
	天线尺寸/mm	300×200×110
	采样点数	256/512/1024
	时窗调节/ns	20/30/40/50/60
	AD 位数	32 位
	工作温度/℃	-10~40
	介电常数	可调
地质雷达搭载平台	天线缓冲行程/mm	50
	升降行程/mm	400
	周转角度/(°)	360
	周转扭矩/(N·m)	85
	自转角度/(°)	0~270
	自转扭矩/(N·m)	0.8
行进机构	升降行程/mm	310
	电机功率/W	150(4 个)
	最大转速/(r/min)	400
	最大扭矩/(N·m)	12
线缆车	尺寸/mm	670×410×490(无脚轮)
	质量/kg	51.7
	防护等级	IP65
	通信距离/m	120
	线缆抗拉能力/kg	250
	收线方式	电动
	内置电池/(A·h)	17.5
	续航时间/h	≥4
	无线通信	线缆车到终端通过 Wi-Fi 连接
	充电时间/h	约 3
	线缆材质	TPU95A+凯夫拉编制网 16×1000D

	型号	华为 M6
控制终端	存储/GB	4＋128
	续航时间/h	8
	接口	Type-C

技术特点：

① 管道内外同步检测——管道内窥视频影像与管道外部雷达图像同步呈现，快速判读缺陷点。

② 兼容拓展性强——可搭配多种不同频率的天线，探测范围可自由选择，适用性强。

③ 全空间检测——雷达探测方向360°无级调节，设备集成高清摄像头检测与地质雷达探测技术，可沿管道轴向和径向进行检测，可全方位检测定位管道内外部病害体。

④ 多场景适用——可伸缩行进支撑结构，越障能力相对普通轮式更强劲，适用于 DN600～DN1200 管道。

⑤ 省时省力——管中自带动力行进，自动收放线，无需人工牵引。

⑥ 不限管道埋深——设备从管中对管道周边进行探测，距离探测目标更近，解决从地面探测时地质雷达探测深度与分辨率的取舍问题，高精度探测空洞、脱空、疏松体等病害的形状、大小、分布和位置。

图 3-21 管中雷达检测机器人
（图片来源：武汉中仪物联技术股份有限公司）

⑦ 多管径自适应——设备可根据管道直径来调整自身高度，保证地质雷达天线紧贴管道内壁，确保信号的质量，适用于 DN600～DN1200 的非金属管道。

3.6.3 雷达检测设备选型

当进行管道雷达检测设备选型时需要考虑以下因素。

（1）管道材质

不同材质的管道对雷达检测的灵敏度有所不同，因此需要选择适合管道材质的雷达设备。例如，钢管对雷达波的反射较强，而混凝土管则需要较高的功率和频率才能探测到管道壁上的缺陷。

（2）管道直径和长度

雷达设备的频率和功率应该根据管道的直径和长度进行选择。一般来说，直径较大的管道需要使用较高频率和功率的设备。例如，一些雷达设备可以在直径为 150～2000mm 的管道中进行检测。

（3）需要检测的缺陷类型

不同类型的雷达设备对于不同类型管道缺陷的检测灵敏度有所不同。例如，一些雷达设备适用于检测管道壁面的腐蚀和裂纹，而另一些则适用于检测管道底部的缺陷。因此，需要根据实际情况选择适合的设备。

（4）检测条件

不同的雷达设备适用于不同的检测条件，例如在水中、在高温环境中、在高压情况下等。因此，在选择设备时需要考虑实际情况下的检测条件。

（5）数据采集和处理

需要考虑设备的数据采集和处理能力，以便有效地分析和解释雷达检测数据。一些设备可以直接将数据传输到计算机进行处理，而另一些则需要使用特定的软件进行数据解析。

结合多种选型因素，管中雷达检测设备选型表见表 3-13。

表 3-13 管中雷达检测设备选型

管道材料	管径/mm	探测频率/MHz	最大探测深度/m	推荐设备
钢	<300	600	2	RD1500
	300~600	600	2	RD1500 或 RD1100+
	>600	600	2	RD1500 或 RD1100+
铸铁	<300	600	1.5	RD1500 或 RD1100+
	300~600	600	1.5	RD1500 或 RD1100+
	>600	600	1.5	RD1500 或 RD1100+
水泥	<300	900	1	RD1500 或 RD1100+
	300~600	900	1	RD1500 或 RD1100+
	>600	900	1	RD1500 或 RD1100+
PVC	<300	900	0.5	RD1100+
	300~600	900	0.5	RD1100+
	>600	900	0.5	RD1100+

3.6.4 雷达检测流程

管中雷达检测是一种非破坏性检测方法，通过雷达探头对管道内部进行扫描和探测，得到管道内部的几何结构和物理特征信息。其流程如下。

① 确定检测区域和管道材质：首先需要确定检测区域和管道材质，不同的管道材质和管径会对检测结果产生影响。

② 选择合适的探头：根据管道直径、材质和检测要求选择合适的探头，通常情况下，管中雷达探头分为高频、中频和低频，不同的探头适用于不同的管径和管道材质。

③ 布置探头：根据实际情况，对探头进行布置，通常情况下，探头需要尽可能靠近管道内壁，保证信号的反射强度和接收灵敏度。

④ 进行数据采集：通过管中雷达设备对管道内部进行数据采集，获取管道内部的几何结构和物理特征信息，数据采集需要在不同的位置和方向进行，以获取全面的数据。

⑤ 数据处理和分析：通过软件对采集的数据进行处理和分析，得到管道内部的图像和特征信息，可以通过数据处理和分析来判断管道内部的缺陷、异物和堵塞情况等。

注意事项：

① 在进行管中雷达检测前，需要对检测区域进行彻底的清理和排水，避免杂质和水流对检测结果产生干扰。

② 在选择探头和布置探头时，需要根据管道材质和管径选择合适的探头，并尽可能靠近管道内壁，以保证信号的反射强度和接收灵敏度。

③ 在数据采集过程中，需要对探头的位置和方向进行多次变换，以保证获取全面的数据。

④ 在数据处理和分析时，需要根据管道材质和管径的不同，选择合适的算法和参数进行处理和分析，避免误判和漏判。

3.7 激光 3D 扫描检测技术

激光 3D 扫描检测技术是利用激光光束或光线来扫描管道表面，并记录下每个扫描点位的检测技术。管道 3D 扫描检测技术是一种非接触式的管道检测方法，它利用激光 3D 扫描仪对管道进行扫描，获取管道表面的几何信息和颜色信息，然后通过数据处理和分析，得到管道的尺寸、形状、表面状况等关键参数，以及可能存在的缺陷、裂纹等问题，实现对管道的全面、精确检测，尤其适合大管径管道和方涵的缺陷检测。

3.7.1 管道 3D 扫描原理

管道 3D 扫描原理主要包括以下几个方面。

（1）光学或激光扫描

管道 3D 扫描设备通常采用激光或光学扫描技术。其中，激光扫描技术是利用激光束对管道内部进行扫描，根据激光束反射回的信号确定管道内部的三维结构。而光学扫描技术则是利用相机对管道内部进行扫描，根据相机拍摄的图像确定管道内部的三维结构。

（2）数据采集

管道 3D 扫描设备的数据采集是通过数据采集器来采集管道内部的三维数据。数据采集器通常采用高精度、高速度和高灵敏度的传感器和芯片等，能够快速、准确地采集管道内部的数据。

（3）数据处理

管道 3D 扫描设备的数据处理主要包括数据清洗、配准和分析等步骤。首先，需要对采集到的数据进行清洗和预处理，以消除数据中的噪声和误差等干扰因素；其次，需要将采集到的数据与参考坐标系进行配准，以确保数据的空间位置和方向准确；最后，需要对配准后的数据进行分析和处理，以生成管道内部结构和缺陷等信息。

综上所述，管道 3D 扫描主要是利用光学或激光技术对管道内部进行扫描和数据采集，再通过数据处理和分析等工作，生成管道内部结构和缺陷等信息，以实现对管道的检测和评估。

相比于传统的管道检测方法，如 CCTV 检测、QV 检测等，激光 3D 扫描技术具有以下几个优点。

① 全面性：激光 3D 扫描技术可以对管道进行全面、准确的扫描，包括内部和外部的几何形状、尺寸、表面质量、缺陷等。

② 高精度：激光 3D 扫描技术能够获取管道的高精度数据，精度可以达到亚毫米级别，能够满足大多数管道检测的需求。

③ 高效性：激光 3D 扫描技术能够快速地对管道进行扫描，并在短时间内生成管道的三维模型。

④ 非破坏性：激光 3D 扫描技术是一种非破坏性的检测方法，能够避免对管道的损坏和破坏。

⑤ 多功能性：激光 3D 扫描技术还可以应用于其他工程领域，如建筑结构、机械设备等的三维扫描和检测。

激光 3D 扫描技术的局限性和缺点如下。

① 需要专业的技术人员：激光 3D 扫描技术需要专业的技术人员进行操作和分析，成本相对较高。

② 需要较长的扫描时间：对于大型的管道，激光 3D 扫描技术需要较长的扫描时间，可能会导致生产停滞或增加时间成本。

③ 对于某些复杂的管道，激光 3D 扫描技术可能无法获取到全部的信息，需要结合其他检测方法进行分析和比较。

总之，3D 扫描技术是一种先进、高效、精确的管道检测方法，能够帮助工程师快速而准确地识别管道缺陷和问题。在管道建设和维护领域，激光 3D 扫描技术已经得到了广泛的应用，包括石油和天然气、水利和环境、化工、电力和核电等领域，能够提高管道安全性和可靠性，减少事故的发生，为工程管理和维护带来了极大的便利。

需要注意的是，3D 扫描技术虽然能够提供高精度的数据，但也需要结合其他检测方法和手段进行分析和比较，以确保检测结果的准确性和可靠性。此外，针对不同的管道类型和工作环境，需要选择合适的 3D 扫描设备和技术方案，以达到最佳的检测效果。

3.7.2　3D 扫描检测设备

激光 3D 扫描设备主要由扫描仪旋转平台、三维激光扫描仪、软件控制平台、内置数码相机、数据处理平台以及电源和其他的附件构成，具体见图 3-22。

管道 3D 扫描检测技术是通过激光雷达获取管渠内表面三维坐标、反射光强度等多种测量数据信息，构建三维模型并进行量化分析的方法。根据其在管渠内所搭载行进装置功能的不同，可分为固定式和移动式，移动式承载体有人员手持式背包和行进器两种。

管道检测设备进入管道对管中信息进行扫描，同时，结合行进距离，将每一个采集到的管道截面三

图 3-22　激光 3D 扫描设备
（图片来源：武汉中仪物联技术股份有限公司）

维点云数据进行拼接拟合，将会得到一段管道拟合的三维点云数据，管道三维点云图见图3-23（书后另见彩图），三维实景图见图3-24（书后另见彩图），3D激光检测结果见图3-25（书后另见彩图）。

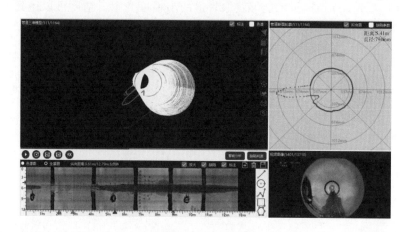

图 3-23　三维点云图

（图片来源：武汉中仪物联技术股份有限公司）

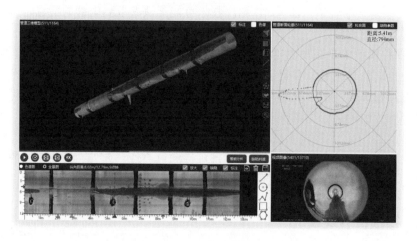

图 3-24　三维实景图

（图片来源：武汉中仪物联技术股份有限公司）

（1）VZ-4000 扫描仪

Rigel 公司 VZ-4000 扫描仪的最大有效扫描距离为 4000m，150m 测量精度 15mm，重复测量精度 10mm，水平扫描范围 360°，垂直扫描范围 60°，扫描速度 30000 点/s，能够满足一般变形检测的需求。

Leica P40 型扫描仪的点位精度，在距离 20m 时为 ±1.0mm，在距离 30m 时为 ±1.5mm，其 x 和 y 方向的定位精度优于 1mm，明显高于 z 方向。z 方向主要受垂直角观测精度和反射率的影响，单点定位精度优于 2mm，在距离 50m 时，点位精度达到 ±4.2mm。因此，全景扫描作业模式，采用 3.1mm-10m（10m 处点间隔为 3.1mm），在研究路段两侧以 "Z" 字形对向交错布设 8 个间距在 50m 内的测站控制点，提高仪器架设高度，确保俯角不小于 45°，能够有效提高观测精度。

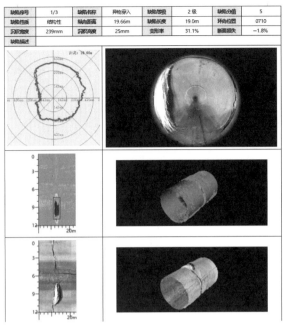

缺陷序号	1/3	缺陷名称	异物穿入	缺陷等级	2级	缺陷分值	5
缺陷性质	结构性	纵向距离	19.66m	缺陷长度	19.0m	环向位置	0710
沉积宽度	239mm	沉积高度	25mm	变形率	31.1%	断面损失	−1.8%
缺陷描述							

图 3-25 3D 激光检测结果

（图片来源：武汉中仪物联技术股份有限公司）

（2）美国 Trimble TX8 激光扫描仪

该扫描仪在最大测程 340m 范围内，可以以 100 万点/s 的速度获取被测物体表面完整的数据。工作时共选用 7 个控制点形成闭合环型控制网并进行坐标测量，进而测得平面标靶的空间三维坐标，最终进行精度评定。利用平面标靶对管道中的特殊点位进行标记，并利用全站仪测量标靶的坐标，之后开始三维激光扫描测量作业，架设三脚架，安置仪器，整平，开机后进行参数设置，开始扫描。应保证相邻两测站间有一定范围的重叠，仪器架设的位置要能够同时扫描到公共区，且应考虑扫描视角的范围，之后换站扫描，重复作业。

由于扫描仪自身扫描范围的局限性，在对绝大多数被测物体进行数据采集时不可能一次完成，所以需要设立多个测站对缺陷进行全方位的扫描，从而出现了基于不同测站的扫描数据，将这样的数据统一到同一坐标系下可得到一幅完整的全景图，这一过程称为点云数据拼接，在完成拼接工作后进行地理坐标系统转换，然后对扫描到的非管道点云数据进行删除。

3.7.3 3D 扫描检测设备选型

在选择管道 3D 扫描检测设备时，应该根据实际需求和具体应用场景进行选择，主要需要考虑以下几个方面。

（1）测量范围

管道 3D 扫描检测设备的测量范围是指其可以测量的管道直径、长度、弯曲度等参数范围，在选择设备时需要根据实际需求选择适合的扫描仪型号和参数，例如大管径管道需要更大的测量范围和更高的分辨率，而小管径管道则可以使用较小的扫描仪。一般来说，设备的测量范围越大，适用范围就越广，但相应的价格也会更高。

（2）扫描速度

扫描速度是指设备在扫描过程中采集数据的速度，对整个检测流程的效率和实时性影响很大，在选择设备时，应该选择适合的扫描仪型号和参数，以提高检测效率和准确性，通常来说，扫描速度越快，设备的价格也就越高。

（3）精度和分辨率

精度和分辨率是评估管道3D扫描检测设备的重要指标，精度是指设备在测量过程中的误差大小，分辨率则是指设备可以捕捉到的最小细节，在选择设备时，应该根据具体应用要求进行选择，通常要求精度和分辨率越高越好，但相应的价格也会更高。

（4）易用性和便携性

设备易用性和便携性也是选择应考虑的因素之一，易用性是指设备是否容易操作和维护，便携性则是指设备是否方便携带和移动，在选择设备时，应该选择易于操作、维护和携带的设备，以提高工作效率和便利性。

（5）成本和性价比

成本和性价比也是选择设备时需要考虑的因素，一般来说，设备的价格和其功能、性能、品质等因素相关，因此应该根据预算和具体需求，选择性价比较高的设备。

综上所述，在选择管道3D扫描检测设备时，需要根据实际需求和具体应用场景进行选择，综合考虑测量范围、扫描速度、精度和分辨率、易用性和便携性、成本和性价比等因素，以选择最适合的设备，具体选型表见表3-14。

表3-14 激光3D扫描设备选型

型号	测量范围/mm	扫描速度/(点/s)	精度/mm	分辨率/mm	易用性和便携性	成本和性价比
A	50～500	2000	0.1	0.01	易用/便携	高
B	100～1000	5000	0.2	0.02	易用/便携	中等
C	200～2000	10000	0.5	0.05	稍微复杂/重量适中	中等
D	500～4000	20000	1.0	0.10	复杂/较重	中等-高
E	1000～10000	40000	2.0	0.20	复杂/重型	高
F	50～1000	10000	0.1	0.01	易用/便携	中等-高
G	100～2000	20000	0.2	0.02	稍微复杂/重量适中	中等-高
H	200～4000	40000	0.5	0.05	较复杂/较重	高

3.7.4 3D扫描检测流程

管道3D扫描检测流程可以细分为以下几个步骤。

（1）现场勘察和准备工作

在进行管道3D扫描检测前，需要进行现场勘察和准备工作。现场勘察主要是了解管道的类型、尺寸、材料、使用环境等基本信息，并根据实际情况进行检测方案的设计。准备工作主要包括管道清洗、排空、封闭等操作，以确保管道内部干净，不受外部因素干扰。

（2）设备选择和设置

根据管道的类型、尺寸和使用环境等因素，选择合适的管道3D扫描仪器。在设备设置方面，需要根据管道的具体情况，设置扫描参数、扫描路径、扫描速度等，以确保对管道内部进行全面、准确的扫描。

（3）扫描数据采集

采用管道3D扫描仪器对管道内部进行扫描，采集管道内部的3D点云数据。在扫描过程中，需要确保扫描仪器的稳定性和准确性，避免因为设备误差等原因导致数据不准确。扫描时，应根据管道的类型、材料和尺寸等因素，选择不同的扫描方式和参数。

（4）数据处理

对采集到的 3D 点云数据进行处理，包括数据清洗、数据配准、数据分析等操作，以获得精确的管道内部结构和缺陷信息。数据清洗主要是去除数据中的噪点和异常值，提高数据质量；数据配准则是将多次扫描采集到的数据进行对齐，生成全局一致的管道模型；数据分析则是对管道内部结构和缺陷信息进行分析和提取，以生成检测报告。

（5）报告生成和维修建议

根据数据处理结果生成检测报告，报告中应包括管道内部的结构、缺陷类型、大小等信息，以及针对不同缺陷的维修建议和措施。报告应具有准确性、可靠性和可读性，便于后续的维修和改进工作的进行。同时，应根据检测结果和维修建议，制订相应的维修方案和措施。

在进行管道 3D 扫描检测时需要注意以下几点。

① 安全：操作人员应该穿戴符合要求的安全防护用品，如安全帽、防护眼镜、耳塞等，并根据现场情况采取相应的安全措施。

② 环境：应注意检测环境，如检测地点是否安全、周围环境是否适合操作等，避免因环境因素给数据采集和操作带来负面影响。

③ 数据准确性：需要确保采集到的数据具有准确性，操作人员应根据实际情况选择合适的设备和参数，避免数据采集过程中因设备误差和操作不当等因素影响数据准确性。

④ 数据处理：在进行数据处理时，需要对采集到的数据进行清洗、配准和分析等操作，以确保数据质量和准确性，操作人员需要具备相应的技术和经验，避免因处理不当等因素导致数据失真和误差。

⑤ 报告生成：在生成检测报告时，需要根据数据处理结果，生成准确性、可靠性和可读性高的报告，报告应包括管道内部结构和缺陷信息以及维修建议和措施，便于后续的维修和改进。

3.8 超声导波检测技术

超声导波检测技术可以快速扫查管体，确定缺陷的相对位置，不仅可以定位管道的外部缺陷，还可以定位管道的内部缺陷。该技术具有独特的优势，在石油石化管道的检测行业得到应用。超声导波技术是一种非破坏性检测方法，可用于管道缺陷检测和评价。它利用管道结构的导波特性，通过在管道壁表面发出超声波信号，检测并评估管道内部的缺陷和损伤。该技术特别适用于长距离管道和埋地管道的检测。

超声导波检测技术在国内起步晚，和国外的技术存在一定的差距，特别是在数据分析方面存在一定的差距，分析结果往往与实际管道缺陷存在一定的偏离。目前超声导波检测仪器主要以美国和英国的检测仪器为主。

3.8.1 超声导波技术的工作原理

超声导波技术是一种利用声波在固体中传播的特性进行检测的方法。超声导波检测激发的是一种机械弹性波，能沿着结构件有限的边界形状传播并被构件边界形状所约束、所导向，因而称为超声导波。在管道检测中，通常采用固定在管道表面或通过传感器引入的超声波源，将超声波信号引导入管道壁内。这些超声波信号沿着管道壁内部以导波的方式传播，同时会与管道内部的缺陷、裂纹、腐蚀等异常情况发生相互作用。

超声导波技术在管道检测中通常采用扭力波模式，在管道的散射曲线中扭力波的声速是唯一恒定不变的，不随导波的频率改变而变化，而且扭力波只在固体中传播，管道内传输的液体对其传播特性没有影响。虽然超声导波的传播特性很复杂，且在传播过程中伴随着不断的反射和折射，但正确选择导波模式和频率，并控制其传播方向，也可以使导波从其传感器位置沿着管道快速传播，完成长距离管道的扫描检测。

超声导波检测管道，首先要判断出焊缝在管道中的轴向位置，再对管中缺陷的有无以及缺陷的周向位置进行确定。导波在管道中传播时遇缺陷会发生反射和模态转换，焊缝处的导波将会携带着缺陷信息被监测节点接收，对监测节点接收到的回波信号进行处理可以实现缺陷的检测。超声导波在管道上的传播原理示意如图 3-26 所示，检测管道上焊缝中缺陷原理示意如图 3-27 所示。

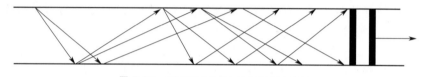

图 3-26　超声导波在管道上的传播原理示意图

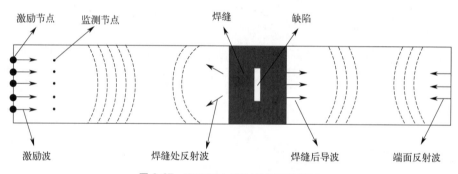

图 3-27　检测管道上焊缝中缺陷原理示意图

当超声波信号遇到管道内的缺陷或异常时，会产生反射、散射或干涉等现象，这些现象会导致信号发生变化。通过检测这些变化，可以获得关于管道内部缺陷的信息，如位置、形状、尺寸和严重程度。

产生超声波的机理目前有两种：一种是基于磁致伸缩效应；另一种是基于压电晶体原理。磁致伸缩效应是指铁磁性材料由于外加磁场的变化，其物理长度和体积都要发生微小的变化，微观粒子（磁畴）在外加磁场的作用下按照一定方向运动，其结果是产生弹性机械波，耦合到管道上并沿着管道传播。磁致伸缩超声导波技术以美国技术为代表。压电晶体超声导波是利用压电晶体的压电效应和其逆压电效应的原理来实现的，当在它的两个面上施加交变电压时，晶片将按其厚度方向做伸长和压缩的交替变化，即产生了振动，其振动频率的高低与所加交变电压的频率相同，这样就能在晶片周围的媒质上产生相同频率的声波，如果所加交变电压的频率是超声频率，晶体所发射的声波就是超声波，这种效应为逆压电效应。

基于压电效应的超声导波检测系统以英国技术为代表，在国外应用较多。

3.8.2 超声导波检测设备

目前对于管道的超声导波检测主要采用压电式探头，探头布置时需采用液态或固态耦合剂对工件表面进行良好耦合，通常在使用前需要对工件表面进行清洁和打磨处理，安装时需要保证探头和管道内表面的紧密接触，整体的安装步骤较为复杂。

如图3-28所示，基于电磁感应原理，超声导波检测机器人包括超声导波探测器、管道CCTV检测系统以及升降机构。弹性波探测器包括第一密封腔体和第二密封腔体。第一密封腔体上设有接收器，第二密封腔体上设有震源，第一密封腔体和第二密封腔体通过回形结构件连接。管道CCTV检测系统包括爬行器主体，弹性波探测器通过升降机构设置在爬行器主体上。爬行器主体搭载弹性波探测器在管道中行进，并由升降机构使弹性波探测器自动升降接触管道的管壁，从而实现对管道强度的自动检测。另外，第一密封腔体和第二密封腔体通过回形结构件连接，增加了声波在结构件上的传播时间，以此来过滤掉结构件的干扰，提高管道强度的检测精度。

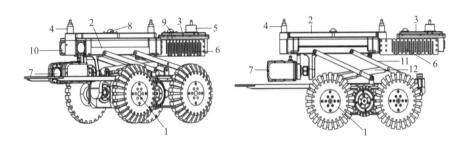

图 3-28　超声导波测设备结构

1—爬行器主体；2—第一密封腔体；3—第二密封腔体；4—接收器；5—震源；6—回形结构件；

7—前视摄像头；8—第一全景摄像头；9—第二全景摄像头；10—前向光源；11—连杆；12—推杆

（图片来源：武汉中仪物联技术股份有限公司）

超声导波检测设备见图3-29。

技术特点为：检测灵敏度最高为1%，可靠灵敏度为3%，长期监测灵敏度为0.6%（以$\phi 219 \times 28mm$ 表面状况良好的钢管，检测距离为直管60m标定）；良好状态下（地上直管段，管道状态内外壁有轻微腐蚀，10～20年的老管线），单方向可检测100m处管道横截面积损失量的6%及以上的缺陷；典型状态下（地上直管段，管道状态内外壁有严重腐蚀，30年以上的老管线），单方向可检测50m处管道横截面积损失量的6%及以上的缺陷；苛刻状态下（地上直管段，管道状态内外壁有非常严重腐蚀，或埋地管线），单方向可检测10～30m处管道横截面积损失量的6%及以上的缺陷；在线（不停车）检测管道的温度范围为－40～450℃；

图 3-29　超声导波检测设备

（图片来源：武汉中仪物联技术股份有限公司）

本系统对于带 90°弯头的地上工业管道，能穿过 2 个 90°弯头；可以对非铁磁性金属材料管道进行快速检测；可以对非金属材料（如 PVC 材料、PE 材料）管道进行快速检测，其检测结果见图 3-30 和图 3-31。

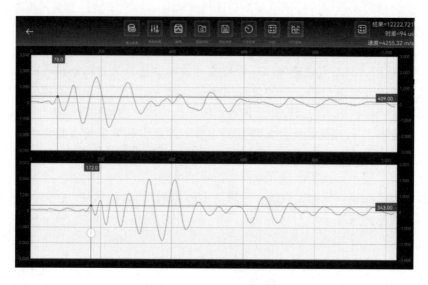

图 3-30　超声导波管道检测信号

（图片来源：武汉中仪物联技术股份有限公司）

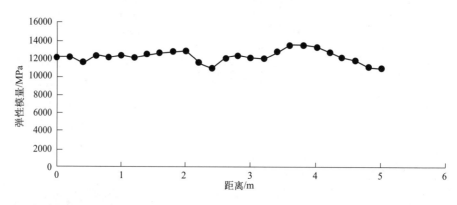

图 3-31　超声导波管道模量检测结果

（图片来源：武汉中仪物联技术股份有限公司）

3.8.3　超声导波检测设备选型

当涉及超声导波技术在管道缺陷检测设备选型时，具体的设备选型会因应用场景、管道类型、检测需求和预算等因素而有所不同，如表 3-15 所列。

表 3-15　超声导波检测设备选型

设备类型	适用管道类型	适用缺陷类型	优势特点
手持式超声导波探头	金属和塑料管道	腐蚀、裂纹、疏松、结垢等	灵活便携，适用于室内外、表面和埋地管道

设备类型	适用管道类型	适用缺陷类型	优势特点
机器人式导波探头	埋地和长距离管道	腐蚀、裂纹、疏松等	可远程操作,适用于大规模管道和危险环境
直线扫描超声检测系统	金属管道	腐蚀、裂纹等	可快速扫描整个管道壁,适用于大规模管道工程检测
旋转扫描超声检测系统	金属管道	腐蚀、裂纹等	可以对管道全周向进行扫描,检测效率更高
可编程导波控制单元	多管道联动检测	腐蚀、裂纹、疏松等	可实现多个导波探头的联动检测,提高整体检测效率

3.8.4 超声导波检测设备检测流程

（1）检测流程及步骤

超声导波检测设备在管道缺陷检测中需要注意一些事项以确保检测的准确性和安全性,其应用流程通常包括以下步骤。

① 准备工作:确定检测目标管道和区域,清理管道表面,确保表面平整、干净,并移除可能影响检测的障碍物。

② 设备设置:选择合适的超声导波检测设备,根据管道尺寸和材质选择合适的探头和传感器,根据具体检测需求,设定超声波的频率、脉冲宽度、增益等参数。

③ 导波探头安装:将超声导波探头固定在管道表面或通过机器人、机械臂等设备引入管道内部,确保导波探头与管道表面充分接触,保持稳定的耦合状态。

④ 信号采集:启动超声导波设备,开始采集超声波信号,在检测过程中,记录超声波信号的传播时间和强度。

⑤ 信号分析:对采集的超声波信号进行分析和处理,通过波形分析、声速测量等方法确定管道内部的缺陷位置、形状和尺寸。

⑥ 缺陷评估:根据分析结果,对管道内部的缺陷进行评估,判断缺陷的严重程度和影响范围。

⑦ 记录和报告:将检测结果记录下来,并生成相应的检测报告,包括缺陷位置、形状、尺寸、评估结果以及必要的图片和数据。

（2）注意事项

① 安全措施:在进行超声导波检测时,应确保操作人员遵守相关安全规范,佩戴必要的个人防护装备,确保设备和管道安全运行。

② 检测环境:确保检测环境的温度和湿度等条件符合设备的要求,避免因环境因素对检测结果产生干扰。

③ 导波探头安装:在安装导波探头时,应确保探头与管道表面充分接触,保持稳定的耦合状态,避免信号衰减和失真。

④ 校准和标定:在进行检测前,应确保设备已进行了合适的校准和标定,以保证检测的准确性和可靠性。

⑤ 定期维护:对超声导波设备进行定期维护和保养,确保设备处于良好的工作状态,避免因设备故障导致检测失效。

⑥ 数据处理：对采集的超声波信号进行合理的数据处理和分析，避免由于数据处理不当导致检测结果的误判。

总体而言，超声导波检测设备在管道缺陷检测中具有广泛应用前景，特别是用于原有管道残余结构评估与预测以及管道修复评估，可有效提高管道修复质量管控。但该技术需要进行合理的设备选型且具有严谨的操作流程，并应遵循相关的安全标准和注意事项，以确保检测的准确性、可靠性和安全性。

参考文献

[1] 汪永康，刘杰，刘明，等．石油管道内缺陷无损检测技术的研究现状［J］．腐蚀与防护，2014，35（09）：929-934.

[2] 龙甜甜．城市排水管道检测技术应用与适用性分析［J］．城镇供水，2020（06）：79-84.

[3] 王大成，陈国强，秦军，等．排水管道闭路电视视频智能检测技术的现状与挑战［J］．工程勘察，2022，50（03）：52-56.

[4] 王海蓝，陈威，王万琼．排水管道缺陷成因分析及修复方案选择［J］．净水技术，2023，42（03）：136-142.

[5] 杨理践，付汝龙，高松巍．排水管道超声检测成像方法［J］．沈阳工业大学学报，2011，33（04）：405-408，415.

[6] 晏先辉．市政排水管网检测新技术及其应用［J］．科技创新导报，2011（09）：20-21.

[7] 胡源．基于单片机的倒车雷达设计［C］//天津市电子学会．第三十七届中国（天津）2023'IT、网络、信息技术、电子、仪器仪表创新学术会议论文集．

[8] 田晓东．VxWorks嵌入式操作系统在多波束探鱼仪中的应用研究［D］．哈尔滨：哈尔滨工程大学，2008.

[9] 金远强，刘丽华，马惠萍，等．用于高速转轴径向振动检测的光纤传感技术［J］．光学精密工程，2007（01）：95-99.

[10] 屈晓波，成文东．基于Savitzky-Golay滤波与FHMM的非侵入式负荷监测［J］．中国科技信息，2020（24）：85-87，10.

[11] 潘息．刍议市政工程测量中的几个关键问题［J］．建材与装饰，2017（36）：238-239.

[12] 祁伏成，钱圣安．基于3D扫描技术的城市地面塌陷识别与监测［J］．中国市政工程，2022（04）：68-70，125.

[13] 刘远森，刘亮亮，高强．三维激光扫描仪在道路工程中的应用分析［J］．智能建筑与智慧城市，2020（04）：103-105.

[14] 林亮亮，郭勇，刘健，等．超声导波技术在管道腐蚀检测中的应用［J］．石油和化工设备，2021，24（07）：125-127，130.

[15] 费凡，王彦军，邸鑫，等．输气站场工艺管道超声导波信号对比研究［J］．浙江化工，2020，51（01）：46-49.

[16] 王鹏，杨宏宇，赵贵彬，等．管道凹陷检测中的Creaform3D激光扫描技术［J］．油气储运，2019，38（04）：463-466.

[17] 范要鹏．基于超声导波的不同结构管道缺陷无损检测研究［D］．包头：内蒙古科技大学，2021.

[18] 李靖．基于超声导波和机器视觉的管道缺陷检测方法研究［D］．包头：内蒙古科技大学，2022.

[19] 陈思静，胡祥云，彭荣华．城市地下管线探测研究进展与发展趋势［J］．地球物理学进展，2021，36（03）：1236-1247.

[20] 黄哲聪．基于探地雷达的管道漏损检测研究［D］．杭州：浙江大学，2019.

[21] 黄肇刚．地下管线渗漏的探地雷达信号分析和定位方法研究［D］．广州：广州大学，2022.

[22] 付汝龙．基于超声法的排水管道检测系统的研究［D］．沈阳：沈阳工业大学，2009.

[23] 肖登峰．国内外城市排水管网调查检测技术方法分类研究［J］．福建建筑，2022（05）：124-129.

[24] 娄继琛，罗建中．管道潜望镜检测技术及其在城市地下管网检测中的应用［J］．广东化工，2017，44（12）：145-147，173.

[25] 王和平，安关峰，谢广永．《城镇排水管道检测与评估技术规程》（CJJ 181—2012）解读［J］．给水排水，2014，

50（02）：124-127.

[26] 方宏远，赵鹏，李斌，等．一种管道雷达检测机器人：CN111365620A［P］.2020-07-03.

[27] 方志泓，王理博，王飞，等．一种插入式可弯曲电磁超声导波探头：CN115980179A［P］.2023-04-18.

[28] 郝埃俊，王双龙，张廷玉，等．一种排水管道检测装置：CN212565332U［P］.2021-02-19.

[29] 代毅，杜光乾，谭旭升，等．轮式驱动管网机器人（GTS2-YJ3）：CN307615952S［P］.2022-10-25.

第 4 章
注浆修复工艺及设备

4.1 注浆工艺

注浆也称灌浆，是将特定材料如水泥、水玻璃、树脂等无机或有机高分子材料配制成浆液，利用专用设备，通过注浆管，注入管道与检查井周围病害区或新旧管道空隙中，随着浆液在地层或管道空隙中的扩散、凝固和硬化，实现防渗堵漏、加固土体和填补空洞等目的。

4.1.1 技术与分类

注浆根据注浆压力由小到大分为充填注浆、渗透注浆、压密注浆、劈裂注浆、喷射注浆等几类。

4.1.1.1 充填注浆

充填注浆是一种静压注浆技术，一般使用水泥浆液，通过较低的注浆压力（0～0.5MPa），将浆液注入地下空洞、裂隙或岩体中，以充填或固结空隙，用于加固岩土体、防渗、固结和填补空洞等。此技术适用于处理大孔洞、构造断裂带、隧道衬砌壁后的注浆，以及防渗、固结注浆等工程，是加固地下结构和土体的重要方法之一。

4.1.1.2 渗透注浆

渗透注浆是一种静压注浆技术，常用水泥浆液、水玻璃浆液和高分子浆液等，使用较低的注浆压力（0.5～1.5MPa），将浆液注入土体颗粒间隙，通过浆液的渗透填充作用，胶结土体颗粒，增加土体的强度和稳定性。该技术适用于在不破坏地层颗粒排列的条件下，进行加固和固结岩土体，广泛用于防渗、固结和土体加固工程，可以改善土体的工程性质和增加土体的承载能力。

4.1.1.3　压密注浆

压密注浆是一种静压注浆技术，一般采用水泥浆液，使用较低的注浆压力（1～2MPa），将极稠的浆液注入土体，形成球形或圆柱体浆泡，压密周围土体，使土体产生塑性变形，但不使土体产生劈裂破坏。该技术可以改善土体的工程性质、增加土体的密实度和稳定性，特别适用于处理软弱地基和不稳定土体。

4.1.1.4　劈裂注浆

劈裂注浆是一种静压注浆技术，常用水泥浆液和高分子浆液等，通过较低的注浆压力（2～4MPa），先压密周围土体，当压力达到一定强度时，浆液流动使地层产生劈裂，形成脉状或条带状胶结体。该技术主要用于土体加固和劈裂岩体的防渗和补强，适用于软弱地基和岩体的处理，能有效提高注浆效果。

4.1.1.5　喷射注浆

喷射注浆是一种高压注浆技术，常采用水泥浆液和高分子浆液等，使用较高的注浆压力（20～70MPa），流体在喷嘴外呈射流状。该技术适用于淤泥、淤泥质土、流塑土和砂土等地基处理和防渗帷幕，通过高压喷射将浆液充分注入地基中，增加地基的稳定性和强度，改善地基的工程性质和防止地基渗漏。高压喷射注浆在处理特殊地质问题和防渗工程方面具有重要的应用价值。

4.1.2　历史与发展

根据注浆材料的发展，可将注浆技术分为黏土浆液注浆、水泥浆液注浆、化学浆液注浆和优化与规模应用四个阶段。

4.1.2.1　黏土浆液注浆阶段

1802 年，法国人查理斯·贝里格尼（Charles Berigny）在修理海岸砌筑墙时，将石灰浆和黏土混合，用木制冲击泵向地层挤压黏土浆液，被称为注浆的开始。此后，法国在 19世纪中叶，应用这种注浆方法对建筑物的地基进行加固，这种方法相继传入了英国和埃及。此时的注浆技术处于原始萌芽阶段，注入的方法比较原始，浆液材料主要是黏土、火山灰、生石灰等简单材料。

4.1.2.2　水泥浆液注浆阶段

1824 年，英国人约瑟夫·阿斯谱丁（Joseph Aspdin）成功研制出硅酸盐水泥（Portland cement），工程采用的注浆材料以水泥浆液为主。1838 年，英国的汤姆逊首次采用水泥浆液加固隧道。1845 年，美国的沃森在一个溢洪道陡槽基础上灌注水泥砂浆。英国的基尼普尔在 1856～1858 年间，用水泥作为注浆材料进行了一系列试验。1864 年，巴洛利用水泥浆液在隧洞衬砌背后充填注浆并用于地铁工程。1876 年，美国的托马斯、霍克斯莱利用浆液向腾斯托尔水坝的岩石地基注入硅酸盐水泥浆液，用于加固水坝。1880～1905 年，他们又相继研制了压缩空气和类似现代的压力注浆泵等注浆设备。同时，在法国北部和秘鲁煤矿工作的罗伊曼科斯、玻蒂埃尔等人，在涌水量大的立井施工中，用硅酸盐水泥进行注浆试验，对注浆材料的配方、注浆泵和注浆工艺做了改进，为现在岩层注浆技术奠定了基础。20世纪初，美国开始将水泥注浆大规模地应用于堤坝修复加固工程，此后水泥浆材开始在堤坝基岩修复加固以及防渗帷幕中大量应用。日本最早于1915年在长崎县松岛煤矿的立井施工中，采用水泥注浆。1924年，为了处理隧道的涌水事故，也使用了水泥浆液。硅酸盐水泥的发明和注浆泵的出现为注浆技术的应用创造了条件。

4.1.2.3　化学浆液注浆阶段

英国是最早使用化学浆液注浆的国家之一，1884年，工程师豪斯古德（Hosagood）在印度修建大桥时首次尝试了采用化学注浆的方法固结砂土。1887年德国人杰沙尔斯基在一个钻孔中注浓水玻璃，相邻钻孔内注氯化钙，开创了原始的硅化法。1909年比利时人勒马尔·塔蒙特（Lemaire Dumont）提出双液单系统的一次压注法并取得这项专利。1920年荷兰采矿工程师尤斯登首次使用水玻璃（$Na_2O \cdot nSiO_2$）和氯化钙（$CaCl_2$）通过双液双系统完成二次压注法，并于1926年取得了专利。其后，德国人汉斯·耶德（Hans Janade）发明了水玻璃-水泥装液的一次压注法。从化学注浆开始到20世纪40年代，注浆材料主要是以水玻璃为主，且在欧美各国广泛应用。50年代以后，注浆技术开始飞速发展，世界各国在化学注浆材料领域加大研发投入。尤其是60年代以后，伴随着有机高分子材料的迅速发展，各国研发的新型化学注浆材料层出不穷，注浆设备与技术也在不断完善优化，工程应用的规模也在不断扩大，在土木工程、市政工程、桥梁工程和地下工程等多个领域被广泛运用。其中具有代表性的高分子材料主要有美国研制的丙烯酰胺浆液，苏联研制的脲醛类浆液，日本研制的丙烯酸盐浆液，英国研制的铬木素类浆液以及日本的聚氨类浆液等。1974年，日本福冈县某工程使用丙烯酰胺材料造成了严重的环境污染，并导致了居民中毒，之后日本禁止使用毒性较大的化学浆材，同时世界各国也做出了类似的选择，这一事件一度中断了化学浆材和注浆技术的发展。直到后来有学者研究出了化学注浆材料的改性技术，这才使得化学浆材和注浆技术能够继续发展。

随着化学注浆技术发展，注浆理论和工艺相继产生。1938年，马格（Magg）提出了球形渗透扩散理论，推导出浆液在砂层的渗透公式。假设浆液是牛顿液体，以点源的形式注入均质砂层，浆液在地层中以球面的形式扩散，最早为渗透注浆理论提供了基础。此后比较有代表性的有拉斐尔（Raffle）和格林伍德（Greenwood）公式、袖阀管法注浆量计算公式、浆液的柱型扩散公式以及宾汉塑性流体扩散公式等。随着注浆技术的广泛应用和深入研究，逐步形成了渗透注浆、压密注浆、劈裂注浆和复合注浆的理论和工艺，注浆设备和观测仪器也在不断地更新换代。

4.1.2.4　优化与规模应用阶段

19世纪，有人通过注浆来对发生渗漏的物体进行修复加固，但由于多种因素的限制，该方式直到20世纪初才得到较为有效的发展。聚氨酯（polyurethane）出现于20世纪初期，德国科学家赫尔曼·施陶丁格（Hermann Staudinger）研究发现了短链分子通过共价键相连形成长链分子的现象，由此创造了聚合物。1937年，Otto Bayer教授发现多异氰酸酯与多元醇化合物反应后可以得到聚氨酯，推动了聚氨酯量产的发展。20世纪70年代以后，非水反应类（双组分）聚氨酯灌浆材料开始在欧洲应用，有芬兰学者在地基加固修复中采用聚氨酯高聚物，这一技术也在欧洲逐步推广。20 世纪 80 年代以来，发泡聚氨酯更多应用在岩土工程或矿山开采中。到了 90 年代，美国开始在混凝土路面的修复中应用发泡聚氨酯。2006 年，美国科罗拉多州 Poudre Canyon 公路隧道的岩体加固采用了聚氨酯注浆，通过采用分布注浆的形式，浆液在岩体裂缝中的渗透半径可达 1.2～2.4m，具有很好的工程指导意义。西班牙工程师 Algemesi 于 2010 年通过单组分聚氨酯的注浆，避免了因抽水导致周边建筑物沉降的风险，也降低了工程造价。

20 世纪 60 年代末期，出现了高压喷射注浆技术。该技术将水力采煤技术与注浆技术结合起来，用水或浆液切割土层形成空穴，再将浆液与土层搅拌固结成型，克服了软土注浆难以控制的缺陷。高压喷射注浆技术由单管法（CCP 法）逐步发展为二管法（双介质）和三管法（三介质为水、气、浆）。日本在三重管高压喷射注浆法的基础上，开发了 SSS MAN（super soil stabilization-management）工法和 RJP（rodin jet pile）工法，旋喷直径最大可达 4m。高压喷射注浆技术的出现，使注浆结石体由散体发展为结构体，从而使注浆技术具有高度的统一性。此外，注浆材料向超细水泥方向发展，逐步替代化学浆材，减小对环境的污染和降低工程造价。

我国注浆技术研究相对较晚，在最初引进注浆技术时主要针对水玻璃注浆材料进行研究。20 世纪 50 年代，由于长江三峡水利工程的需要，进行环氧树脂和甲基丙烯酸酯类材料的研究，60 年代初又研究了防渗、堵漏的丙烯酰胺和丙烯酸盐材料，接着又研制了脲醛树脂、铬木素、聚氨酯、改性水玻璃、中化-798 等材料，这些材料大都用于砂性土的固结、岩基和结构裂缝的防渗及补强，而土体加固则较多采用水泥-水玻璃类浆液。通过诸多学者的研究与努力，从水泥浆液到现在的高分子浆液，注浆材料种类较为丰富，可根据不同的工况选用适合的注浆材料。

4.1.3　注浆技术在管道工程中的应用

注浆技术在管道工程中应用广泛，根据施工应用场景可分为管道止水堵漏预处理、管道周围土体加固和复合管道缝隙充填等。

4.1.3.1　管道止水堵漏预处理

非开挖修复更新工程施工前，需要对原有管道进行预处理，对管道中漏水严重的漏水点进行止水或隔水处理。管道渗水漏水情况如图 1-6 所示。

止水堵漏时通常采用聚氨酯等高分子注浆材料，使用特制的高压注浆泵，通过注浆管到达渗水土层，利用其反应时间可控、材料膨胀率大、不与水反应等特点达到止水堵漏的目的。

4.1.3.2　管道周围土体加固

由于管道铺设时施工不规范，导致了管道破裂、变形等缺陷，如图 1-10 和图 1-11 所示。修复这类缺陷需要通过预处理切除受损管道及周围土体，而管基至管顶以上常采用砂土回填，在切除管道突出部分时容易产生土体塌陷影响施工，甚至造成人员伤亡。因此，通常采用渗透注浆的方法将浆液注入周围土体中加固土层，而且要控制注浆压力，避免聚氨酯等注浆材料产生不可控的膨胀后造成管道进一步的破坏。

4.1.3.3 复合管道缝隙充填

非开挖管道修复常采用向旧管道内铺设内衬管的方式，达到功能性或结构性修复的目的。原位固化法、热塑成型法等工艺形成的内衬管只是紧贴原有管道（见图4-1），并没有紧密黏结形成一个整体，新旧管道分别承受周围环境的荷载与应力，而且管道截面大都不是规则的圆形，因此所提供的强度会有所下降。

而复合管道则是通过向原有管道内铺设规则圆管，以注浆的方式填充管道之间的空隙，形成"内衬管-砂浆-原有管道"的复合管道（见图4-2），共同承载周围环境的荷载与应力。这类常见的修复技术包括螺旋缠绕法、穿插法、管片内衬法、砂浆喷筑法等，可以统称为模注修复法。

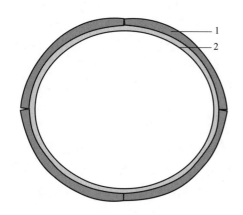 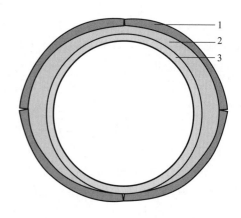

图 4-1　紧贴型内衬管　　　　　　　　　图 4-2　复合型内衬管
1—原有管道；2—内衬管　　　　　　1—原有管道；2—灌浆料；3—内衬管

模注修复法中注浆属于充填注浆技术的范畴，通常采用特制的水泥砂浆，不同的工艺对砂浆的要求也不一样。更好的流动性、更短的凝结时间和更强的固化强度是模注修复水泥砂浆未来的研究方向。

4.1.4　预处理注浆加固技术

排水管道发生管道破裂、管道变形、管道腐蚀、管道错口、管道起伏、管道脱节、接口材料脱落、支管暗接、异物穿入、管道渗漏等缺陷和检查井坍塌等情况时，常伴随周边土体流失，进而导致管道病害恶化，所以止水堵漏，加固、稳固管道以及检查井周边土体通常是管道预处理和修复的重要技术措施。

4.1.4.1　方法分类

注浆加固修复是管道预处理技术的一种，主要分为管道内注浆法和管道外注浆法两种。管道内注浆法是在管道内部直接向裂缝或接口部位钻孔注浆来阻止管道渗漏的方法（见图4-3）；管道外注浆法是在地面钻孔至管道周边进行注浆，形成管道外侧隔水屏障的方法（见图4-4）。一般来说，当管径大于 DN800 或周围土体空洞较小或管内渗漏情况严重时，宜采用管道内注浆法；当管径小于 DN800 或者管道周围土体存在较大空洞时，宜采用管道外注浆法。在某些特定情况下可以结合两种方式同时使用。

图 4-3　管道内注浆法示意图　　　　　　　　　图 4-4　管道外注浆法示意图

4.1.4.2　工艺流程

　　两种注浆方法在工艺上可能有略微差异，但大体上可以总结为同一个施工流程，如图 4-5 所示。具体的关键步骤如表 4-1 所列。

　　采用管道内注浆法时，注浆孔应根据专项设计方案进行定位。环向每隔约 50cm，纵向每隔约 100cm 在管道内壁或内衬的钢圈上预留孔，植入注浆管；依照钻孔深度钻穿管壁，孔径不宜大于 25mm；注浆压力根据地下管道埋深、地质条件和浆液性能进行试验确定，宜控制在 7MPa 以内；注浆结束后，截断留在管壁内的注浆管，并做好封堵工作；注浆完毕后，清理管段内的施工垃圾。

　　采用管道外注浆法时，应提前探明原有管道上部管线及其他地下构筑物的分布情况。注浆孔根据专项设计方案进行定位，一般情况下注浆布孔间距为 50～100cm，注浆布孔时需结合周边管线情况提前探挖，在钻孔时应避开管线。钻孔深度应达到待修管道外部病害区域。注浆过程中采用 CCTV 或潜望镜等可视化设备进行实时监控，注浆压力保持在 0.4～0.6MPa，如果注浆位置靠近其他管线，为避免管线破坏及注浆压力过大导致路面隆起，此时应缩小单孔注浆扩散半径，降低注浆压力，适当加密注浆孔间

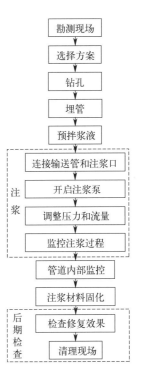

图 4-5　注浆施工流程

距，保证注浆效果。若材料进入管道内，应减慢注浆速度或采用间歇注浆法。注浆过程中若产生管道偏移，应中断注浆，迅速调整注浆方案。

表 4-1　注浆流程关键步骤

步骤	过程
勘测现场	对施工现场进行勘测，通过探地雷达等工具对目标区域有明确的了解
选择方案	根据勘测结果选择合适的注浆方案，在管道维修中，渗水漏水的情况比较多，需要根据严重程度确定合适的方案
钻孔	根据方案对目标区域钻孔，有些小管径管道周围脱空，可从地面钻孔注浆，需要注意钻孔的方位和深度
埋管	选择合适的注浆管将其埋入之前钻好的注浆孔中
预拌浆液	注浆材料应现配现用，有些高聚物注浆材料需要将助剂和填充物等充分混合，以防过早混合导致浆液提前固化，堵塞注浆设备
注浆	利用高压注浆泵将浆液泵入目标区域，时刻观察注浆压力和注浆管附近情况，如果是颗粒浆液，应根据情况逐级增加浆液浓度，确保注浆效果，注浆时，温度不宜低于20℃
管道内部监控	通过人工或CCTV等方式观察管道内部情况，确保注浆效果，防止过量注浆导致管道进一步被损坏
注浆材料固化	等待材料固化，水泥类的注浆材料需要较长时间的养护，而高聚物类注浆材料可以在几分钟甚至数秒内固化
后期检查	再次检查确保注浆处理的效果，将多余的注浆管切除，清理施工现场，方便后续施工的进行

针对涌水比较严重的情况，可使用两根注浆管，将其中一根捆扎上土工袋后一起插入涌水口内。先向捆扎土工袋的注浆管道内注入高聚物浆液，待其膨胀封堵涌水后，通过另一个注浆管向富水区注浆，这种方法可有效处理涌水量大的情况。大致施工流程如图 4-6 所示。高聚物注浆设备宜采用集成式高聚物注浆系统，这种系统主要由集中入料口、制浆、储浆、送浆、计量以及 PLC（可编程逻辑控制器）控制系统等多部件通过在一个集装箱内的合理布局组装而成。

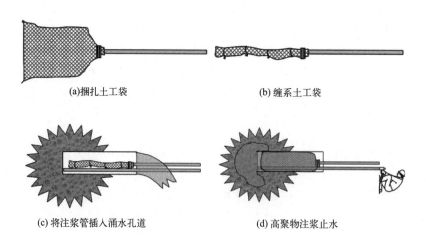

(a)捆扎土工袋　　　　　　　　　(b) 缠系土工袋

(c)将注浆管插入涌水孔道　　　　(d) 高聚物注浆止水

图 4-6　涌水堵漏工艺流程

4.1.4.3　材料性能指标

预处理注浆加固可采用水泥基类浆液、硅化浆液或高聚物材料对管道（渠）周边土体进行加固和止水。水泥浆、水泥-水玻璃混合液常用于管道外注浆法、管道内注浆法，对防渗和加固补强同时有需求的情况，可采用水泥-水玻璃混合液，其造价比素水泥浆要高。聚氨酯和环氧树脂类浆液，常用于管道内注浆法。聚氨酯具有膨胀特性，流动性好，主要分为水溶性聚氨酯和非水溶性聚氨酯，水溶性聚氨酯固结体弹性大，适用于防渗堵漏，而非水溶性聚氨酯固结体强度大、弹性小、防渗透性好，适用于地基的防渗堵漏及加固。环氧树脂固结体强度大，但流动性差，更常用作局部修复中玻璃纤维布的浸泡溶液。

注浆材料分类与适用范围如表 4-2 所列。

表 4-2　注浆材料分类与适用范围

注浆材料	适用范围
水泥基类浆液	适用于软土地基处理,有地下水流动的软基不应采用单液水泥浆
双液硅化浆液	适用于加固粗砂、中砂、细砂
单液硅化浆液	适用于加固粉砂、黄土
碱液	适用于加固地下水位以上、渗透系数为 0.1～2.0m/d 的湿陷性黄土地基,对于自重湿陷性黄土地基的适应性需通过试验确定
高聚物材料	适用于填充加固各类土体及结构本体与土体脱空,修复管道渗漏、管道沉降等

水泥基类、硅化类浆液及碱液注浆应符合现行行业标准《高压喷射注浆施工技术规范》（HG/T 20691—2017）和《注浆技术规程》（YS/T 5211—2018）中的有关规定。

对于高聚物材料，其性能指标应符合表 4-3 和表 4-4 中的要求。

表 4-3　双组分注浆材料产品性能

项目	技术指标
A 组分	
外观	棕色液体,透亮、无杂质
黏度(25℃)/(MPa·s)	100～600
密度/(kg/m^3)	1220～1300
NCO 含量/%	30.50～32.00
水解氯含量/%	≤0.2000
酸值(以 HCl 计)/%	≤0.0500
B 组分	
外观	油状液体
黏度(25℃)/(MPa·s)	≤800
密度/(kg/m^3)	1000～1300

表 4-4　非水反应高聚物材料生产的聚合物技术指标

项目	技术指标	项目	技术指标
无束缚生成材料密度/(kg/m³)	55±5	吸水率/%	≤3
水中反应收缩率/%	≤3	压缩强度/MPa	≥0.30
不透水性(无结皮,0.2MPa,30min)	不透水	拉伸强度/MPa	≥0.30
起渗压力/MPa	≥0.20	膨胀比	15～25
闭孔率/%	≥92		

　　高聚物土体注浆材料在（30±2）℃的环境温度下，生成材料的表干时间不应大于30s。非水反应高聚物材料生成的聚合物，环保指标应符合现行国家标准《生活饮用水输配水设备及防护材料的安全性评价标准》（GB/T 17219—1998）中的有关规定。非水反应高聚物材料生成的聚合物，耐化学腐蚀性能指标应按现行国家标准《塑料　耐液体化学试剂性能的测定》（GB/T 11547—2008）中的有关规定进行测定。

4.1.4.4　注浆量设计

　　土体加固注浆需要考虑浆液在土壤空隙中的流动模型，注浆用量计算可以参考下面的公式：

$$Q = \frac{\pi \alpha \beta r^2 ln}{m} \tag{4-1}$$

式中　Q——注浆量，m³；

　　　α——浆液充填系数，岩体取0.80～0.90，土体可按表4-5取值；

　　　β——浆液损耗系数，岩体取1.20～1.50，土体取1.15～1.30；

　　　r——浆液有效扩散半径，m；

　　　l——注浆段长度，m；

　　　n——岩体平均裂隙率或土体孔隙率，%，岩体平均裂隙率取1%～5%；

　　　m——浆液结石率，取0.50～0.95，水灰比大时取小值，水灰比小时取大值。

表 4-5　浆液填充系数

注浆材料	受注地层	浆液充填系数
化学浆液	细砂	0.40～0.65
	中粗砂	0.50～0.85
	砾砂	0.70～0.95
	碎石类土	0.80～1.00
	湿陷性黄土	0.50～0.80
悬浊浆液	可采用悬浊浆液的土层	0.40～0.90

4.1.4.5　质量检验

　　施工完毕后可通过人工目测或CCTV检测，来检测管道内预处理的效果。管道接口处及裂缝处应无明显的渗漏水，管道外部脱空及空洞位置、深度、面积应明确，脱空及空洞处应填充密实。按现行行业标准《城市地下病害体综合探测与风险评估技术标准》（JGJ/T 437—2018）评估注浆效果。注浆完成后应对管道外部土体加固质量进行评估，评估按《建筑地基基础工程施工质量验收标准》（GB 50202—2018）和《既有建筑地基基础加固技术规范》（JGJ 123—2012）中的有关规定执行。注浆完成后，管内应无残留或凸起的注浆材料。

4.1.5 模注修复法注浆加固技术

4.1.5.1 螺旋缠绕法注浆

机械制螺旋缠绕修复技术是一种可带水修复的技术，详细介绍可见本书的第7章。当内衬管道无法与原有管道紧密贴合时，需要注浆填补新旧管道之间的环形间隙，如图4-7所示。

图 4-7　螺旋缠绕法注浆示意图
1—原有管道；2—灌浆料；3—螺旋缠绕内衬管

用特制的快速凝结砂浆封堵新旧管道两头的环形间隙，在管道两侧环形间隙2点、10点、12点的位置分别埋设注浆管，一侧可用于注浆，另一侧可用于放气和观察。注浆压力宜为0.10~0.15MPa，不得超过最大注浆压力。注浆应分步进行，首次注浆量应根据内衬管自重、管内水量进行计算，应控制首次注浆量，不得超过计算量；第二次注浆应至少在首次注浆浆液初凝后进行，与首次注浆的时间间隔不宜小于12h。注浆总量不应小于计算注浆量的95%，并应做好记录。注浆应在内衬管一侧进行，当观察到另一侧12点位置的观察孔冒浆时，应停止注浆。当管道距离大于100m时，宜在管道中间位置的顶部进行开孔补浆。当采用机头行走法修复方涵且内衬管不足以承受注浆压力时，注浆前应对内衬管进行支护或采取其他保护措施。注浆完成后应密封注浆孔，并应对管道端头进行平整处理。

4.1.5.2 管片内衬法注浆

管片内衬法采用的主要材料为PVC材质的管片和灌浆料，通过使用连接件将管片在管内连接拼装，然后在原有管道和拼装成的内衬管之间填充灌浆料，使新内衬管和原有管道连成一体，达到修复破损管道的目的。管片内衬法注浆示意见图4-8。

注浆时，注浆压力应根据现场情况随时进行调节，可根据材料的承载能力分次进行注浆，每次注浆前应制作试块进行试验。注浆泵应采用可调节流量的连续注浆设备，最终注浆阶段的压力不应大于0.02MPa，流量不应大于15L/min。注浆完毕后，应根据导流管中流出的砂浆密度确认注浆结束，对注浆口及管口进行处理，管口处理应保持原管长度不变，管口应平滑完整。

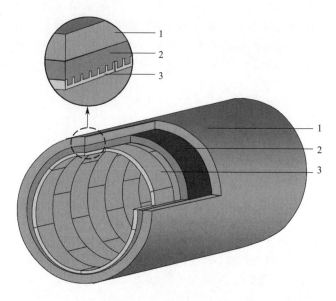

图 4-8　管片内衬法注浆示意图
1—原有管道；2—灌浆料；3—PVC 管片

4.1.5.3　短管穿插法注浆

短管穿插内衬技术也称为拉管内衬，是一种最常用的穿插内衬技术，可用于对原有管道进行整体或局部修复，如图 4-9 所示。同样此修复技术也需要对新旧管道之间的缝隙进行注浆充填。

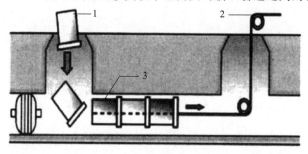

图 4-9　短管穿插法修复施工示意图
1—短管；2—索引索；3—内置短管

根据管道长度、地质特征等因素确定灌浆漏斗的高度。当管道长度小于或等于 50m 时，灌浆漏斗的最小高度应为 5m；当管道长度大于 50m 时，灌浆漏斗高度应按下式计算：

$$P = H + iL \tag{4-2}$$

式中　P——灌浆漏斗高度，m；

　　　H——灌浆漏斗距管底的最低高度，宜为 5m；

　　　i——原有管道坡度；

　　　L——管道长度，m。

注浆前应采取避免浆液泄漏进入支管或从注浆孔、内衬接头处泄漏的保护措施。注浆后应密封注浆孔，并应对管道端口进行平滑处理。注浆压力不应大于 0.4MPa，且应小于内衬管可承受的外压力。当条件不能满足时，应对内衬管进行支护或采取其他保护措施。注浆后的环形间隙应饱满，不得有松散、空洞等现象，且不得造成内衬管的移动和变形。注浆完成后应对两端端口进行封闭处理。

采用压力法灌浆时，应将高位漏斗灌浆方法计算的数值换算成压力值，灌浆压力不应大于塑料衬垫内衬的内水压力，最大灌浆压力不得大于内水压力。灌浆料与水应按材料使用说明书的比例进行调配，应在搅拌机中高速搅拌 5min，搅拌后的灌浆料应在 20min 内按灌浆料的技术要求执行灌浆。灌浆过程应快速持续进行，当闭浆管返出浆料且浆料高度保持不变时即可闭浆。闭浆管高度应高出进浆口 1.5m。

4.1.5.4 材料性能指标

模注修复法的注浆材料对流动性要求较高，通常采用水泥浆、水泥-水玻璃混合液等，针对此类注浆材料的性能要求分别见表 4-6～表 4-8。

表 4-6 水泥基灌浆料的性能要求

检测项目		性能要求
凝胶时间	初凝/min	≤100
	终凝/h	≤12
截锥流动度/mm	初始值	≥340
	30min	≥310
泌水率/%	—	0
压缩强度/MPa	2h	≥12
	28d	≥55
弯曲强度/MPa	2h	≥2.6
	28d	≥10
弹性模量/GPa	28d	≥30
自由膨胀率/%	24h	0～1
对钢筋锈蚀作用	—	对钢筋无锈蚀作用

表 4-7 环氧树脂灌浆料的性能要求

检测项目	性能要求
初凝时间(20℃)/h	≤2
压缩强度(28d)/MPa	≥60
拉伸强度(28d)/MPa	≥20
黏结强度(28d)/MPa	≥3.5

表 4-8 填充砂浆的基本要求

检测项目	技术指标
压缩强度/MPa	>30
截锥流动度(30min)/mm	≥310

4.1.5.5 注浆量设计

模注修复法中注浆工艺通常为充填注浆，根据《注浆技术规程》（YS/T 5211—2018）中充填注浆的注浆量进行设计：

$$Q = \frac{\alpha \beta V}{m} \tag{4-3}$$

式中　α——充填系数，取 0.80～0.95；

　　　β——损耗系数，充填注浆时取 1.2～1.5，充填其他材料时取 1.0～1.1；

　　　V——空洞体积，m^3；

　　　m——充填物结石率或夯填度，充填浆液时结石率取 0.50～0.95，充填砂浆时结石率取 0.85～0.95，水灰比大取小值，反之取大值，充填粉煤灰和砂石时夯填度取 0.90～0.95，充填超流态混凝土时结石率取 1。

针对管道间隙的填充体积 V 的计算：

$$V = \frac{\pi \times (D^2 - d^2) \times L}{4} \tag{4-4}$$

式中　D——既有管道平均内径，m；

　　　d——内衬管道平均直径，m；

　　　L——待修复管道长度，m。

当既有管道形状为非圆形时，需要根据实际情况计算管道内体积再计算注浆充填的体积。

4.1.5.6 浮力计算

在注浆环节，内衬管会随着浆液的灌入而上浮，此时需要使用重物阻止内衬管的上浮。如果注浆浮力过大会使内衬管道产生损坏，也会影响注浆施工。随着注浆量的增加，液位不断提高，对应的浮力计算模型可大致分为 4 个阶段，如图 4-10 所示。

计算公式如下：

$$\boldsymbol{F}_{浮} = \rho g S_{排} L \tag{4-5}$$

$$Q = S_{浆} L \tag{4-6}$$

式中　$\boldsymbol{F}_{浮}$——内衬管所受浮力，N；

　　　ρ——注浆浆液的密度，kg/m^3；

　　　g——重力系数，N/kg，取 9.81N/kg；

　　　$S_{排}$——内衬管排开浆液的截面面积，m^2；

　　　L——注浆管道长度，m；

　　　$S_{浆}$——浆液在管道间隙的截面面积，m^2。

浮力 $\boldsymbol{F}_{浮}$ 与注浆量 Q 有间接关系，通过构建几何模型，借助 Excel 表格模拟一段 50m长，DN1100 管道的注浆修复，通过数据描点可以大致得出浮力 $\boldsymbol{F}_{浮}$、液位高度 h 随着注浆进度 ξ 的变化曲线，如图 4-11 所示。

4.1.5.7 质量检验

修复完毕后，如果管道透明可视，可采用人工目视或电视检测的方法观察注浆情况，如

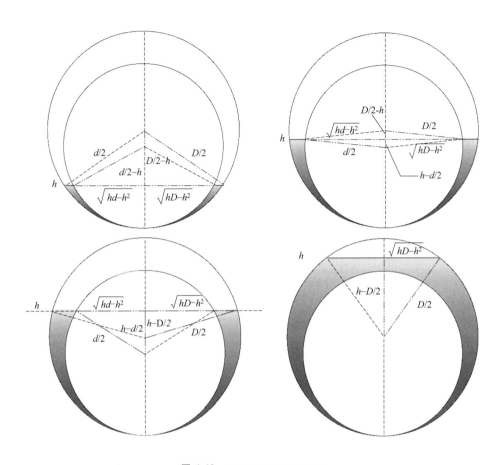

图 4-10　浮力计算模型的 4 个阶段

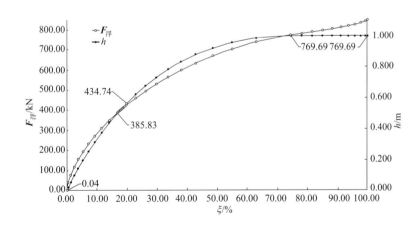

图 4-11　注浆进度对浮力与液位高度的影响曲线

果管道不透明，可采用橡胶锤敲击管道检验注浆效果，如果管径过小可通过探地雷达检验注浆是否饱满。目前注浆固化材料的填充度及密实性检测仍是该领域的难题。

4.2 注浆设备

注浆原理相对简单，但也需要不同的设备配合，以确保注浆施工的顺利进行。从地质情况的勘测到注浆泵站的选择都需要周密部署。表 4-9 中列举了一些注浆施工中经常用到的设备及其功能与应用。

表 4-9　注浆施工中常用设备及其功能与应用

设备名称	功能描述	管道非开挖修复中的应用
管中雷达	勘测地质情况	确定注浆区域和注浆量
注浆泵（站）	搅拌和输送注浆材料	向管道内注入修复材料
钻孔机	在管道壁上钻孔	制作注浆口，便于注入修复材料
注浆管	输送注浆材料	方便注浆

4.2.1 管中雷达

由于注浆施工的隐蔽性，需要通过雷达探测注浆施工的质量，而雷达探测的精确度会随着探测距离的增加而衰减，地面探测雷达往往不能满足精确探测的要求，因此施工前的勘测与施工后的验收建议使用管中雷达进行探测，管中雷达的详细内容见本书 3.6 部分。

4.2.2 注浆泵（站）

4.2.2.1 工作原理

注浆泵（站）通常由浆液制备单元和浆液输送单元组成，在电机或者液压动力站的带动下，通过螺杆泵或活塞泵将浆液输送到指定区域。注浆泵（站）主要用于充填注浆以及泵送水泥浆等流动性较大的材料。针对高聚物发泡反应型注浆材料，则需要使用小型的、双组分注浆机，利用挤压泵将黏稠的材料注入土体裂隙来止水堵漏。

螺杆泵是一种正位移泵，它由一个螺杆和一个外围的弹性橡胶套筒（螺旋槽）构成。当螺杆旋转时，会沿着橡胶套筒的内表面滑动，形成一个密闭的螺旋腔，螺杆的螺旋形状会推动液体从泵的进口端向出口端移动。螺杆泵适用于输送高黏度、含颗粒的液体，流量和压力可以通过螺杆的转速和外围套筒的尺寸来调节。

活塞泵是一种通过活塞的往复运动来推送液体的泵。活塞与泵腔之间会形成一个密闭的空间，当活塞从泵腔的一端移动到另一端时会将液体推向出口。活塞泵适用于输送高压、高黏度的液体，具有较高的流量和压力。

挤压泵是一种通过压紧软管来推送液体的泵。挤压泵通常由一个或多个滚轮或滑块组成，这些滚轮或滑块通过压紧软管来逐段挤压液体，从而推动液体向前流动。软管的压紧和释放导致了类似于蠕动的泵送效果。挤压泵适用于输送高黏度、腐蚀性的液体，也可用于需要精确控制流量的操作。

4.2.2.2 设备选型

螺杆注浆泵通过电机驱动螺杆,带动浆液输送,可通过增设螺杆提高灌浆性能,例如河南省耿力工程设备有限公司 GZ-5D 型螺杆注浆泵,其详细技术参数如表 4-10 所列。

表 4-10 GZ-5D 型螺杆注浆泵技术参数

技术指标	参数	实物图
注浆能力/(m³/h)	5	
工作压力/MPa	0~3.5	
外形尺寸/mm	2232×754×984	
质量/kg	300	

液压泵(站)以液压提供动力,需要搭配制浆装置,市场上类似的产品较多,如 ZKSY90-125 型液压泵,其具体技术参数如表 4-11 所列。

表 4-11 ZKSY90-125 型液压泵技术参数

技术指标	参数	实物图
注浆能力/(m³/h)	7	
工作压力/MPa	0~16	
外形尺寸/mm	1700×700×960	
质量/kg	500	

当注浆材料的黏度过大时,如环氧树脂、聚氨酯发泡材料等,则需要采用挤压泵输送浆液,两种浆液在注浆出口混合,在几秒内开始反应,体积膨胀,十几分钟即可完成固化。例如,市面上畅销的 03A 型双组分注浆机,其具体性能参数如表 4-12 所列。

表 4-12 03A 型双组分注浆机性能参数

技术指标	参数	实物图
注浆能力/(kg/h)	240	
工作压力/MPa	0~70	
功率/W	3800	
质量/kg	17	

4.2.2.3 使用步骤

(1)设备准备

在使用注浆泵之前,应确保注浆泵处于正常工作状态。检查泵的电源、控制开关、连接管道等,确保一切正常。

(2)材料准备

准备好所需的注浆材料,如水泥、高聚物等。确保材料质量良好,按照设计比例配制,以保证注浆效果。

（3）泵的启动

打开注浆泵的电源，启动注浆泵。在启动前，确保周围没有人员。泵启动后需要一定时间达到稳定状态。

（4）浆液注入

将预先配制好的注浆浆液倒入注浆泵的料斗或容器中。注意不要将杂物或固体颗粒混入浆液中，以防堵塞泵。

（5）调节参数

根据工程要求和注浆材料的特性，调节注浆泵的流量和压力。

（6）开始注浆

将泵的参数调整到适当范围后，可以开始进行注浆作业。确保注浆泵正常运行，浆液从进口流入泵中。

（7）监控与调整

在注浆过程中，持续监控注浆泵的运行状态，观察流量和压力变化。根据需要，随时调整泵的参数，以保证注浆效果。

（8）注浆完成

当达到预定的注浆目标后，可以关闭注浆泵。确保停止注浆前先降低流量和压力，避免因突然停止造成不良影响。

（9）清洁维护

关闭注浆泵后，清洁泵的外表面和周围区域，避免杂物积聚。如果还需要进行后续作业，应确保泵的各个部件都得到适当的清洁和维护。

4.2.2.4 注意事项

（1）安全

操作人员要穿戴合适的个人防护装备，避免接触浆液和运转中的机械部件。

（2）材料检查

在注入浆液前，应再次检查注浆材料的质量和比例，确保不会出现不良后果。

（3）防堵塞

确保注浆材料中没有固体颗粒，以免堵塞泵的管道或部件。

（4）流量控制

在开始注浆前，调整好流量和压力参数。注浆过程中不要随意更改，避免影响注浆效果。

（5）运行状态

持续监控注浆泵的运行状态，注意是否有异常声音、振动等情况。

（6）人员位置

在启动注浆泵前，确保所有人员都远离泵的工作区域，以防意外发生。

（7）应急准备

针对可能出现的故障，备有应急停止措施和设备，以确保操作人员的安全。

（8）清洁维护

每次使用后，彻底清洁注浆泵和管道，避免残留材料堵塞设备。

4.2.3 钻孔机

钻孔机是一种专门用于钻掘地下物质的设备。在管道非开挖注浆修复施工时，需要借助钻孔机对管周土体进行钻孔埋管。当模注法修复的管道过长时，也需要借助钻孔机在管道中间开孔注浆。

选购钻孔机时需要考虑产品的钻孔直径、钻孔深度、功率和质量等规格参数，可以根据表 4-13 的设备参数选择合适的钻孔机。

表 4-13　钻孔机参数

型号	钻孔直径/mm	钻孔深度/m	功率/W	质量/kg
F100	28	60	1600	45
GQ-15	42	50	1500	42
GY-50	150	30	5500	215
JDL-18	150	30	7500	200
KQG-150	150	30	7500	240
XDL-120	120	40	5500	300
YGL-100A/B/C	100	50	4500	120～150

4.2.4 注浆管

在注浆修复时，浆液通过注浆管道进入目标区域，注浆管道常采用 PPR（无规共聚聚丙烯）、PVC 塑料管或特制的钢管，如图 4-12 所示。

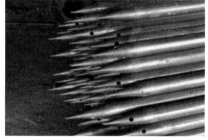

图 4-12　注浆管道

不同材质的注浆管应用的场景不同，金属管常常用于土体加固帷幕注浆，金属材质可以更好地刺入土体中。模注修复时常常预埋注浆管道，使用塑料材质的注浆管，方便结束时进行端口处理。注浆管道的参数如表 4-14 所列。

表 4-14　注浆管道参数

注浆管名称	材质	直径/mm	适用压力/MPa	生产厂家
钢花管	20 号钢	76/89/108/127	—	山东友力金属制品有限公司
	20 号钢	定制	—	沧州金声钢管制造有限公司
塑料管	PVC	定制	0.1	南昌亚塑塑胶有限公司
	PPR	50	0.1	河北岐坤管道科技有限公司

4.3 施工案例

4.3.1 工程概况

丰乐路注浆项目中待修复管道位于广州市黄埔区丰乐北路与护林路的交叉路口，如图4-13所示，管道直径为800mm，双壁波纹管材质。前期通过对丰乐北路（护林路口）约326.3m的排水管道开展了CCTV检测工作。经过管道检测，发现管段W8～W9内缺陷较多，主要为塌陷，同时伴有变形、渗漏现象，缺陷形状为"V"形，塌陷纵向长度预计达到4.5m（W8—W9方向塌陷3m，W9—W8方向塌陷长度暂定1.5m）；管段W3～W4内存在难以清除的沥青障碍物，按照《城镇排水管道检测与评估技术规程》（CJJ 181—2012）中的相关规定进行评估，管段W8～W9缺陷等级为四级，为部分或整体缺陷，管段W3～W4缺陷等级为四级，输水功能受到严重影响。

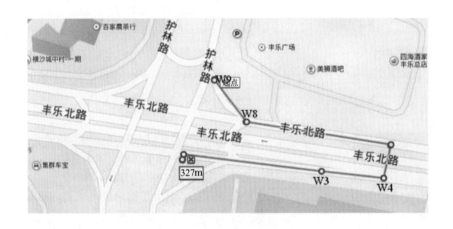

图 4-13　丰乐路非开挖修复管道位置示意

管道的严重缺陷，如图4-14所示（书后另见彩图），一方面会导致原有管道过流面积严重缩小甚至导致管道堵塞，影响排水管道污水收集、运输，进而导致污水溢流，严重影响周边河流水环境；另一方面管道发生破裂后，管道周围土体随污水流失，在道路下方形成局部空洞，会导致路面下沉，严重时会导致路面塌陷，严重威胁上方行人及车辆的安全，给道路交通带来安全隐患。经过对该管道进行评估，针对管段W3～W4管内障碍物，采用机械方式进行清除，恢复管道排水能力，针对管段W8～W9变形塌陷的问题，采用化学注浆法进行止水和土体稳固。然后采用钢片内衬和CIPP翻转法原位固化修复的组合工艺，解决该管段的缺陷性问题，达到及时迅速修复缺陷同时最小限度影响道路交通的效果。

4.3.2 施工过程

部分非开挖修复项目的工程量清单如表4-15所列。

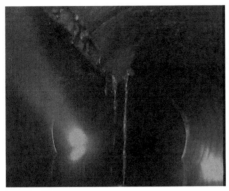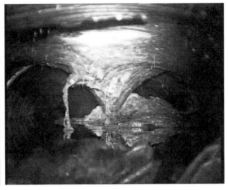

图 4-14   管道 QV 检测缺陷断面

表 4-15   部分非开挖修复项目的工程量清单

项目名称	工程量
管内异物清除/项	1
土体加固处理/m³	8.67
管内修复预处理/项	1
CIPP 修复/m	42.40
CCTV 检测/m	87.40

在注浆过程当中，注浆孔采用梅花形布置，直径为 3mm，自待修复管道底部依次向顶部布置。在管道塌陷部位处垂直于管壁打入注浆管，注浆管沿管周呈环向布置，注浆时按照先注两侧管壁，再注顶部土体的顺序进行。注浆过程中通过"量压结合"的原理进行控制，先注入用于堵水的聚氨酯，再进行管壁周围土体稳固。注浆时为防止注浆压力过大引起管道周围松散土体的二次塌陷，需在底部采用千斤顶进行临时支撑。

经过施工单位的预算，得出变形塌陷化学注浆范围为管道上半部，从管周向外延伸 50cm 的区域，每米注浆加固体积 $= 3.14 \times (0.9 \times 0.9 - 0.4 \times 0.4) \div 2 = 1.0205 (\text{m}^3)$。本工程中塌陷长度为 4.5m，计划在塌陷处两侧各增加 1m 的注浆范围，注浆长度为 6.5m，该项目注浆工程量为 6.63m^3。

根据试验，以上算法存在以下几点不合理之处。首先，注浆固化土体的体积不等于预处理修复所需要的浆液体积，有机系浆液的反应是在土体颗粒的空隙中，而且有机系浆液与水发生反应以后，会发生体积膨胀，而不是单纯机械地填充土体空隙。其次，管道缺陷如果是分段、不连续的，在计算固化长度时，应当逐段考虑其固化长度，由于排水管道相邻检查井的距离较长，在没有完全止水和进行管壁冲洗的情况下，即使有 CCTV 检测，也无法保证细微的裂缝能够被发现，对于较大的裂缝，在不连续的情况下，应当在裂缝前后各增加一定的安全距离。最后，在进行浆液量的预算时，应该预留合适的安全系数，因为注浆工程属于隐蔽工程，在地下的空间有较多不确定因素，在前期没有完整勘测资料的情况下，需要合理预算安全系数，以防止在后期施工的时候发生材料供应不足的情况。

每米注浆量计算如下：

$$V_{qv} = \frac{\pi\left[(r+0.5)^2 - r^2\right] \times \eta}{2K_0\varphi} \times K_S = \frac{3.14 \times \left[(0.4+0.5)^2 - 0.4^2\right] \times 0.75}{2 \times 20 \times 0.25} \times 1.3 = 0.20 (\text{m}^3/\text{m})$$

式中　　V_{qv}——每米注浆浆液体积量；

　　　　r——待修复管道半径；

　　　　η——回填土空隙率，此处取 0.75；

　　　　K_0——浆液无约束条件下理论发泡比，此处取 20；

　　　　φ——浆液实际发泡率，此处取 0.25；

　　　　K_S——预估安全系数，一般取 1.2～1.5。

管道缺陷分为两段，应分开计算：

$$V = V_{qv}(l_1+3) + V_{qv}(l_2+3) = 0.2 \times (3+3) + 0.2 \times (1.5+3) = 2.1 (\text{m}^3)$$

式中　　l_i——管道内缺陷长度，分别为 3m 和 1.5m。

本次计算和现场施工的经验数据接近，考虑了土与浆液的比例关系，并预估了安全系数。分段计算以后，充分考虑了管道破损处新旧交替面的安全因素，使其更加合理。

参考文献

[1] 韩丽英. 袖阀管注浆法套壳料的配比试验研究 [D]. 太原：太原理工大学，2012.
[2] 席继强. 排水管道非开挖修复塌陷土体预处理的研究 [D]. 广州：广东工业大学，2018.
[3] 安关峰，张蓉，张欣，等.《城镇排水管道非开挖修复工程施工及验收规程》解析 [J]. 中国给水排水，2020，36（20）：71-76.
[4] 张建军，黄诒宝，沈增辉. 地表注浆在隧道破碎围岩加固中的应用 [J]. 广东建材，2011，27（12）：62-64.
[5] 肖华溪. 深厚软土桩基后注浆技术试验与研究 [D]. 长沙：中南大学，2009.
[6] 张倩倩. 排水管道脱空高聚物注浆修复数值模拟 [D]. 郑州：郑州大学，2019.
[7] 韩立军，张茂林，贺永年，等. 岩土加固技术 [M]. 徐州：中国矿业大学出版社，2005.
[8] 王勇. 浅议复杂地质条件下铁路隧道施工技术 [J]. 科技创业家，2013 (4)：27，30.

第5章
原位固化修复工艺及设备

5.1 原位固化修复工艺

原位固化法（cured in place pipe，CIPP）是指采用翻转或者拉入的方式将浸渍有树脂的软管送入待修复的管道内，采用加热或紫外光辐照的方式使得树脂固化，从而在原有管道内形成一层新的管道，达到修复病害管道目的的方法。随着 CIPP 技术的不断发展，CIPP 翻转法修复地下管道在世界各地得到了广泛的应用。以日本为例，自引进 CIPP 修复技术到现在，利用 CIPP 修复技术修复的管道长度占病害管道修复总长度的 85% 以上，CIPP 技术已经十分成熟。目前 CIPP 修复技术已经成为发达国家主要的管道非开挖修复技术。我国自引进 CIPP 修复技术以来，首先在沿海城市得到推广及应用，如上海、深圳等地区都有成功应用 CIPP 修复技术修复管道的工程案例。

该方法最早由英国工程师 Eric Wood 于 1971 年开发，以"Insituform"命名。该技术已通过 ISO 9000 国际认证，并派生出许多相关技术，如美国的 Inliner 和 Superliner、比利时的 Nordline、丹麦的 Multiling 和德国的 AMEXR 等。国际非开挖技术协会将此类技术统称为 CIPP。目前该技术已在世界上 40 多个国家和地区得到广泛的应用，尤其在美国、日本、英国、法国、德国等工业国家的应用更为普及，是现今所有管道非开挖修复工艺中使用最广泛的方法。据统计，自 1971 年欧洲开始使用 CIPP 法修复管道以来，采用 CIPP 法已经修复了 5 万千米的老旧管道。

非开挖管道修复技术在中国发展较快，随着该领域整体技术的进步和国内市场的逐步完善，目前管道非开挖修复技术在供水排水管道工程中已经大量运用，在城市建设中所占用的比例越来越高。根据国际非开挖技术协会行业报道，2018 年非开挖施工方法所占的比例已超过 40%，在管道铺设工程中非开挖施工约占 18.5%。在采用管道非开挖修复的城市中，CIPP 法是最受欢迎的一种方法，占 51%；其次是局部修复法（40%）和喷涂法（31%），化学灌浆法、水平定向钻进法、爆管法和分支管内衬法分别占 28%、24%、22% 和 21%。

按照软管进入原有管道的方式不同，可将 CIPP 分为翻转式和拉入式两种工艺。软管的固化工艺目前包括热水固化法、蒸汽固化法和紫外光固化法。

施工前必须决定采用热水还是蒸汽进行固化，因为固化方法决定安装工艺的选择，主要的 CIPP 工艺及适用条件见表 5-1。

表 5-1　主要 CIPP 工艺方法及适用条件

内衬管材料	固化方式	树脂类型	应用领域	备注
聚酯树脂油毡	加热固化	聚酯树脂、乙烯基树脂、环氧树脂	重力管道	广泛应用于污水管道
玻璃纤维增强聚酯树脂油毡	加热固化	乙烯基树脂、环氧树脂	压力管道	应用于半结构或全结构修复
玻璃纤维结构布	加热固化	聚酯树脂、乙烯基树脂、环氧树脂	重力管道、压力管道	应用于重力管道可减小壁厚
圆形编织聚酯树脂纤维软管	加热固化	环氧树脂	压力管道	根据结合情况可用于半结构修复
编织软管＋油毡	加热固化	环氧树脂	压力管道	半结构修复
编织软管＋油毡＋玻璃纤维结构布	加热固化	环氧树脂	压力管道	全结构修复

5.1.1　翻转内衬法原位固化修复技术

翻转内衬法是将浸渍树脂的软管通过水压或者气压的方式翻转进入待修复管道，翻转完毕后，树脂层朝向管道内壁，在水压或气压作用下紧贴在原有管道上，防渗层则作为隔离层，防止加热介质与树脂接触。利用循环热水或者蒸汽加热的方式对软管进行加热，引发树脂反应，从而固化。在施工过程中应遵循树脂固化规律，进行程序升温，要保证软管内压的稳定性，减少施工缺陷。

5.1.1.1　施工流程

图 5-1 为气压翻转式 CIPP 施工示意图。当用压缩空气进行翻转时，应防止高压空气对施工人员造成伤害。将浸有树脂的软管一端翻转并用夹具固定在待修复管道入口处，然后将浸渍后的软管翻转置入待修复管道。翻转压力应足够大，以使浸渍软管能翻转到管道的另一终点，并使软管与旧管管壁紧贴在一起，必要时应在防渗层表面涂抹润滑剂。在翻转时压力不得超过软管的最大允许张力。翻转完毕后，应保证软管的防渗塑料薄膜朝内（与管内水或蒸汽相接触）。

图 5-2 为水压翻转式原位固化法示意图。在检查井处搭设脚手架和翻转装置，安装好软管后，在水压作用下进行翻转。翻转压力的合理值应咨询管材生产商，应控制在 0.1MPa 以下，翻转速度应控制在 2～3m/min，必要时应在防渗层表面涂抹润滑剂。翻转完成后两端宜预留 0.5m 左右的长度以方便后续的固化操作。

软管内的水压或气压应大于能够使软管充分扩展的最小压力，但不得大于内衬管所能承受的最大内部压力。软管固化完成后，应先进行冷却，然后降压。采用水冷时，应将内衬管冷却至 38℃ 以下再进行降压；采用气冷时，应冷却至 45℃ 以下再进行降压。在排水降压时必须防止形成真空而使内衬管受损，在修复段的出口端将内衬管端头切割整齐，形成一层紧贴旧管内壁的、具有防腐防渗功能的内衬。如果内衬管与旧管道黏合不紧密，应在内衬管与

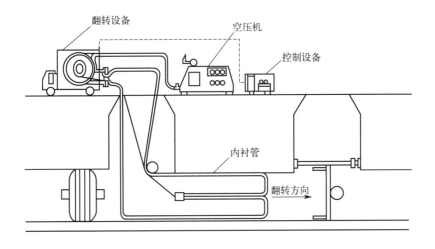

图 5-1 气压翻转式 CIPP 施工示意图

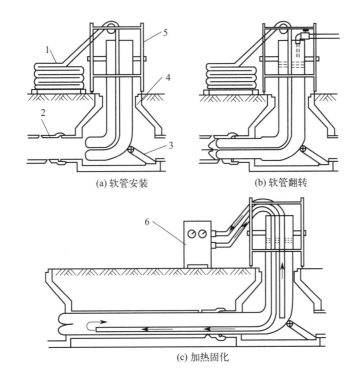

(a) 软管安装　　　　　(b) 软管翻转

(c) 加热固化

图 5-2　水压翻转式原位固化法示意图

1—浸渍树脂的软管；2—原有管道；3—翻转弯头；4—工作坑；5—支架；6—锅炉和泵

旧管道之间充填树脂混合物进行密封。CIPP 法的施工工艺流程如图 5-3 所示。

图 5-3　CIPP 法的施工工艺流程

（1）管线勘测

查明待修复地下管线的平面位置、走向、埋深（或高程）、规格、性质、材质等，并绘制地下管线图，为后续的修复施工做准备。

（2）工作坑开挖

供水管道修复需要确定工作坑的数量和具体位置。每两个工作坑之间为一个工作段，工作段内可以有三通和大于3D的弯头（弯头轴线的弯曲半径为管道公称直径3倍的弯头），但不能有变径和阀门，每个工作段长度通常不宜超过400m。

工作坑的位置应根据施工设计图纸和旧管道资料进行勘测后确定，宜在闸井、抽水缸、变径、三通和90°（<3D）弯头等处开挖工作坑。不能使弯头集中在同一工作段内，应避开其他市政管网交会处和人口稠密区，避开交通干道，选择地表开阔、便于施工机具进出和展开处。每一工作段90°弯头的数量不应大于1个，45°弯头数量不应大于2个，翻转时应将带弯的部位放在工作段的后半部分。工作坑的大小应根据所需断管的长度和操作空间确定。工作坑选址确定后，现场设安全围护，组织开挖和断管。

（3）管内清淤

旧管道清理的目的是去除旧管内壁上的垢层、腐蚀产物、沉积物、侵入的树根和凸出物，以尽可能保持较大的过水截面并防止刺伤软衬层。应当切除或磨平管道内部的凸出物或侵入管道内部的树根，然后通过高压水射流或高压空气排出。管道清理有机械清洗、高压水射流、高压空气等多种方法。

（4）内窥检查

清理后，就要对管道内部进行探查。非进人管道可用CCTV法检查，进人管道可用CCTV法或人员检查。

CCTV内窥检测时，首先要对管道内壁拍摄录像，然后评估清理效果是否满足内衬管的要求。管道内部在清理后应无尘、无颗粒、无油垢、无尖锐凸起，以免影响内衬管道施工，否则必须再次进行清理或打磨处理。

为准确下料，应测量、记录管道的精确长度；记录支线三通的位置，以便做完内衬后精准确定三通开口的位置；记录坡度变化、各种弯头的角度，将这些信息与竣工图做比较，校核内衬方案。

（5）内衬管准备

生产内衬软管时，应根据测量的管径尺寸和检测的内部腐蚀状况等综合指标，要求在工厂定做加工修复材料，其材料厚度应根据标准或设计要求确定。在工厂制备时先将软管材料按旧管管径和工作段长度预制成筒状，隔水层向外，而后将混合好的树脂灌入其中，经碾压机具擀平。往返折叠放置在冷冻箱内，运送到施工现场，以防止树脂过早地发生化学反应。用于重力管道的热养护内衬层由无纺布和聚酯树脂组成，有的系统也用毡和玻璃纤维的复合材料代替无纺布。内衬织物通常织在软管的外层，翻转之后成为修复管道的内层，这一层的表面由一层膜构成，膜的主要成分是聚酯、聚乙烯、聚氨酯。这层膜的主要作用是在运输与浸渍过程中容纳树脂，在翻转过程中吸纳水和空气，保持较小的摩擦力，也可在翻转过程中加一层单独的膜，该膜在内衬完成后拆除。

树脂准备与浸渍时，应根据计算结果决定软管厚度及长度，计算树脂、固化剂和促进剂的重量。倒入树脂前应检查搅拌桶定转及放料阀的状态，在翻转桶及放料口下放置塑料膜，避免树脂溅洒到地面上，并把待浸料的软管放到放料口处。所有物品及工具准备好后，开始往搅拌桶内倒入树脂，倒完之后，开始缓慢倒入固化剂，均匀搅拌 5～10min，然后再倒入促进剂，搅拌 10～20min 后进行倒料。从放料口放出约 1/3 倒入搅拌桶，再搅拌 10min 即可放料。浸料开始，树脂浸渍均匀即可运输至现场，用于施工。

（6）置入内衬管

搭设脚手架及翻转设施，将软管初始段固定于翻转设施上，将湿软管翻转进入或拉入原有管道。

（7）树脂固化

在内衬管施工安装到位后，保持施工压力，以使内衬管紧贴到旧管道内壁上，通过循环热水或蒸汽使软衬层上的树脂硬化，达到设计强度。常见的热水固化法流程如下：保持翻转设施一定的高度，以提供必要的水头；在翻转段导入压力水流，使内衬管实现连接翻转，水压使翻转的内衬管紧贴到旧管壁上；翻转结束，内衬管中的水通过锅炉进行循环加热，循环水的温度由树脂固化需要确定；用热电偶测出内衬管表面不同位置处的温度；树脂固化完成后，通过循环水逐渐冷却，最后排空；剪断两端多余的内衬管，有时在检查井壁预留一定长度固化管，以便更好地固定和密封；如需要，侧向分支管可通过机器人开孔器切割打开。

常温固化（ambient cure）是指在周围环境自然温度下的固化，这种固化方法主要用于供水管道的修复。由于是在常温下固化，不需要高温固化下的锅炉或其他热源设备，因而成本较低。固化管强度一般较高温固化的差，且施工风险极大，容易提前固化。常温固化方法的流程如下：与高温固化法不同，常温固化内衬管上的树脂浸润一般在工地进行，根据计算，确定混合料中树脂、催化剂和其他添加剂的量；将有保护层的内衬管铺在马路上或硬地上，从内衬管的一端倒入树脂，使用专用压料装置进行定厚，使内衬管均匀充分地浸满树脂，并排出气泡；通过绞车拉入或翻转设施进行施工；通过气压或者水压作用，使内衬软管紧贴到旧管道壁上；固化足够的时间后，卸压并完成固化；切除两端多余的固化剂，打通支管。

（8）端头处理

对翻转后两端的毛边进行切割处理，在树脂密封衬层与原管间形成空隙，缠绕玻璃钢进行防腐、加固、密封，并在玻璃钢外加固。CIPP 法修复完后，在支管开孔过程中，特别是在遥控开孔时，注意不要让多余的树脂进入分支管道。也可以从主管道中用 CIPP 法修复分支管道。

（9）验收

当每个施工段施工完成后，应进行管道内部扫描检查，并做相应的闭水或闭气试验。如果在树脂固化之前遭到地下水的渗入污染，将会影响管道修复的质量。这时，可能要用预衬层的方法来克服这一难题。用 CCTV 检查内衬管质量并录像，在工作段两端连接测压盲板，进行承压测试。用 CCTV 在三通支线处按记录的位置打孔，并全线拍摄存档。分段做完内衬后，可按常规的管道施工办法焊接各段管线，并做打压测试。

5.1.1.2 适用范围

① 翻转法（含水翻、气翻）适用于几何截面为圆形、方形、马蹄形等的管道，适用于钢筋混凝土管、水泥管、钢管以及各种塑料管的雨污排水管道；

② 适用于管径为 150～2200mm 的排水管道、检查井井壁和拱圈开裂的局部和整体修复；

③ 适用于管道结构性缺陷呈现为破裂、变形、错位、脱节、渗漏、腐蚀的管道，且接口错位宜小于等于直径的 15%，管道基础结构基本稳定、管道线形没有明显变化、管道壁体坚实不酥化；

④ 适用于对管道内壁局部砂眼、露石、剥落等病害的修补；

⑤ 适用于管道接口处在渗漏预兆期或临界状态时的预防性修理；

⑥ 适用于各种材质检查井损坏修理；

⑦ 不适用于管道基础断裂、管道破裂、管道脱节呈倒栽式状、管道接口严重错位、管道线形严重变形等结构性缺陷严重损坏的修理；

⑧ 不适用于严重沉降、与管道接口严重错位损坏的检查井。

5.1.2 拉入内衬法原位固化修复技术

与翻转内衬法相比，拉入内衬法流程较为简单，其修复过程如下：

① 材料准备（根据管道情况选择）；

② 管道清理（管道内部要清理干净，避免有杂物在拉入过程中对软管造成损伤）；

③ 软管拉入；

④ 压力作用下将浸渍有树脂的软管膨胀至待修复管道内壁，经过树脂固化后形成新的管道；

⑤ 检查修复后的管道。

（1）施工流程

在拉入式原位固化法施工过程中，内衬管在保护膜的保护下被拉入待修复管道。在管道就位后，可以采用压缩空气或压力水使管道膨胀，然后进行固化。在拉入软管之前应在旧管道内铺设垫膜，垫膜置于旧管道底部，并应覆盖大于 1/3 的管道周长，将垫膜固定在旧管道两端。

软管的拉入应遵循以下规定：

① 应平稳缓慢地将浸渍有树脂的软管沿管底的光滑垫膜拉入旧管道，拉入速度不得超过 5m/min；

② 软管拉入旧管道之后，宜对折放置在垫膜上；

③ 在拉入软管时，应避免软管被磨损或划伤；

④ 内衬管的拉伸率不得超过 2%；

⑤ 软管两端应分别比旧管道长 0.3～0.6m。

充气装置宜安装在软管入口端，所使用的空压机和蒸汽发生装置均应可控制且能够显示温度和压力。采用蒸汽加热引发树脂固化。采用热蒸汽固化时，应分别在旧管道起始点和终点端软管外表面上安装温度传感器，安装位置应至少距离旧管道端口内侧 0.3m。

充气前应仔细检查各连接处是否密封良好，软管末端宜安装调压阀，防止管内空气压力过高，空气压力应能使软管充分膨胀扩张，并紧贴旧管道内壁。

软管固化完成后，应进行冷却降压。拉入式 CIPP 法施工过程示意如图 5-4 所示。

（2）适用范围

拉入法用于非圆形管道和弯曲管道的修复，可修复的管径范围为 150～2000mm，一次

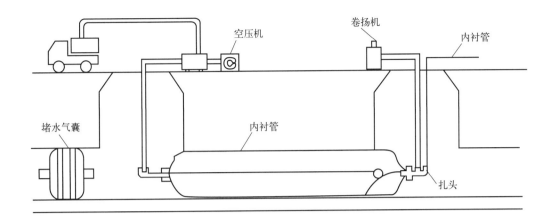

图 5-4 拉入式 CIPP 法施工过程示意图

修复最长可达 200m，可在一段管道内进行变径内衬施工。施工时间短，管道疏通冲洗后内衬管的固化速度平均可达到 1m/min，修复完成后的管道即可投入使用，极大缩短了管道封堵的时间。形成的内衬管强度高，壁厚小，与原有管道贴合紧密，加之内衬管表面光滑、没有接头、流动性好，极大地减小了原有管道的过流断面损失。用玻璃纤维增强材料修复管道的安全性和质量与用钢管进行修复的相当。玻璃纤维内衬材料固化后的初始弹性模量可达 12000MPa，而普通 PE 管的弹性模量为 800MPa，仅相当于玻璃纤维内衬材料的 1/15。修复用内衬管壁厚范围 3~12mm，修复后的管道使用年限最少可延长 50 年。

拉入法内衬修复工艺特点如下：

① 拉入法内衬修复工艺对待修复管道的长度无限制，可在施工过程中根据待修复管道实际长度来进行灵活裁切；

② 拉入法内衬修复工艺主要适用于管径在 150~2000mm 的管道；管道内径小于 150mm 时，则受管道内部空间限制，无法进行施工；管道内径大于 2000mm 时，会受到内衬材料设备生产能力限制；

③ 拉入法内衬修复工艺适用于多种类型的管道缺陷的修复，包括管道坍塌、变形、脱节、渗漏、腐蚀等，不适合带水作业。

5.1.3 原位热固化工艺特点

热固化法适用范围广，施工简单，辅助设施少，社会效益好，应用广泛，是目前世界上最为简便和经济的管道修复方法。其主要优点如下：

① 环保 开挖量极小，扰民程度明显较低。

② 工期短 修复管道施工速度快，周期短。

③ 断面形状适应广 几乎适用于任何断面形状的管道。只要断面尺寸测量准确，在固化过程中断面收缩不大。

④ 强度高 管道翻转内衬工艺的内衬材料厚度可达 5~100mm，内衬形成的管中管防腐、耐压效果好。

⑤ 流量大 内衬管光滑、连续，彻底改善了管道的表面情况，降低了管道的表面粗糙

度，流动阻力大为降低，水的流动状态明显改善，提高了管道的输送能力。

⑥ 费用少　内衬法的修建费用占重建费用的 $30\%\sim50\%$，寿命长，修复后使用寿命可达到 $30\sim60$ 年。

根据曼宁公式，管道流量与管径的 8/3 次方成正比，与曼宁粗糙度系数成反比，即

$$Q=\frac{kD^{8/3}}{n} \tag{5-1}$$

式中　Q——流量；

　　　　k——系数；

　　　　D——管径；

　　　　n——曼宁粗糙度系数。

以 DN400 的管道为例，衬层厚度 4mm 会使管径减小 1%。使用翻转内衬法修复后与旧管道相比曼宁粗糙度系数降低 33%，管道过流能力有所提高。

当然，这种方法也有缺点，其主要限制是湿软管不适合长期储藏、热固化施工需使用锅炉等，这些缺点限制了该技术的发展和大规模应用。

5.1.4　原位固化修复工艺质量控制

5.1.4.1　CIPP 修复工艺施工质量管理

CIPP 修复质量与内衬管树脂浸润作业、现场翻转作业、固化作业息息相关，CIPP 修复工艺施工质量管理如图 5-5 所示。

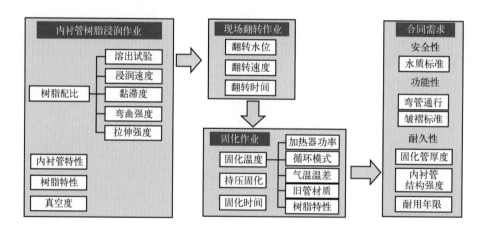

图 5-5　CIPP 修复工艺施工质量管理

5.1.4.2　管道 CIPP 修复工艺施工质量控制因子关联性

管道 CIPP 修复工艺中每一环节都会影响到最终固化修复的质量，其施工质量控制因子关联性如图 5-6 所示。

5.1.4.3　失效模式与效应分析（FMEA）

依据过去的实际工作经验以及难点，从设计概念阶段开始，即通过严密的分析作业程

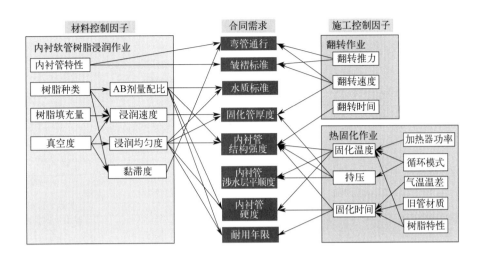

图 5-6　CIPP 修复工艺施工质量控制因子关联性

序，列出评估系统内可能发生失效的模式，以及可能造成的影响，使得设计、生产、组装、制造等作业程序的问题被提早发现并进行改善，使产品、制程系统达到最佳状态。

　　FMEA 机制的建立基于"事前的预防重于事后的追悔"。FMEA 机制流程如图 5-7 所示。

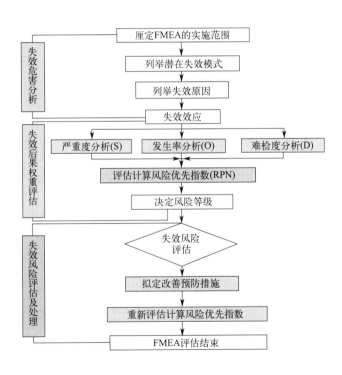

图 5-7　FMEA 机制流程

（1）失效危害分析

①厂内树脂浸润作业失效危害分析。厂内树脂浸润作业时出现的失效模式、失效原因及失效效应，如表5-2所列。

表5-2　厂内树脂浸润作业失效危害分析

作业工项	失效模式	失效原因	失效效应
厂内树脂浸润	内衬浸润困难	树脂与内衬管相容性不佳	影响后续各作业工程进度，并造成施工质量不良
		真空抽取度不足	
		内衬接合不良及表面破损	
	树脂提早硬化	树脂混合比例错误	工艺失败，造成巨大财务损失，并影响工程进度推展
		树脂混合搅拌不均匀	
		温度控管不当	
	内衬施作长度裁切错误	厂内人员测量错误	造成财务损失，并影响工程进度推展
		实地现场测量错误	
		CCTV检视长度判读错误	
	管末端密合止水处理不当	人员施作方式及程序错误	翻转中造成大量漏水，保压位能控制不易

②现场翻转作业失效危害分析。现场翻转作业的失效不仅会造成经济损失，还会耽误工程的进度。表5-3介绍了现场翻转作业的失效模式、失效原因以及失效效应。

表5-3　现场翻转作业失效危害分析

作业工项	失效模式	失效原因	失效效应
现场翻转	内衬无法顺利翻转推进	翻转位能设定不足	工艺失败，造成巨大财务损失，并影响工程进度推展
		翻转速度太快产生扭转	
		涉水层与无纺布剥离	
		树脂胶化作用黏度过高	
		树脂提早硬化	
	树脂提早硬化	树脂混合比例错误	工艺失败，造成巨大财务损失，并影响工程进度推展
		树脂混合搅拌不均匀	
		温度控管不当	
	内衬破裂	翻转位能过高	工艺失败，造成巨大财务损失，并影响工程进度推展
		内衬纤维应力不足	
		内衬接合黏着强度不足	
	翻转长度不足	厂内长度裁切错误	造成财务损失，并影响工程进度推展
		现场实际长度测量错误	

③内衬固化养护作业失效危害分析。内衬固化养护作业失效危害分析如表5-4所列。

表 5-4 内衬固化养护作业失效危害分析

作业工项	失效模式	失效原因	失效影响
内衬固化养护	无法进行加热循环	加热循环系统故障	影响后续各作业工程进度
		热水循环管与控制绳缠绕	
		高扬程自吸式马达故障	
	内衬破裂	保压位能过高	工艺失败,造成巨大财务损失,并影响工程进度推展
		内衬纤维应力不足	
		内衬接合黏着强度不足	
		加热温度控制不当	
	树脂反应不完全	树脂混合比例错误	工艺失败,造成巨大财务损失,影响施工质量及工程进度推展
		树脂混合搅拌不均匀	
		清管不当管内积水严重	
		加热温度控制不当	
	内衬无法紧贴既设管壁	内衬环状线膨胀系数不足	造成施工质量不良
		养护位能控制不当	
		内衬与既设管径不符	
		厂内内衬厚度调整不当	

（2）失效后果权重表

① 厂内树脂浸润失效后果权重表。厂内树脂浸润失效改善顺序按照风险优先指数（RPN）进行排序，后果权重表如表 5-5 所列。树脂与内衬管兼容性不佳、厂内人员测量错误、实地现场测量错误的 RPN 达到 480，真空抽取度不足、树脂混合搅拌不均匀的 RPN 达到 400，应对以上失效原因优先改善。

表 5-5 厂内树脂浸润失效后果权重表

作业工项	失效模式	失效原因	严重度 (S)	发生率 (O)	难检度 (D)	风险优先指数 (RPN)	改善顺序
厂内树脂浸润	内衬浸润困难	树脂与内衬管兼容性不佳	8	6	10	480	1
		真空抽取度不足	10	4	10	400	2
		内衬接合不良及表面破损	8	4	10	320	3
	树脂提早硬化	树脂混合比例错误	10	2	8	160	5
		树脂混合搅拌不均匀	10	4	10	400	2
		温度控管不当	8	4	2	64	6
	内衬施作长度裁切错误	厂内人员测量错误	10	8	6	480	1
		实地现场测量错误	10	8	6	480	1
		CCTV 检视长度判读错误	6	4	2	48	7
	管末端密合止水处理不当	人员施作方式及程序错误	6	4	8	192	4

② 现场翻转失效后果权重表。现场翻转失效后果权重表如表 5-6 所列，其中涉水层与无纺布剥离、树脂提早硬化、树脂混合搅拌不均匀、翻转位能过高、厂内长度裁切错误、现场实际长度测量错误等失效原因风险优先指数较高，应优先改善。

表 5-6　现场翻转失效后果权重表

作业工项	失效模式	失效原因	严重度 (S)	发生率 (O)	难检度 (D)	风险优先指数 (RPN)	改善顺序
现场翻转	内衬无法顺利翻转推进	翻转位能设定不足	10	4	2	80	8
		翻转速度太快产生扭转	10	4	8	320	4
		涉水层与无纺布剥离	10	4	10	400	3
		树脂胶化作用黏度过高	8	4	4	128	6
		树脂提早硬化	10	8	10	800	1
	树脂提早硬化	树脂混合比例错误	10	2	8	160	5
		树脂混合搅拌不均匀	10	4	10	400	3
		温度控管不当	8	4	2	64	9
	内衬破裂	翻转位能过高	10	6	8	480	2
		内衬纤维应力不足	8	2	6	96	7
		内衬接合黏着强度不足	6	2	8	96	7
	翻转长度不足	厂内长度裁切错误	10	8	6	480	2
		现场实际长度测量错误	10	8	6	480	2

③ 内衬固化养护失效后果权重表。内衬固化养护失效后果权重表如表 5-7 所列，由表可知，应优先改善保压位能过高、加热温度控制不当、树脂混合搅拌不均匀、养护位能控制不当的问题。

表 5-7　内衬固化养护失效后果权重表

作业工项	失效模式	失效原因	严重度 (S)	发生率 (O)	难检度 (D)	风险优先指数 (RPN)	改善顺序
内衬固化养护	无法进行加热循环	加热循环系统故障	6	4	4	96	6
		热水循环管与控制绳缠绕	6	4	6	144	5
		高扬程自吸式马达故障	6	2	4	48	7
	内衬破裂	保压位能过高	10	6	8	480	1
		内衬纤维应力不足	8	2	6	96	6
		内衬接合黏着强度不足	6	2	8	96	6
		加热温度控制不当	10	8	6	480	1
	树脂反应不完全	树脂混合比例错误	10	2	8	160	4
		树脂混合搅拌不均匀	10	4	10	400	2

作业工项	失效模式	失效原因	严重度 (S)	发生率 (O)	难检度 (D)	风险优 先指数 (RPN)	改善 顺序
内衬固化 养护	树脂反应 不完全	清管不当管内积水严重	10	8	4	320	3
		加热温度控制不当	10	8	6	480	1
	内衬无法 紧贴既 设管壁	内衬环状线膨胀系数不足	8	2	6	96	6
		养护位能控制不当	10	6	8	480	1
		内衬与既设管径不符	8	2	2	32	8
		厂内内衬厚度调整不当	6	2	2	24	9

（3）失效风险评估与处置

严重度（S）分类评估基准如表 5-8 所列。

表 5-8　严重度（S）分类评估基准

效应	评点基准	评点
非常高的严重度等级	无法施工或施工失败,造成财务损失并影响工程进度,业主对于工法采用的可靠度低	10
很高的严重度等级	极有可能产生失败或者造成质量不良,且无法符合施工规范的要求,造成财务损失并影响工程进度	8
中度的严重度等级	虽然不影响工程进度,其施工作业程序中仍需严谨控管,以免产生施工质量不良的情况	6
低度的严重度等级	工程进度及施工质量受其影响程度不高,但仍需加以控管	4
轻微的严重度等级	不影响工程进度及施工质量,可顺利进行	2

发生率（O）分类评估基准如表 5-9 所列。

表 5-9　发生率（O）分类评估基准

发生概率	评点基准	概率	评点
非常高	具有高度的发生概率	＞0.2	10
高度	具有中度的发生概率	0.1～0.2	8
中度	有时会发生	0.01～0.1	6
低度	少有可能会发生	0.001～0.01	4
机会微小	几乎不可能发生	＜0.0001	2

难检度（D）分类评估基准如表 5-10 所列。

表 5-10　难检度（D）分类评估基准

检测能力	评点基准	评点
几乎无法检测出来	现行管制措施无法发现此种潜在肇因,或根本无任何管制措施	10
机会微小	现行管制措施可以发现此种潜在肇因,但其所可能产生的失效模式发生率微小	8

检测能力	评点基准	评点
非常低的机会	现行管制措施可以发现此种潜在肇因,其所可能产生的失效模式发生率非常低	6
中高度的机会	现行管制措施有中至高度可能发现此潜在肇因及其有可能产生失效模式	4
几乎可以检测出来	现行管制措施几乎可以发现此种潜在肇因及可能产生失效模式	2

① 厂内树脂浸润失效风险评估与处置。针对厂内树脂浸润失效原因，提出改善对策，通过采取改善措施，降低风险优先指数。厂内树脂浸润失效风险评估与处置如表 5-11 所列。

表 5-11　厂内树脂浸润失效风险评估与处置

作业工项	失效模式	失效原因	建议改善对策	改善措施结果				
				已采取的措施	严重度(S)	发生率(O)	难检度(D)	风险优先指数(RPN)
厂内树脂浸润	内衬浸润困难	树脂与内衬管兼容性不佳	树脂配方修正并测试	完成测试	6	4	6	144
		真空抽取度不足	安装监测记录器	完成安装	6	1	2	12
		内衬接合不良及表面破损	制程品管改善	制表管制	6	4	8	192
	树脂提早硬化	树脂混合比例错误	建立管制记录表	制表管制	6	2	8	96
		树脂混合搅拌不均匀	采用静态监控记录混合器	建构完成	6	2	6	72
		温度控管不当	装设温度显示器建立记录表	确实执行	4	2	2	16
	内衬施作长度裁切错误	厂内人员测量错误	内衬展示记录表	制表管制	4	2	4	32
		实地现场测量错误	内衬展示记录表	制表管制	4	2	4	32
		CCTV检视长度判读错误	内衬展示记录表	制表管制	4	2	2	16
	管末端密合止水处理不当	人员施作方式及程序错误	依据SOP(标准作业程序)手册实施教育培训	确实执行	6	4	6	144

② 现场翻转失效风险评估与处置。针对现场翻转失效原因，提出改善对策，通过采取改善措施，降低风险优先指数。现场翻转失效风险评估与处置如表 5-12 所列。

表 5-12　现场翻转失效风险评估与处置

作业工项	失效模式	失效原因	建议改善对策	改善措施结果				
				已采取的措施	严重度(S)	发生率(O)	难检度(D)	风险优先指数(RPN)
现场翻转	内衬无法顺利翻转推进	翻转位能设定不足	安装水位监控计监测记录器	安装完成	6	2	2	24
		翻转速度太快产生扭转	建立翻转监控记录表	确实执行	6	4	6	144
		涉水层与无纺布剥离	制程品管改善	制表管制	8	4	8	256
		树脂胶化作用黏度过高	建立树脂反应变化记录表	建立完成	6	2	4	48
		树脂提早硬化	建立树脂检验及测试记录表	建立完成	8	4	6	192
	树脂提早硬化	树脂混合比例错误	建立管制记录表	建立完成	6	2	8	96
		树脂混合搅拌不均匀	采用静态监控记录混合器	建构执行	6	2	6	72
		温度控管不当	装设温度显示器并记录	装设完成	4	2	2	16
	内衬破裂	翻转位能过高	安装水位监控计监测记录器	安装完成	6	2	2	24
		内衬纤维应力不足	制程品管改善	制表管制	6	2	4	48
		内衬接合黏着强度不足	制程品管改善	制表管制	6	2	6	72
	翻转长度不足	厂内长度裁切错误	内衬展示记录表	制表管制	6	2	2	24
		现场实际长度测量错误	内衬展示记录表	制表管制	6	2	2	24

③ 内衬固化养护失效风险评估与处置。针对内衬固化养护失效原因，提出改善对策，通过采取改善措施，降低风险优先指数。内衬固化养护失效风险评估与处置如表 5-13

所列。

表 5-13　内衬固化养护失效风险评估与处置

作业工项	失效模式	失效原因	建议改善对策	改善措施结果				
				已采取的措施	严重度(S)	发生率(O)	难检度(D)	风险优先指数(RPN)
内衬固化养护	无法进行加热循环	加热循环系统故障	建立设备维护保养记录表	建立完成	4	2	2	16
		热水循环管与控制绳缠绕	依据SOP手册实施教育培训	确实执行	6	2	6	72
		高扬程自吸式马达故障	建立设备维护保养记录表	建立完成	4	2	2	16
	内衬破裂	保压位能过高	安装水位监控计监测记录器	安装完成	6	2	2	24
		内衬纤维应力不足	制程品管改善	制表管制	6	2	4	48
		内衬接合黏着强度不足	制程品管改善	制表管制	6	2	6	72
		加热温度控制不当	安装养护温度记录器	安装完成	4	2	2	16
	树脂反应不完全	树脂混合比例错误	建立管制记录表	建立完成	6	2	8	96
		树脂混合搅拌不均匀	采用静态监控记录混合器	确实执行	6	2	6	72
		清管不当管内积水严重	慎选清洗设备并进行CCTV检视	确实执行	6	4	2	56
		加热温度控制不当	装设养护温度记录器	装设完成	4	2	2	16
	内衬无法紧贴既设管壁	内衬环状线膨胀系数不足	制程品管改善	确实执行	6	2	4	48
		养护位能控制不当	安装水位监控计监测记录器	安装完成	6	2	2	24
		内衬与既设管径不符	建立出厂证明及现场检核确认表	建立完成	6	2	2	24
		厂内内衬厚度调整不当	安装油压控制系统	安装完成	4	2	2	16

5.2 原位固化施工设备

5.2.1 主要施工设备

用原位固化法（CIPP）进行现场固化内衬修复施工时有些是常规设备，有些是专用设备，应根据施工现场的情况需要进行必要的调整和配套，主要施工设备见表5-14。

表5-14 原位固化法（CIPP）主要施工设备

序号	机械或设备名称	数量	主要用途
1	吊车	1台	设备吊运，大管径软管吊装
2	冷藏车	1辆	浸润软管储运
3	运输车	1辆	机械设备人员运输
4	堵水气囊	1套	临时堵水
5	高压清洗汽车	1辆	管道清洗
6	CCTV检测设备	1套	管道检测
7	翻转设备	1套	软管翻转
8	全自动热水锅炉	1台	加热固化
9	专用搅拌器	1台	树脂加工
10	真空泵	1台	树脂灌注
11	气动隔膜泵	1台	树脂灌注
12	四合一气体检测仪	1台	毒气检测
13	碾胶设备	1套	软管加工
14	轴流风机	2台	管道通风
15	发电机	1台	供电、照明
16	空压机	1台	辅助
17	电动卷扬机	1台	垂直运输
18	水泵	1台	降水、调水
19	温控仪	2台	温度检测
20	无线通信设备	2台	通话
21	气动切割锯	1台	端头处理

对于设备的要求主要有以下几点：

① 抽真空、搅拌、传送、碾压等是浸渍过程中的关键步骤，采用的设备一般包括真空泵、专用搅拌器、滚轴输送机、碾胶机等，其性能完好与否决定了树脂浸润软管的质量，故以上设备的型号、性能等应在施工组织设计中予以明确；

② 利用搅拌设备搅拌树脂时，必须控制其搅拌速度，不应过缓或过快，确保树脂搅拌均匀，防止空气在搅拌过程中进入树脂，影响固化管质量；

③ 树脂碾压设备，应确保碾压材料厚度均一、无褶皱；

④ 称量热固性树脂、固化剂等时，计量设备应按计量法的相关标准，热固性树脂、固化剂计量设备必须干净、精确、完好；

⑤ 树脂浸渍软管固化过程中所需的热水由现场锅炉设备提供，因此应根据修复管道的容积，选择容量合理的锅炉，要求热水锅炉容量与所需加热的水量相匹配，使其供热量能够满足水温的上升速率。

翻转固化工艺一般采用热水或热蒸汽进行软管固化。固化过程中应对温度、压力进行实时监测。热水宜从标高较低的端口通入，以排出管道里面的空气；蒸汽宜从标高较高的端口通入，以便在标高较低的端口处处理冷凝水。树脂固化分为初始固化和后续硬化两个阶段。

当软管内水或蒸汽的温度升高时，树脂开始固化，当暴露在外面的内衬管变得坚硬，且起点、终点的温度感应器显示温度在同一量级时，初始固化终止。之后均匀升高内衬管内水或蒸汽的温度，直到达到后续硬化温度，并保持该温度一定时间。其固化温度和时间应咨询软管生产商。树脂固化时间取决于工作段的长度、管道直径、地下情况、使用的蒸汽锅炉功率以及空气压缩机的气量等。其中锅炉作为固化工艺流程中最为重要的设备，类型繁多，要按照工程实际进行选型。

5.2.2 热水固化设备

热水固化法是 CIPP 法中最常见的方法。施工过程中对固化工艺进行记录并对固化水温进行连续的记录和调节，以确保对内衬涂层的正确固化。也可以控制内衬的冷却过程，尽可能减小拉伸应力的产生。热水固化法使得长距离、大直径管道的修复成为可能，采用热水固化法应满足下列要求：

① 热水的温度应均匀地升高，使其缓慢达到树脂固化所需的温度；

② 在热水供应装置上应安装温度测量仪，监测水流入和流出时的温度；

③ 应在修复段起点和终点的浸渍树脂软管与旧管道之间安装温度感应器以监测管壁温度变化，温度感应器应安装在至少距离旧管道端口里侧 0.3m 处；

④ 可通过温度感应器监测得到的树脂放热曲线，判定树脂固化的状况。

固化加热主要由热水锅炉提供能量，应为 D 级无压锅炉，出水温度≤95℃，且应满足 TSG 11—2020 中的相关规定。

① 汽水两用锅炉，$p \leq 0.04 \mathrm{MPa}$，且 $D \leq 0.5 \mathrm{t/h}$（D 为额定蒸发量）；

② 仅用自来水加压的热水锅炉，且 $t \leq 95℃$；

③ 气相或者液相有机热载体锅炉，$Q \leq 0.1 \mathrm{MW}$。

热水锅炉是把燃料中的化学能，经过燃烧放出热量，并传递给水，从而使低温水变成高温水的设备。《特种设备安全监察条例》中所定义的锅炉是指利用各种燃料、电能或者其他能源，将所盛装的液体加热到一定的参数，并对外输出热能的设备。其范围规定为容积≥30L 的承压蒸汽锅炉，出口水压≥0.1MPa（表压），且额定功率≥0.1MW 的承压热水锅炉，有机热载体锅炉。热水锅炉具有热效率高、危险性小、结构简单、制造容易、蓄热量大、运行稳定等诸多优点，在生产、生活中得到广泛应用。

热水锅炉由燃油系统、烟风系统和水（汽）系统三个系统组成。图 5-8 为车载式热水锅炉示意图（书后另见彩图）。

热水锅炉的分类方法目前尚无统一规定，大体有以下几种：

图 5-8 车载式热水锅炉示意
（图片来源：山东国信工业科技股份有限公司）

① 按出水温度分类，可分为低温热水锅炉（出水温度<120℃）和高温热水锅炉（出水温度≥120℃）；

② 按工作原理分类，可分为自然循环和强制循环（直流式）；

③ 按燃料种类分类，可分为燃煤锅炉、燃油锅炉和燃气锅炉；

④ 按锅炉结构分类，可分为锅壳式锅炉（旧称火管锅炉，锅炉具有较大直径的锅壳，且把主要受热面包在其中）和水管锅炉（锅炉主要由几个直径较小的锅筒或集箱和受热面管子组成）；

⑤ 按安装方法分类，可分为整装锅炉（锅炉整装出厂）、组装锅炉（锅炉分为几大部件出厂现场拼装）和散装锅炉。

这里对自然循环热水锅炉、汽水两用锅炉和强制循环热水锅炉进行介绍。

（1）自然循环热水锅炉

自然循环热水锅炉的循环回路如图 5-9 所示，由锅筒、下降管、下集箱和上升管组成。系统中的回水送入上锅筒，热水也从上锅筒送入系统至热用户，加热使用至温度下降变成回水。温度较低的回水通过上锅筒和不受热的下降管流入下集箱后，再流向上升管。上升管是加热炉的受热面，它吸收烟气放出的热量，将管内的水加热升温。由于水在上升管内的平均温度比下降管内的高，于是下降管内的水和上升管内的水产生温度差，从而产生重度差（下降管内水的重度大于上升管内水的重度）。在这个重度差的作用下，温度较低的水沿下降管向下流动，而温度较高的水沿上升管向上流动，这样连续不断地流动，就形成了自然循环。由于整个锅炉都充满了水，所以在运行时，要求在系统中设置膨胀水箱来容纳锅炉和系统中因水受热膨胀而产生的水量，同时对锅炉和系统也起到了稳压的作用。

由于上升管与下降管内水的重度差较小，产生循环流动的运动压头较小，设计不当时容易出现循环故障，造成自然循环

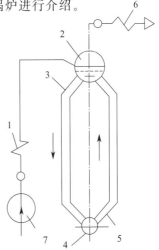

图 5-9 自然循环热水锅炉循环回路
1—省煤器；2—锅筒；
3—下降管；4—下集箱；
5—水冷壁；6—过热器；
7—给水泵

热水锅炉的损坏。因此，应增大下降管流通截面积，尽量减少水在下降管内的阻力损失，以保证水循环的安全可靠。自然循环热水锅炉本身的水容量大，适应突然停电的能力强。

（2）汽水两用锅炉

此类型锅炉是同时生产高温水和蒸汽的两用锅炉，是锅筒具有一定蒸汽容积（利用锅筒定压）的自然循环锅炉，其结构与蒸汽锅炉类似。高温水系统的回水从上锅筒引入，根据自然循环工作原理，冷水沿下降管下降并从上升管上升，水在上升过程中吸收热量，将由系统进入锅炉的回水加热到锅炉工作压力下的饱和温度，并有部分水汽化，在锅筒上部形成一定的汽空间，热水和蒸汽均从上锅筒引出。锅筒上部的汽空间用来容纳被加热面加热膨胀后的水量，同时对系统起着恒压作用，防止系统中的过热水因降压而汽化，保证系统运行安全。

汽水两用锅炉主要特点：

① 供能可靠，故障率小，运行费用低；

② 不锈钢制造，美观、耐用，且水容积较大；

③ 一机两用，占地面积小。

汽水两用锅炉减少了系统的定压装置，不必担心锅水汽化，同时锅水对锅炉的氧腐蚀也大大减轻。但此类型锅炉要求用热负荷稳定，气压、水位的频繁变化会给锅炉的运行带来困难。

（3）强制循环热水锅炉

强制循环热水锅炉一般为无锅筒直流式锅炉。水循环回路由炉内的受热面上升管、下降管及上、下集箱组成集管式结构。系统中的回水经循环泵送入锅炉底部，通过炉管吸热升温，直接由锅炉顶部送入系统至热用户加热使用至温度下降。由于直流式热水锅炉是通过循环水泵产生的压头来实现锅炉水循环的，因而受热面的布置形式比较自由，锅炉结构紧凑，体积小，节省钢材，造价较低。

强制循环热水锅炉属管架式结构，还具有升火快及热效率高等优点，与我国工业的发展相适应，但强制循环热水锅炉需要解决以下几个关键性的问题：

① 锅炉水循环流程的合理性；

② 锅炉水流速的选择；

③ 锅炉的停电保护问题。

如图 5-10 所示，整个锅炉由 4 根垂直大直径钢管以及上、下集箱组成的框架支撑。回水由循环泵经进口集箱送入锅炉的对流受热面管件，再由上集箱通过角管及下集箱送至炉膛四周的水冷壁，加热至所需温度后，经出口集箱向外输出。

5.2.3 蒸汽固化设备

20 世纪 90 年代初，蒸汽固化法开始在内衬法施工中被采用。它的主要优点是固化速度快，可应用于高差 <200ft(60m) 的大斜度污水管道修复。但是这种方法有以下缺点：a. 难以控制蒸汽的供应，从而导致内衬管过热；b. 冷却速度快，增加了内衬层的内应力；c. 很难确定内衬层是否完全固化，同时也难以保证不规则管道部位及有地下水侵入管段的完全固化；d. 当管道坡度有限或者存在不规则结构时，可能会由于蒸汽的液化积水导致固化不充分。

采用热蒸汽固化应满足下列要求：

① D 级无压锅炉，$p{\leqslant}0.8MPa$，且 $30L{\leqslant}V{\leqslant}50L$，出水温度${\leqslant}95℃$，且应满足 TSG 11—2020 中的相关规定；

② 应使热蒸汽缓慢升温并达到使树脂固化所需的温度，固化所需的温度和时间应咨询

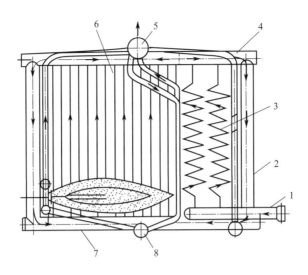

图 5-10　管架式热水锅炉工作原理

1—进口集箱；2—角管；3—对流管；4—上集箱；5—出口集箱；6—水冷壁；7—下集箱；8—分配集箱

树脂材料生产商；

③ 蒸汽发生装置应具有合适的监控器以精确测量蒸汽的温度，应对内衬管固化过程中的温度进行测量和监控。

可通过温度感应器监测的树脂放热曲线判定树脂固化的状况。本书主要对固化加热用蒸汽锅炉的种类与选型进行说明。蒸汽锅炉按照燃料可以分为电蒸汽锅炉、燃油蒸汽锅炉、燃气蒸汽锅炉等。

（1）电蒸汽锅炉

电蒸汽锅炉是一种以电力为能源，将电能转化成热能，通过锅炉的换热部位把热媒水或有机热载体（导热油）加热到一定参数（温度、压力）并向外输出具有额定工质的热能机械设备。电锅炉按照用途可分为 KS-D 电开水锅炉、CLDR（CWDR）电热水锅炉（包括电采暖锅炉和电洗浴锅炉）、LDR（WDR）电蒸汽锅炉等。

电蒸汽锅炉包括外壳、电机、水位监测仪等部件。内部设有进水口和出水口，电机的底部活动连接有转轴，转轴的内部开设有限位槽，限位槽的内部活动连接有电动杆，电动杆的外侧固定安装有刮板。外壳的内部固定安装有密封箱，密封箱的内部活动连接有挤压板，挤压板的外侧固定连接有挤压杆，外壳的内部活动安装有挡板，挡板的内部固定安装有滤网，密封箱的内部填充有盐酸与缓冲剂混合物，如图 5-11 所示。

电蒸汽锅炉采用全自动智能化控制技术，无需专人值守。工作方式灵活，可设置为手动或自动模式。可按照需要设定锅炉自动运行时间段，一天可设多个不同的工作时段，使锅炉自动分时，启动各加热组，加热组循环投切，使各接触器使用时间、频率相同，延长设备使用寿命。控制器对压力自动控制、演算、追踪，可在负荷变化时对给水泵、电加热管进行自动启停控制，也可手动控制。具备齐全的多项保护功能，包括漏电保护、缺水保护、接地保护、蒸汽超压保护、过流保护、电源保护等。电蒸汽锅炉具有安全性、方便性、合理性、可靠性等优点。

电蒸汽锅炉在使用时应注意电源电压不能超出额定电压的±5%，必须安装接地线，施

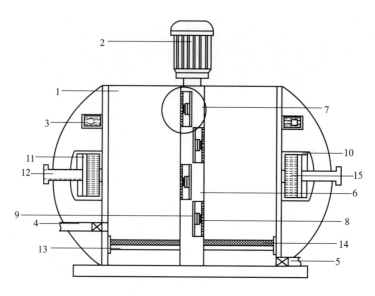

图 5-11　电蒸汽锅炉内部结构

1—外壳；2—电机；3—水位监测仪；4—进水口；5—出水口；6—转轴；7—限位槽；8—电动杆；
9—刮板；10—密封箱；11—挤压板；12—挤压杆；13—挡板；14—滤网；15—盐酸与缓冲剂混合物

工时强弱电必须分开走线，如水位传感器、压力传感器等弱电线路和控制器的强电控制输出线路应分开走。现场安装时，不应穿在同一 PVC 管道中，如平行排布时应保持 200mm 以上的间隔。

（2）燃油（气）蒸汽锅炉

燃油（气）蒸汽锅炉指以柴油或天然气为燃料的蒸汽锅炉，分为立式燃油（气）蒸汽锅炉和卧式燃油（气）蒸汽锅炉。

立式燃油（气）蒸汽锅炉采用燃烧机下置的方式，两回程结构，燃料燃烧充分，锅炉运行稳定而且占用空间少，同时烟管内插有阻流片，可减缓排烟速度，增加换热量，提高锅炉热效率，降低使用费用。采用燃烧器下置式燃烧方式，燃料在炉胆内燃烧，高温烟气在炉胆内进行辐射换热，再进入烟火管对流换热，最后经上烟箱排出。

卧式燃油（气）蒸汽锅炉为锅壳式全湿背顺流三回程烟火管结构，火焰在大燃烧室内微正压燃烧，完全伸展，燃烧热负荷低，燃烧热效率高，有效地降低了排烟温度，节能降耗，使用更经济，采用波形炉胆和螺纹烟管结构。配置蒸汽锅炉专用电脑控制器，可将控制器的运行状态以及采集到的压力、水位等状态准确直观地显示出来。具有锅炉水位智能控制、蒸汽压力控制、极限低水位报警和联锁保护、高水位报警提示、蒸汽压力超高报警和联锁保护等自动控制功能。可设置连续、定时两种状态，定时可分 4 个时间段，锅炉定时开机、定时关机，无需专职司炉工，通常操作只需按"启动"键开机、按"停止"键停机即可。燃烧器全自动程序化控制，风机自动吹扫，电子自动点火，油气自动燃烧，风油（气）自动比例调节，雾化效果好，燃烧充分，氮氧化物排放低，节能环保。在正常情况下，锅炉蒸汽压力达到设定值时燃烧器自动停止燃烧，当蒸汽压力低于设定值时燃烧器自动开始工作。当发生燃料、进风异常等现象时，故障灯亮，程控装置会立刻停止输出燃料，燃烧机自动停机。

5.2.4 设备选型及注意事项

国家标准《工业锅炉能效限定值及能效等级》(GB 24500—2020)中对以煤、天然气、油、生物质为燃料或以电为热源,以水或有机热载体为介质的固定式锅炉的能效等级、技术要求及试验方法进行了规定:

① 额定蒸汽压力≥0.1MPa 且<3.8MPa 的蒸汽锅炉;
② 额定出水压力≥0.1MPa 且额定功率≥0.1MW 的热水锅炉;
③ 额定介质出口压力≥0.1MPa 的有机热载体锅炉。

5.2.4.1 设备选型

(1) 锅炉参数

① 热水锅炉参数。高温热水供水阀出口处的额定热功率、压力(表压力)、热水温度及回水阀进口处的水温度。

常压热水锅炉是以水为介质、表压力为零的固定式锅炉。锅炉本体开孔与大气相通,以保证在任何情况下,锅筒水位线处表压力始终保持为零。常压热水锅炉参数是指热水供水阀出口处的额定热功率、热水温度及回水阀进口处的水温度。

按照国家标准《热水锅炉参数系列》(GB/T 3166—2004),热水锅炉参数应符合表 5-15 的规定。

表 5-15 热水锅炉额定参数系列

额定热功率/MW	额定出水压力(表压力)/MPa											
	0.4	0.7	1.0	1.25	0.7	1.0	1.25	1.0	1.25	1.25	1.6	2.5
	额定出水温度/进水温度/℃											
	95/70				115/70			130/70		150/90		180/110
0.05	√											
0.1	√											
0.2	√											
0.35	√	√										
0.5	√	√										
0.7	√	√	√	√	√							
1.05	√	√	√	√	√							
1.4	√	√	√	√	√							
2.1	√	√	√	√	√							
2.8	√	√	√	√	√	√	√	√	√	√		
4.2		√	√	√	√	√	√	√	√	√		
5.6		√	√	√	√	√	√	√	√	√		
7.0		√	√	√	√	√	√	√	√	√		
8.4				√		√	√	√	√	√		
10.5				√		√	√	√	√	√		

额定热功率/MW	额定出水压力(表压力)/MPa											
	0.4	0.7	1.0	1.25	0.7	1.0	1.25	1.0	1.25	1.25	1.6	2.5
	额定出水温度/进水温度/℃											
	95/70				115/70			130/70		150/90		180/110
14.0				√		√	√	√	√	√	√	
17.5						√	√	√	√	√	√	
29.0						√	√	√	√	√	√	√
46.0						√	√	√	√	√	√	√
58.0						√	√	√	√	√	√	√
116.0										√	√	√
174.0											√	√

② 蒸汽锅炉参数系列。饱和蒸汽锅炉的参数是指上锅筒主蒸汽阀出口处的额定饱和蒸汽流量、饱和蒸汽压力（表压力）。生产过热蒸汽锅炉的参数是指过热器出口集箱主蒸汽阀出口处的额定蒸汽流量、蒸汽压力（表压力）和过热蒸汽温度。蒸汽锅炉设计时的给水温度分为 20℃、60℃、105℃，由制造厂在设计时结合具体情况确定。锅炉给水温度是指进入省煤器的给水温度，对于无省煤器的锅炉是指进入锅筒的给水温度。

（2）锅炉容量

① 蒸汽锅炉的容量表示方法。蒸汽锅炉每小时生产的额定蒸汽量称为蒸发量，用符号 D 表示，单位是 t/h。用额定蒸发量表征蒸汽锅炉容量的大小，即在设计参数和保证一定效率下锅炉的最大连续蒸发量，也称锅炉的额定出力或铭牌蒸发量。工业锅炉的蒸发量一般为 $0.1 \sim 65 t/h$。

② 热水锅炉的容量表示方法。热水锅炉在额定压力、规定温度（出口水温度与进口水温度）和规定的热效率指标条件下，每小时连续最大的产热量。锅炉铭牌上所标热功率即为额定热功率，可用额定热功率来表征热水锅炉容量的大小，常以符号 Q 来表示，单位是 MW。

③ 热功率（供热量）与蒸发量之间的关系

对于蒸汽锅炉：

$$Q = 0.000278D(i_q - i_{gs}) \tag{5-2}$$

式中　D——锅炉的蒸发量，t/h；

　i_q、i_{gs}——蒸汽和给水的焓，kJ/kg。

对于热水锅炉：

$$Q = 0.000278G(i_{rs}'' - i_{rs}') \tag{5-3}$$

式中　G——热水锅炉每小时送出的水量，t/h；

　i_{rs}''、i_{rs}'——锅炉进、出热水的焓，kJ/kg。

（3）锅炉的主要经济技术指标

锅炉的技术经济指标，主要包括锅炉的热效率、钢耗率及可靠指标。这些指标能集中地体现一台锅炉的经济性和安全性。

① 热效率。在锅炉正常运行时，单位时间内输入锅炉的热量被有效利用的百分数，叫作锅炉的热效率，可用下式表示：

$$热效率 = \frac{热水输出的有效热量}{输入锅炉的总热量} \times 100\% \tag{5-4}$$

② 可靠性指标。一般用锅炉一次投运所能维持安全连续运转的时间（h）表示在用锅炉的安全可靠性。也可用可靠率表示，即在统计时间内，锅炉总运行时数（h）及总备用时数（h）之和与该期间总时数（h）的百分数，即：

$$可靠率 = \frac{总运行时数 + 总备用时数}{统计时间总时数} \times 100\% \tag{5-5}$$

（4）锅炉加热量

热的传递是由物体内部或物体之间的温度不同而引起的。根据热力学第二定律，热量总是自动地从温度较高的物体传到温度较低的物体，只有在消耗机械功的条件下才有可能由低温物体向高温物体传热。传热的基本方式有热传导、对流和辐射三种。

① 热传导（傅里叶定律）。热量从物体内温度较高的部分传递到温度较低的部分或者传递到与之接触的温度较低的另一物体的过程称为热传导，简称导热。这一过程中，物体各部分之间不发生宏观上的相对位移。

温度相同的点所组成的面称为等温面。因为空间任一点不能同时有两个不同的温度，所以温度不同的等温面彼此不会相交。沿着等温面温度不发生变化，故也没有热量传递，而沿与等温面相交的任何方向移动，温度都有会变化，因而也会有从高温到低温的热量传递。温度随距离的变化率以沿等温面的法线方向为最大。两等温面的温度差 ΔT 与其间的法向距离 Δn 之比称为温度梯度，某点的温度梯度为 Δn 趋近于零时的极限值，即：

$$\lim_{\Delta n \to 0} \frac{\Delta T}{\Delta n} = \frac{\partial T}{\partial n} \tag{5-6}$$

导热的宏观规律可用傅里叶定律描述，即导热通量 q 与温度梯度 $\partial T/\partial n$ 成正比，见式(5-7)。

$$q = -\lambda \frac{\partial T}{\partial n} \tag{5-7}$$

式中　λ——比例系数，即热导率，$W/(m \cdot K)$ 或 $W/(m \cdot \text{℃})$。

② 对流（牛顿冷却定律）。当流体被加热或冷却时，一般用另一种流体来供给或取走热量，该流体被称为载热体。其中用于加热的称为加热剂，常用的有水蒸气、烟道气等；用于移除热量的称为冷却剂，常用的有冷却水、空气。

给热速率与许多因素有关。例如，影响膜厚的有流体的速度、黏度、密度及壁面的几何特性（以上可组合成雷诺数），影响膜内传热性能的有热导率等热物性参数。通常是应用牛顿冷却定律——热通量 q 与导热面-流体间的温差（$T_w - T$）成正比，而得到较简单的牛顿冷却定律形式，见式(5-8)。

$$q = \alpha(T_w - T) \tag{5-8}$$

式中　α——传热系数，$W/(m^2 \cdot K)$ 或 $W/(m^2 \cdot \text{℃})$。

③ 辐射（斯蒂芬-波尔兹曼定律）。自然界中所有物体（其热力学温度高于零度）除透热体外，都会不停地向四周发出辐射能，同时，又不断地吸收来自外界物体的辐射能。辐射和吸收两个过程的综合结果，造成物体之间的能量传递，称为辐射传热。当物体与周围的温度

相同时，辐射传热量虽为零，但辐射与吸收过程仍在不断进行。

能全部吸收辐射能的、吸收率为1的物体称为绝对黑体，简称黑体。自然界中并不存在绝对黑体，但有些物体接近于黑体。如没有光泽的黑漆表面，其吸收率范围为0.96～0.98。黑体在一定温度下，单位表面积、单位时间内所发射的全部辐射能（从$\lambda=0$到$\lambda=\infty$），称为黑体在该温度下的发射能力，以E_0表示，单位为W/m^2，见式（5-9）。

$$E_0 = \sigma_0 T^4 = C_0 \left(\frac{T}{100}\right)^4 \tag{5-9}$$

式中　σ_0——黑体的发射常数或斯蒂芬-波尔兹曼常数，$W/(m^2 \cdot K^4)$，其值为$5.669 \times 10^{-8} W/(m^2 \cdot K^4)$；

　　　C_0——黑体发射常数，$W/(m^2 \cdot K^4)$，$C_0 = \sigma_0 \times 10^8 = 5.669 W/(m^2 \cdot K^4)$。

斯蒂芬-波尔兹曼定律表明绝对黑体的发射能力与热力学温度的4次方成正比。

（5）热损失

考虑热损失量，主要有两种计算公式，见式（5-10）和式（5-11）。

① 在物体内部流失的热量

$$\text{热损失} = \text{热通量} \times \text{热阻抗} \tag{5-10}$$

热通量表示热量流动到其余物体或环境的速度；热阻抗表示热量在物体表面反射或传播的速度。

② 失水造成的热量损失

$$Q = mc\Delta T \tag{5-11}$$

式中　Q——损失热量，J；

　　　m——失水质量，kg；

　　　c——水的比热容，$J/(kg \cdot ℃)$；

　　　ΔT——温度变化，℃。

（6）锅炉经济性

比较原则：衡量锅炉总的经济性，不仅要求热效率高，而且要求金属耗率低，电耗率低。但这三者之间是互相制约的，如要想提高锅炉热效率，则要增加受热面，金属耗率随之增加；如要想提高煤粉炉的热效率，则要求煤粉要细，燃烧要完全，但这样一来，金属耗率和电耗率均要增加。因此，为了提高锅炉运行的经济性，应综合考虑热效率、金属耗率及电耗率三个方面的因素，取三者最佳组合值。

5.2.4.2　安全注意事项

① 锅炉的出厂。锅炉出厂时应当附有"安全技术规范要求的设计文件、产品质量合格证明、安全及使用维修说明、监督检验证明（安全性能监督检验证书）"。

② 锅炉的安装、维修、改造。从事锅炉的安装、维修、改造的单位应当取得省级质量技术监督局颁发的"特种设备安装维修资格证书"，方可从事锅炉的安装、维修、改造。施工单位在施工前将拟进行安装、维修、改造的情况书面告知该地区的特种设备安全监督管理部门，并将开工通知告知送当地县级质量技术监督局备案，告知后即可施工。

③ 锅炉安装、维修、改造的验收。施工完毕后施工单位要向当地质量技术监督局特种设备检验所申报锅炉的水压试验和安装监检，合格后由当地质量技术监督局、特种设备检验

所、县级质量技术监督局参与整体验收。

④ 锅炉的注册登记。锅炉验收后，使用单位必须按照《特种设备注册登记与使用管理规则》的规定，填写《锅炉（普查）注册登记表》，到质量技术监督局注册并申领"特种设备安全使用登记证"。

⑤ 锅炉的运行。锅炉运行必须由经培训合格并取得"特种设备作业人员证"的持证人员操作，使用中必须严格遵守操作规程和八项制度、六项记录。

⑥ 锅炉的检验。锅炉每年进行一次定期检验，未经安全定期检验的锅炉不得使用。锅炉的安全附件安全阀每年定期检验一次，压力表每半年定期检验一次，未经定期检验的安全附件不得使用。

⑦ 锅炉的安装。严禁将常压锅炉安装为承压锅炉使用，严禁使用水位计、安全阀、压力表三大安全附件不全的锅炉。

5.3 施工案例

5.3.1 工程概况

某市的环龙路 DN500 自来水管道修复工程中，环龙路为一条椭圆形的环状道路，周围较安静，该路的 DN500 球墨铸铁管长约1890m，管道埋设深度 1.0～1.3m，本身质量尚可。但该管道的漏水部位主要是在接口处，翻转内衬技术在进行管道结垢严重污染水质和管道接口处经常漏水的管道修复施工中具有独特的技术优势。因此，采用了翻转内衬技术，解决了该管道接口经常漏水的问题。

5.3.2 施工要求

① 采用线性低密度聚乙烯（LLDPE），符合食品卫生检验要求，可用于自来水中；
② 树脂由环氧树脂和固化剂两部分组成，按一定的配比混合搅拌而成；
③ 内衬层技术质量指标：本工程参照美国 ASTM（美国材料实验协会）标准，设计内衬管为全结构衬管，设计厚度为 7mm，可在不依靠旧管的情况下独立受压，承载压力可达10bar（1bar＝10^5Pa，下同）。

5.3.3 施工过程

5.3.3.1 材料选取

内衬管是一种由带涂层的毡、玻璃纤维层和毡组成的"三明治"结构。对于更大管径的管道，可以再加上一层玻璃纤维、一层毡或者两者的结合体。因为这种衬管自身具有足够的强度，不需要依靠母管。虽然内衬管安装需要紧贴母管，但其目的是减少不必要的截面积损失以及使管道末端完全封闭住，具体如图 5-12 所示（书后另见彩图）。该工程选取的内衬管厚度是 7mm，相对于 DN500 的管道，既可以解决受压的问题，又可以保持管道修复后的内径损失在可控范围内。

用于自来水管道更新修复的涂层材料是线性低密度聚乙烯。这种材料不仅有很好的防漏

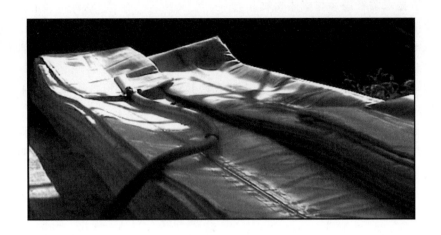

图 5-12　内衬管实物图

水性能，且其表面光滑，可以减少水流带来的摩擦阻力，提高管道更新后的输送能力。这种材料经过食品卫生检验，可用于自来水中。

用于翻转内衬管与原有母管连接的树脂同样应经过食品卫生检验，例如环氧树脂也可用在饮用水中。环氧树脂拥有高度的柔韧性，能够抵抗管道移位和地面震动，此外环氧树脂的黏合力远远超过其他树脂。树脂由环氧树脂和固化剂两部分按一定的配比混合搅拌而成。

5.3.3.2　原管道预处理

操作坑开挖时，根据 DN500 管道的工艺要求，此次决定开挖工作坑的长度为 3m，宽度为 2m，并挖到管底以下 0.5m。所需空间不仅应满足将衬管插入原管的需求，还应具有可容纳两个工人施工工作的空间，见图 5-13（书后另见彩图）。

图 5-13　开挖的操作坑现场

为方便管道安装与拆卸移位，应选择轻便的 ϕ325 钢管作为临时排水管道，采用法兰连接的方式，在每根临时管道下部安装两对滚轮，方便在各监测单元间移动临时管道，并准备一定数量消防软管与钢管组合使用。

用气囊封堵上游管道时，封堵气囊应采用专用管道封堵气囊，气囊封堵气压在0.1～0.2MPa。对需封堵的检查井再进行降水、通风处理，并检测有毒有害气体，达到安全标准后，操作工下井清理待修复段上下游2m内管道及井底的杂物和垃圾，放入气囊。充气达到0.05MPa时撤出作业人员，继续加压至0.1MPa，保持该压力，在井口置工字钢，将气囊牵引绳、进气阀门、进气管固定在工字钢上完成封堵。将待修复管道内的污水使用污泥泵抽出污泥，倒入下游管道或其他排水管道内。具体封堵及临时排水示意如图5-14所示。

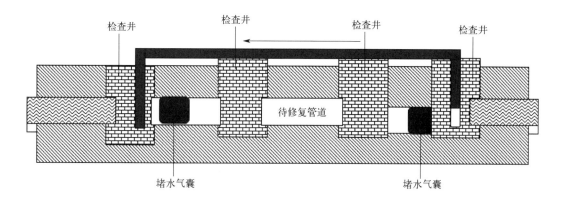

图5-14 封堵及临时排水示意图

管道清洗时，经CCTV对旧管内壁的结垢状况探视后，绘制清洗压力的位置（距离）图并确定不同位置上的清洗压力，再用一辆$900bar/cm^2$的高压水枪清洗车调节压力进行管道清洗。用高压水枪冲洗后，用橡胶刮板和海绵球在管道内疏通一遍，清除剩余的垃圾和积水。

内衬管的材料是毡和纤维，纤维内部以及它们之间的空隙中储藏着空气，因此需对内衬管抽真空以确保树脂能充分地进入空隙。首先把内衬管的一端封闭，然后将一台真空机送入另一端抽真空，抽气的时间在30h左右，直到管内的空气基本排出为止。

在进行管道内有毒有害气体检测时，施工人员进入检查井前必须先用四合一气体检测仪对管道内有毒有害气体浓度进行测定，当有毒有害气体浓度低于安全标准时人员方可下井作业，若有毒有害气体浓度高于安全标准，则不得安排人员下井作业。人员下井作业时，必须采取强制通风措施，人员必须系上安全绳，井口至少有一人监护，否则不得下井作业。

操作人员现场下井作业如图5-15所示。

5.3.3.3 树脂制备

搅拌树脂时，树脂的用量必须根据每次翻转的内衬管长度来配制。此次选择厚度为7mm、DN500的内衬管，按10kg/m的比例配制树脂。配制过程中，按照1:0.74的比例把环氧树脂和固化剂混合在一起搅拌均匀。最后，把搅拌好的树脂倒入距离翻转处几米内的管口。

接着将充满树脂的内衬管前端送入带滚筒的滚轮里，调节滚筒之间的间隙到规定的尺寸（18mm）。通过滚轮的转动挤压带动内衬管向前，使树脂慢慢向后端输送，直至抵达末端，

图 5-15 操作人员现场下井作业

具体如图 5-16 所示（书后另见彩图）。

图 5-16 注入树脂的内衬管进入滚压机

湿软管制备的最后一步是将滚压后充满树脂的内衬管送入翻转舱内。此时，整条内衬管将被拉成一卷[见图 5-17(a)]，同时内衬管的翻转一端被固定在翻转舱的翻转头上[见图 5-17(b)]（书后另见彩图）。如此便可将内衬管卷通过翻转舱内的滚筒挤压，卷入翻转压力舱内。

（a）　　　　　　　　　　　　　　（b）

图 5-17 将滚压后的内衬管送入翻转舱

5.3.3.4　内衬翻转

将空气压缩机（18m³）连接到翻转压力舱内，内衬管在舱内空气压力（0.4bar）的作用下开始翻转［见图 5-18(a)］（书后另见彩图），导致原本处于外表面的 PE 涂层翻转成内表面，即成为翻转后新的管道内壁，而涂满树脂的织物支撑结构则与原管道内壁相贴［见图 5-18(b)］。在空气压力的推动下，通过控制翻转舱内滚轴的转速控制内衬管以 2～3m/min 的速率在管道内前进。

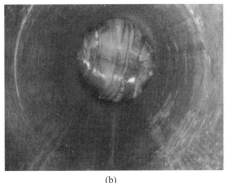

(a)　　　　　　　　　　　　　　(b)

图 5-18　内衬管翻转过程现场及管内状况

内衬管应在没有摩擦的情况下进行穿管，这样就可以避免被损坏，也可以自然抵消母管内存在的各种问题，如母管的直径变化、管道的部分缺损、椭圆状的变形等，多余的树脂还可以用于填充母管内表面的不平、孔眼、缺损、凹槽等各种缺陷。

5.3.3.5　蒸汽固化

内衬管固定时，当内衬管到达工作段末端的接受坑后，需要被固定。通常内衬管末端应露出工作段管道 1m 左右，接着在这段内衬管上插入一些用于释放空气的管子，并统一连在一个放散筒上。

注入蒸汽时，一端通过翻转车上的蒸汽锅炉将蒸汽注入内衬管内，另一端通过放散筒释放蒸汽，输入蒸汽的温度和压力由仪器来监控。随着内衬管内的温度不断升高，末端测得的温度达到了 80℃ 左右，保持这一温度 7h 直到树脂固化为止。

蒸汽锅炉系列参数的计算涉及锅筒主蒸汽阀出口处的额定饱和蒸汽流量、饱和蒸汽压力（表压力），生产过热蒸汽锅炉的参数是指过热器出口集箱主蒸汽阀出口处的额定蒸汽流量、蒸汽压力（表压力）和过热蒸汽温度。

5.3.4　施工后处理

当环氧树脂固化后，停止输入蒸汽而改用冷空气进行降温，直到内衬管内的温度达到常温，最后，割除管道两端多出的内衬管，对管端进行必要的处理，见图 5-19（书后另见彩图）。

末端处理为内衬管末端提供了机械保护，并在母管与内衬管之间形成一个平滑均匀的过渡面，从而防止内衬管因长期使用而造成端口损坏。每段内衬管两端都用末端机械密封的方法（见图 5-20）处理后，即可采用传统的管道连接方式。

管道连接后，割除管道末端多余的内衬管，用环氧树脂对管道末端进行处理，同时在内衬管内壁安装不锈钢环，将不锈钢环向管道内壁膨胀绷紧后，内衬管更紧密地贴在了原来的

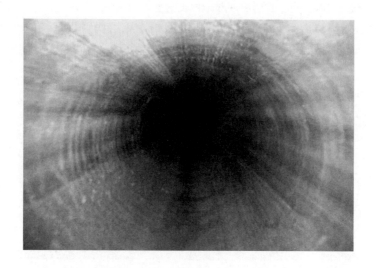

图 5-19 环氧树脂固化后管内 CCTV 检视图

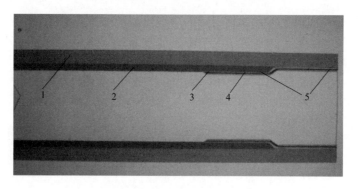

图 5-20 末端机械密封系统示意图

1—母管（灰色）；2—内衬管（红色）；3—密封剂（黄色）；4—塑料垫圈（黑色）；5—不锈钢环

管道内壁上，见图 5-21。

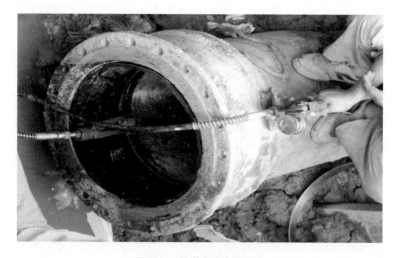

图 5-21 管道末端处理现场

至此，整个翻转工艺结束。随后按常规要求对翻转后的管道进行了泵检验、消毒冲洗、管道接通、用户改接等工作。

参考文献

［1］ 安关峰.城镇排水管道非开挖修复工程技术指南［M］.北京：中国建筑工业出版社，2016.
［2］ 胡远彪，王贵和，马孝春.非开挖技术施工［M］.北京：中国建筑工业出版社，2014.
［3］ 赵俊岭.地下管道非开挖技术应用［M］.北京：机械工业出版社，2014.
［4］ 马保松.非开挖管道修复更新技术［M］.北京：人民交通出版社，2014.
［5］ 叶建良，蒋国盛，窦斌.非开挖铺设地下管线施工技术与实践［M］.武汉：中国地质大学出版社，2000.
［6］ 吴坚慧，魏树弘.上海市城镇排水管道非开挖修复技术实施指南［M］.上海：同济大学出版社，2012.
［7］ 王云江，陈爱朝.管道非开挖修复技术：原位固化法（CIPP）［M］.北京：化学工业出版社，2015.
［8］ 毕加耕，冯兆一.热水锅炉运行管理与操作［M］.北京：中国劳动出版社，1991.

第6章
紫外光固化修复工艺及设备

6.1 紫外光固化修复工艺

6.1.1 工艺简介

紫外光固化修复技术是将浸润好光固化树脂的玻璃纤维织物软管，从检查井通过牵拉方式拉入原有管道内，通过充气膨胀使软管紧贴原有管道，之后利用一定波长的紫外光照射，引发树脂固化，形成内衬管，进而修复受损的地下管道的非开挖修复技术。紫外光固化修复技术主要应用于管道整体修复，也可用于管道点状修复。其施工示意如图1-26所示。

紫外光固化修复技术的优点是：内衬管与原有管道紧密贴合，不需灌浆，不需热源和水，施工速度快、工期短，可用于修复非圆形管道，施工全程摄像观察，固化后表面光滑、收缩小、不易黏附异物，修复后的新管道能够达到或超过原有管道的设计过流性能，设备占地面积小、节能环保。

目前，紫外光固化修复工程适用于以下情况：

① 排水管道、供水管道、化学及工业管道等重力和压力管道；

② 圆形、椭圆形、矩形等不同形状的管道；

③ 弯曲转角小于45°的管道；

④ DN150～DN2000的管道；

⑤ 基础结构基本稳定、管道线形无明显变化、管道壁体无严重破损，但影响使用功能的管道；

⑥ 管道内壁局部蜂窝、剥落、小型破裂，结构呈现微变形、渗漏、腐蚀、脱节，接口错位不大于直径的15%的病害管道；

⑦ 管道的整体修复、局部修复。

6.1.2 国内外应用研究进展

原位固化法最早出现在20世纪70年代。1977年，Vollmar Jonasson将紫外光固化技术引用到原位固化法管道修复技术中，并将其称为 In-pipe 技术，该技术将紫外光灯架拉入软管内，而后通过紫外光照射使软管固化。1997 年，BKP Berolina 公司开始进入紫外光固化内衬修复市场，玻璃纤维布之间采用叠接形式，因此具有随着原有管道形状变化而扩张的能力，内衬管的直径一般比原有管道的直径小 5%～8%，其在压力扩张下会逐渐适应原有管道的形状和大小。该技术在变形管道的修复当中具有明显优势。

2008 年，Saertex 公司在中国太仓建立基地，将紫外光固化修复技术引入国内，随着技术完善和成本降低，紫外光固化修复技术的应用呈现快速增长的态势，国内多家公司相继引进或开发软管、固化设备和树脂材料等，管道修复里程及市场份额均不断增长，并逐渐成为管道非开挖修复的主流。

近年来，紫外光固化修复技术在国内得到快速发展。国内排水管道的紫外光原位固化修复管径范围覆盖 DN300～DN2000，通过优化树脂配方，紫外光固化可施工管径范围还会扩大，管道修复里程及市场份额均不断增长。新思界产业研究中心发布的《2021～2025 年中国 UV-CIPP 市场分析及发展前景研究报告》显示，2020 年，我国紫外光固化修复技术完成管道修复 383.1km，市场占比为 38.8%；在国家政策的推动下未来国内紫外光固化修复技术行业规模将不断扩大，预计 2025 年我国紫外光固化修复技术行业规模将达到 24 亿元。

6.1.3　紫外光固化软管

紫外光固化的核心材料是玻璃纤维织物软管（简称玻纤软管），玻纤软管的结构示意见图 6-1，从内到外分别为透紫外光内膜、浸润树脂的多层玻璃纤维织物、防渗外膜以及防紫外光外膜。

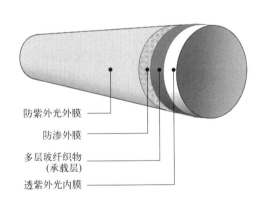

防紫外光外膜
防渗外膜
多层玻纤织物
（承载层）
透紫外光内膜

图 6-1　玻璃纤维织物软管结构示意图

图 6-2　玻璃纤维织物

6.1.3.1　承载层

承载层的主要功能为浸润或承载树脂，是内衬管力学性能的主要载体。软管的承载层一般由具有良好相容性的多层玻璃纤维织物（图 6-2）或同等性能的纤维材料制作而成。

ASTM F2019 中规定了玻璃纤维内衬管应至少由两层耐腐蚀（E-CR 或等效）玻璃纤维织物组成，DIN EN ISO 2078 及 DIN 1259 指出 CIPP 内衬管仅允许使用耐腐蚀的玻璃纤维，E-CR 玻纤无氟无硼，具有优异的耐酸性、耐应力腐蚀性以及短期抗碱性。玻璃纤维材料的选取可参考美国标准 ASTM D578 及我国标准《玻璃纤维无捻粗纱布》（GB/T 18370—2014）。BS EN ISO 11296-4 中指出，使用玻璃纤维作为内衬材料时，具有明显的增强效果，因此玻璃纤维织物也可称为结构层或增强层。

在选择玻璃纤维织物时，应重点考虑材料是否能够承受施工时带来的拉力、压力及固化温度。为确保玻纤的强度，单层玻璃纤维织物的厚度不得小于 0.7 mm，为保证紫外光的有效投射，应选择原厂原丝且无杂丝的织物。

6.1.3.2 功能膜

功能膜包括防渗膜、内膜和外膜。内膜的功能是透射紫外光。经检测，大多数厂家的内膜紫外光透光率为 40%～60%。同时，内膜能够防止在施工过程中，软管被紫外光灯架划伤，导致施工缺陷。内膜通常在施工完成后去除，因此只能采用置入或预埋的方式安装在玻璃纤维织物内侧，ASTM F2019 中规定内膜应能够耐受 140℃ 的高温。内膜通常采用 PA（聚酰胺）与 PE 共挤的筒膜。

防渗膜可选择聚乙烯（PE）、热塑性聚氨酯（TPU）、聚丙烯（PP）等材料，在玻璃纤维内衬软管的结构中主要用于防止树脂渗漏，另外还要求防渗膜能够透气，保证在施工时，内衬软管中的空气能够顺利排出，防止鼓包、隆起、褶皱等固化缺陷。

玻璃纤维软管外膜包覆在玻璃纤维织物外侧，具有防紫外光功能，能够防止产品在运输、装卸过程中因光照引发树脂固化。外膜在施工过程中直接接触原有管道，拉入时可能会因摩擦和划伤造成破损，导致固化缺陷。因此，外膜应具有耐磨、抗穿刺功能。功能膜的主要技术参数如表 6-1 所列。

表 6-1　功能膜的主要技术参数

序号	功能膜类型	材料	主要功能	控制性指标	数值	测试方法
1	内膜	PE 和 PA 共挤	透光、耐温、防渗、耐苯乙烯	紫外光透光率/%	≥50	GB/T 16422.3
				耐温/℃	30～140	GB/T 2423.22
				厚度/mm	≥0.1	GB/T 6672
				拉伸强度/MPa	≥20	GB/T 1040.2
2	外膜	PE、PP、PA 及以上材料复合物	不透紫外光、耐温、耐穿刺	紫外光透光率/%	≤0.5	GB/T 16422.3
				耐温/℃	0～120	GB/T 2423.22
				厚度/mm	≥0.1	GB/T 6672
				拉伸强度/MPa	≥20	GB/T 1040.2

6.1.3.3 树脂

不饱和聚酯树脂具有良好的耐化学腐蚀性和物理性能，是最早用于原位固化修复的树脂，多为热固性树脂。乙烯树脂和环氧树脂由于具有较强的耐腐蚀能力、抗溶解性和高温稳定性，多用于工业管道和压力管道。

紫外光固化树脂系统包含树脂、增稠剂、固化剂和光引发剂，树脂的用量应根据软管规格以及所用材料的孔隙率综合计算。树脂系统以黏度为控制性指标，较低的黏度可以减少浸润过程中吞入气泡，使树脂具有良好的浸润性和触变性能，从而拥有更好的力学性能和外观，还可以通过添加浸润剂来增进玻璃纤维与树脂之间的相容性与黏结性。

干软管的浸润过程应在真空状态下进行，浸润真空度不低于 30 kPa。通过碾胶滚轴牵引湿软管并控制湿软管厚度，浸润过程中应控制车间温度和湿度，调整合适的浸润真空度和浸润速度，确保软管表面无干斑、气泡、褶皱等缺陷。

6.1.4 引发体系与固化光源

目前常用的是间苯型不饱和树脂，采用自由基固化方式，由自由基Ⅰ型光引发剂引发，引发剂引发范围在 UVA（紫外线 A 段）波段。不同引发剂的吸收峰不同，要与固化光源合理匹配，紫外光灯提供的足够的辐射能量是打开化学键的前提条件，辐照度与固化时间是影响材料固化的重要因素，因此固化光源要与引发体系合理搭配。

为了在材料生产、运输和储藏过程中不受可见光影响，光引发范围应设计在 UVA 波段（320～405nm 以及部分可见光）内。紫外灯波长是紫外线的有效带宽，在此范围内不同波长的辐照强度越高越好，发射波峰越多越好，应最大限度地与光引发剂吸收波长相接近或相同，固化光源发射峰越丰富、辐照度越强，材料的固化就越快越彻底。通过金卤灯、汞灯、镓灯、LED 灯固化光源的光谱及辐照强度测试数据选择光源（见表 6-2 和表 6-3）。

表 6-2 不同固化光源在波长 365nm 下的辐照强度

高度/mm	金卤灯(600W)/(MW/cm²)	汞灯(600W)/(MW/cm²)	镓灯(600W)/(MW/cm²)	LED 灯/(MW/cm²)
100	31.0	12.4	6.4	3.2
200	13.5	3.9	1.4	1.5
300	8.6	1.6	0.8	1.0

注：为贴合光源使用实际，辐照强度测试在不同的施工现场，紫外灯均使用了 200h 以上。

表 6-3 不同固化光源在波长 420nm 下的辐照强度

高度/mm	金卤灯(600W)/(MW/cm²)	汞灯(600W)/(MW/cm²)	镓灯(600W)/(MW/cm²)	LED 灯/(MW/cm²)
100	27.8	36.7	33.4	9.1
200	9.8	10.6	10.3	5.8
300	6.6	5.5	4.8	3.5

注：为贴合光源使用实际，辐照强度测试在不同的施工现场，紫外灯均使用了 200h 以上。

金卤灯在汞灯的基础上添加其他金属物，使辐照强度更高、辐射峰更丰富，实际使用中材料固化程度更好更快。

镓灯的主波峰在 417nm，已在可见光范围内，光引发剂的有效吸收峰没有被全部利用，能量以可见光和热辐射形式散去。镓灯一般用于固化阳离子型树脂，也可用于油墨印刷行业的晒版。

LED 灯是采用 365nm、395nm 或 365nm、385nm、395nm 和 405nm 混合搭配的半导体灯珠，每个波段的波峰宽度为 ±5nm，呈柱状，但辐照度低，很难与材料引发吸收峰匹配。LED 灯用于固化基材不耐热的薄膜，如塑料、外包装、印刷等固化场合。LED 灯固化光源在大量的施工中存在材料固化不足的问题，设备生产企业已经意识到问题所在，并将其改为了汞灯固化设备。

工业上对于大厚度材料的光固化多使用金卤灯、汞灯，它们更符合光固化材料引发剂的吸收波段范围，由于辐照度强而波峰丰富，与引发剂吸收范围更易匹配，符合大厚度材料的固化机理。实际施工中基本不存在欠固化问题，这个观点已成为行业共识。

经过对固化光源的分析和现场测试辐照强度和辐射峰的对比，得出金卤灯＞汞灯＞镓灯＞LED 灯，金卤灯、汞灯更有利于光固化材料固化。

6.1.5 紫外光固化施工

紫外光固化修复施工宜按图 6-3 所示的流程进行。

6.1.5.1 施工准备

施工前应对施工区域进行临时围挡（见图 6-4），以保障施工人员及行人的安全，以及避免设备受到损坏。安放施工警示牌、导行标志，夜间施工需安放警示灯等。检测待修管段内有毒有害气体指标，采取通风措施，保证井下作业安全。

6.1.5.2 管道预处理

预处理对紫外光固化修复施工的顺利完成至关重要，内衬管修复施工开始前，应对管道进行检测评估，并根据评估的结果制订合理的预处理方案。预处理措施包括管道清洗、障碍物的清除以及对现有缺陷的处理，管道的清洗是管道预处理最基本和最常用的处理措施。

紫外光固化软管施工时需排空原管道内的污水，如果污水进入复合层，与树脂接触后会产生乳化反应，影响紫外光穿透，导致紫外光固化软管密度降低，最终影响管道的力学性能。所以在实际施工过程中，要求尽量将原管道里的水排空。如在施工过程中还是有水渗出，应立即用备用泵排空。如果有水压差，为了满足支撑要求，一般采用封堵墙进行封堵。临时排水的措施类型基本上可以分为管道调配、临时管排以及临时泵排，具体措施的选择应综合考虑现场情况、经济成本以及环境影响等。

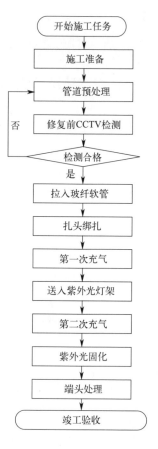

图 6-3　光固化修复施工流程

(a) 施工安全防护

(b) 管道安全通风

图 6-4　施工作业准备

机械处理[见图 6-5(a)]可以采用机械定位铣削或人工进入处理等方法,必要时也可采用局部开挖方法进行清除或修补。当采用高压水射流[见图 6-5(b)]清洗时,应控制清洗操作压力和流量,水流压力不得对管壁造成损坏,高压水射流设备应由专业人员操作,并应符合现行国家标准《高压水射流清洗作业安全规范》(GB 26148—2010)中的规定。当原有管道内存在接口错位、漏水、孔洞、变形以及裂缝、管壁材料脱落、锈蚀等局部缺陷时,可采用灌浆、机械打磨、局部加固、人工修补等方法进行处理。

管道预处理应满足下列要求:a. 原有管道内不应有沉积物、结垢、污物、腐蚀瘤等;b. 原有管道不应有沉降、变形、破损和错口等缺陷;c. 原有管道不应有渗水现象。

(a) 机械处理   (b) 高压水射流

图 6-5 管道预处理

6.1.5.3 修复前 CCTV 检测

在施工之前应对预处理后的管道进行全面的 CCTV 检测并录制视频留档,如图 6-6 所示,确保管道清洁并且无障碍物,保证玻纤软管能够顺利地安装到预定位置,并达到最优的修复效果。如检测发现管道情况恶化、缺陷等级上升、缺陷数量增加或其变化量超过工艺允许范围,则需申请设计变更。

图 6-6 管道 CCTV 检测

6.1.5.4 拉入玻纤软管

玻纤软管需在抽成真空状态下完成浸渍,且需整平、碾压。为了保证浸渍质量,一般在工厂定制软管并完成树脂浸渍后运至施工场地。

拉入玻纤软管前，应通过摄像装置或冲洗设备将一根绳子引入管内，然后利用这根绳子将玻纤软管拉绳和垫膜拉入管内，拉绳位于垫膜之上，垫膜位于管道底部。垫膜宽度应大于原有管道周长的1/3，长度应超出修复管段长度500～600mm。拉入后的垫膜不应发生断裂和堆积，并应在两端锚固。垫膜的功能是保证拉入过程中软管的外膜不受损伤，并减小软管进入待修管道的摩擦力。

由于玻纤软管重量较大，所以需利用卷扬机和导向滑轮组沿着管道坡降方向将软管拖入待修复的管道内，如图6-7所示。

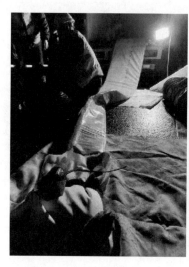

图6-7　玻纤软管送入工作井

玻纤软管应对折后拉入原有管道，对折部分应绑扎保护垫膜，拉入过程中不应出现堆积或翻转。玻纤软管拖入的行进速度不得超过5 m/min，且牵引力不得超过材料本身可承受的范围，其许用牵引力可按下式计算：

$$F = \frac{\sigma}{k} \times \frac{\pi(D_o^2 - D_i^2)}{4000} \tag{6-1}$$

式中　F——许用牵引力；

　　　σ——管材的拉伸强度；

　　　k——许用牵引力安全系数，可取2；

　　　D_o——内衬管外径；

　　　D_i——内衬管内径。

6.1.5.5　扎头绑扎

为了保证玻纤软管外露部分在充气时不发生过度膨胀和爆裂，应在玻纤软管两端裸露部位安装匹配的扎头布，如图6-8所示。跨井段施工时，中间检查井裸露的玻纤软管应安装拉链扎头布，扎头布伸入原有管道长度应大于250 mm。扎头绑扎应紧实且牢固，避免在充气过程中发生崩脱现象，扎头绑扎过程中不得破坏玻纤软管内膜。绑扎完成后，应对气体接口、压力传感器接口等连接处进行密封性检查。

图 6-8　扎头绑扎

6.1.5.6　第一次充气

第一次充气前，应在玻纤软管外侧两端开设排气缝。外膜排气缝长度宜为 $50\sim100mm$，防渗膜排气缝长度宜为 $10\sim20mm$，充气过程中应确保检查井内无操作人员。将扎头充气管接头和固化车的充气口连接好，将测压管与压力表连接好，待风机运行平稳后，缓慢打开充气阀进行充气（见图 6-9，书后另见彩图），充气压力应能保证玻纤软管膨胀，膨胀至紫外光灯架可以顺利进入即可。玻纤软管膨胀后，应保压 $10\sim30min$，在保压阶段将玻纤软管中预置的替换绳拉出，置换为耐高温的紫外光灯架牵引绳。

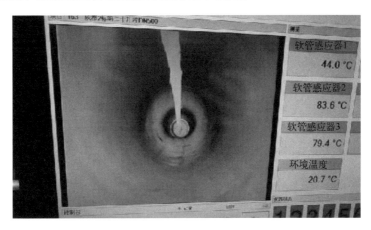

图 6-9　玻纤软管充气加压

6.1.5.7　送入紫外光灯架

首先按固化需求组装和测试紫外光灯架，然后在灯膜保护下将紫外光灯架送入玻纤软管中（见图 6-10）。送入紫外光灯架时，应持续对玻纤软管充气，并应打开摄像头，检查玻纤软管的扩张情况，检查井内的操作人员需配合细致，避免灯架划破内膜或绳索缠绕灯腿。

6.1.5.8　第二次充气

第二次充气前需要再次检查玻纤软管各连接处的密封性。第二次充气过程中，气压应缓

图 6-10　送入紫外光灯架

慢升高，使玻纤软管充分膨胀扩张，紧贴原有管道内壁，充气用时和保压时间需根据环境温度、玻纤软管的厚度以及管道的形状确定。当冬季温度偏低、材料层壁厚偏厚或待修复管道是异形管道时，保压时间需延长至 15 min。对于未完全胀开的玻纤软管区域，应提高第二次充气压力，第二次充气时间不应低于材料厂家的要求，各管径的压力值可按表 6-4 执行。确认玻纤软管完全胀开后，将紫外光灯架缓慢地拉到管道另一端就位。施工过程应进行视频监控及数据采集。

表 6-4　玻纤软管充气压力操作要求

管径/mm	充气压力/kPa	增压次数/次	每次增压/kPa	停歇时间/min
150～200	50～60			
250～350	45～55	8～10	4～6	3～5
400～500	44～50			
600～700	30～40	10～12	3	4～6
800～900	25～30			
1000～1800	20～30	6～8	3	7～9

6.1.5.9　紫外光固化

紫外光固化施工应满足玻纤软管的厂家要求，为保证内衬管被均匀完整地固化，紫外光灯持续辐照功能应正常，径向辐照应均匀。固化过程中要注意开关灯的时间和顺序，以及每一个紫外光灯的运行状态是否正常，并根据紫外光灯架长度、紫外光灯功率、移动速度确定相邻两灯的开启间隔，紫外光固化数显平台见图 6-11。固化时应监控内衬管壁的温度，实时调整紫外光灯架移动速度和充气设备进气量，以确保管壁反应温度控制在 80～120℃ 之间。固化完成后，依次关闭各盏紫外灯，相邻两灯的关闭间隔时间应与开启间隔时间相同，降压时间不得低于 15min。随后拆除滚筒和滑轮，再拆除充气管、扎头端盖，收缩灯腿，取出紫外光灯架，并卸下控制电缆和牵引绳，最后用紫外光灯架牵引绳将内膜扎紧并拉出。

6.1.5.10　端头处理

管道固化施工完成后，应对内衬管起点和终点端部进行切割，切割处应整齐，并宜露出

图 6-11　紫外光固化数显平台

检查井壁 20～50mm。内衬管与原有管道的端口位置应进行密封处理，处理完成后应对端口进行清洁。内衬管与管井端口是运维潜在隐患，若处理不当或不进行处理会造成渗漏或侵蚀。可采用树脂混合物对端头进行密封处理，并进行有效固化。

内膜是否有破损，破损的位置和大小，以及是否有内膜被高温熔化的情况，都会影响固化的效果，最终影响工程验收，固化结束以后需要根据材料厂家要求，将内膜拉出。

6.1.6　固化缺陷及解决办法

6.1.6.1　内衬软管固化不足

内衬软管固化不足，是腐蚀、塌陷的根源，如图 6-12、图 6-13 所示（书后另见彩图）。

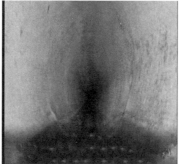
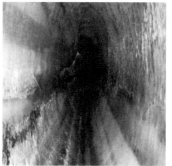

(a) 固化度不足　　　　　　　　(b) 3个月后　　　　　　　　(c) 6个月后

图 6-12　腐蚀

造成固化度不足可能是以下几种情况：
① 未检查固化光源是否恰当以及紫外灯衰减情况；
② 固化时间不足，应降低固化紫外灯的行走速度；

图 6-13 塌陷

③ 内衬软管内外薄膜进气进水。

6.1.6.2 树脂流挂

光固化树脂的引发以及增稠工艺稳定是一个试验和实践的过程，不应随意改变。施工中常常看到树脂流挂，很可能是更换了树脂，树脂改变后意味着配方设计、增稠工艺的改变，应该重新试验，待成熟后才可应用在产品上。

6.1.6.3 施工压力不足

施工压力不足致使内衬软管与原有管道贴合不紧密，见图 6-14（书后另见彩图），存在夹层，无法利用管道剩余强度。

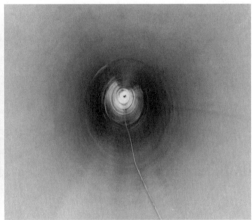

(a) 不用扎头布   (b) 管道未贴合

图 6-14 施工压力不足

6.1.6.4　尖角处失胶

尖角处树脂含量很少，玻纤与水接触会使水沿玻纤方向渗入，造成管道腐蚀，从而失效（见图6-15，书后另见彩图）。一定要在预处理阶段把尖锐物去除，错口处做平滑过渡。

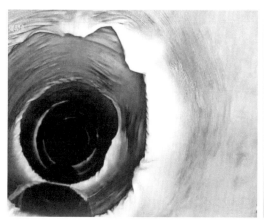

图6-15　预处理不到位

6.1.6.5　产生裂纹

当内衬管产生裂纹后（见图6-16，书后另见彩图），水会从裂纹处进入，沿玻纤渗入会导致管道腐蚀。裂纹可能由以下原因造成：紫外光灯架不在管道中心，造成管壁顶部与底部固化度不一致，从而产生内应力；旧管道渗水，材料受热不均匀产生内应力，从而产生裂纹。因此，预处理时应先做止水。

图6-16　裂纹

6.1.6.6　皱褶

固化前内衬管要反复充放气，使内衬管充分膨胀、玻纤舒展，可消除内衬管环状皱褶。吊车安装内衬软管时也易把玻纤层弄乱而产生皱褶（见图6-17，书后另见彩图）。

图 6-17 皱褶

6.1.6.7 断裂

材料已经固化，由于承载力不够而引起断裂（见图 6-18，书后另见彩图）。应分清结构性修复与半结构性修复对厚度要求的区别。

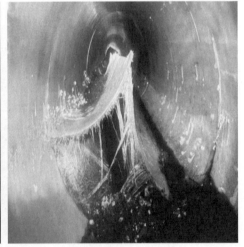

图 6-18 断裂

6.1.6.8 内衬管进水、进气

内膜或外膜破裂会导致进水、进气（见图 6-19，书后另见彩图）。进入气体会产生氧阻聚，表面发黏不固化。树脂中进水会使增稠剂析出材料发白不固化，水遇热产生水蒸气遮蔽紫外线会影响固化。因此管道预处理要做仔细，安装材料和放入灯架时应防止内外薄膜破裂，检查井中若有水要及时排出，不得带水作业。

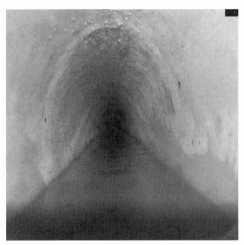

图 6-19　进水、进气

6.1.6.9　固化设备故障

施工过程中设备故障会影响后续材料固化。施工前应对设备进行检测，如测试紫外灯、设备电缆在转弯处经过的滑轮（直径≥电缆直径的 8 倍）等所需设备（见图 6-20）。

图 6-20　固化设备故障

6.1.6.10　检测数据失真

固化完成后，切下的样品应做避光处理，样品不得再放置于阳光下，应将样品放入避光袋中封装监理签字后送检（见图 6-21，书后另见彩图），检测报告才能反映真实情况，防止修复后的管道与样品数据失真。

图 6-21 送检样品

6.1.7 相关标准

目前，国外的排水管道非开挖修复技术标准较为成熟完善，其中以国际标准化组织（ISO）和 ASTM 标准为主。国际标准《地下无压排水系统改造用塑料管道系统 第四部分：原位固化修复内衬》（BS EN ISO 11296-4）中清楚地将材料分成生产阶段和施工阶段，并详细列明了不同阶段每一种材料的组分和固化后复合材料的性能要求，以及施工结束后验收需要检测的项目；《树脂浸渍软管拉入修复已有管渠操作规程》（ASTM F1743）中规定了基于无纺布软管的拉入法修复排水管道的技术要求，包括所用材料，适用于 DN50～DN2400 的各类重力和部分压力管线；《基于树脂浸渍玻璃纤维软管的拉入法管渠修复操作规程》（ASTM F2019）中规定了基于玻璃纤维软管的拉入法管渠修复的技术要求，适用于 DN100～DN1830 的各类重力管线。

随着行业的快速发展，我国在 2014 年发布了行业标准《城镇排水管道非开挖修复更新工程技术规程》（CJJ/T 210—2014），对非开挖修复材料、非开挖修复更新工程设计、不同非开挖修复法的施工及验收等作出了规定；2019 年发布的国家标准《非开挖修复用塑料管道 总则》（GB/T 37862—2019）中规定了非开挖修复用塑料管道的术语和定义、缩略语、管道修复技术分类、更新技术分类、非开挖更换技术分类、影响设计因素和施工影响因素。为了规范非开挖修复技术，使行业健康有序地发展，中国工程建设标准化协会、中国标准化协会、中国城镇供水排水协会、中国市政工程协会等也发布了一系列团体标准（见表 6-5）。

表 6-5　非开挖修复技术团体标准

标准名称	标准号	发布单位	实施日期
《给水排水管道原位固化法修复技术规程》	T/CECS 559—2018	中国工程建设标准化协会	2019 年 5 月 1 日
《给水排水管道内喷涂修复工程技术规程》	T/CECS 602—2019	中国工程建设标准化协会	2020 年 1 月 1 日
《城镇排水管道非开挖修复工程施工及验收规程》	T/CECS 717—2020	中国工程建设标准化协会	2020 年 12 月 1 日

标准名称	标准号	发布单位	实施日期
《排水管道垫衬法修复工程技术规程》	T/CECS 1007—2022	中国工程建设标准化协会	2022 年 6 月 1 日
《排水管道检测和非开挖修复工程监理规程》	T/CAS 413—2020	中国标准化协会	2020 年 7 月 1 日
《速格垫内衬钢筋混凝土管道工程技术规程》	T/CAS 471—2021	中国标准化协会	2021 年 2 月 5 日
《城镇排水管道原位固化修复用内衬软管》	T/CUWA 60052—2021	中国城镇供水排水协会	2022 年 3 月 1 日
《市政排水管道紫外光原位固化修复施工技术规程》	T/CMEA 34—2023	中国市政工程协会	2023 年 6 月 1 日

6.2 紫外光固化修复施工设备

紫外光原位固化修复施工过程中涉及多个施工设备,按照功能性可划分为管道检测设备、玻纤软管拉入设备、紫外光固化设备。

6.2.1 管道检测设备

在对排水管道进行紫外光固化修复前,应首先对原有管道进行检测与评估。通过对排水管道的检测可以对管路淤积、排水不畅等问题的原因进行排查,也可对管道的腐蚀、破损、接口错位、污水泄漏污染等进行排查,同时还能进行排水管网改造或疏通的竣工验收等。

城市地下排水管网由于内部空间有限和内部环境条件复杂等各种因素,不便于直接进行人工检测,管道爆炸或工人下井后中毒死亡事件频有发生。管道检测通常采用闭路电视(CCTV)检测设备,CCTV 检测设备是一项新型的工程应用设备,是专门用于地下管道检测的工具,其安装在爬行器上,可以进入管道内进行摄像记录。它可利用管道内窥摄像系统,连续、实时地记录管道内部的实际情况,技术人员根据摄像系统拍摄的录像资料,可对管道内部存在的问题进行实地位置确定以及缺陷性质的判断,具备实时、直观、准确的特点和一定的前瞻性。

CCTV 检测设备应由摄像头、爬行器、电缆卷盘、显示器及控制系统等组成,CCTV检测设备的主要技术指标应符合表 6-6 的规定。

表 6-6　CCTV 检测设备主要技术指标

序号	项目	技术指标
1	图像传感器	$\geqslant 1/4\text{in}^{①}$ CCD(电感耦合器件),彩色
2	灵敏度(最低感光度)	$\leqslant 3\text{lx}$
3	视角	$\geqslant 45°$
4	分辨率	$\geqslant 1280 \times 720$
5	照明	$\geqslant 1000\text{lx}$
6	图像变形	$\leqslant \pm 5\%$
7	爬行器	电缆长度为 120m 时,爬坡能力$\geqslant 5°$
8	电缆抗拉力	$\geqslant 2\text{kN}$
9	存储	录像编码格式:MPEG4; AVI 照片格式:JPEG

① 1in＝0.0254m。

摄像头应具有平扫与旋转、仰俯与旋转、变焦功能，摄像镜头高度应可以自由调整。爬行器应具有前进、后退、空档、变速、防侧翻等功能，轮径大小、轮间距应可以根据被检测管道的大小进行更换或调整。CCTV 检测设备应具备测距功能，电缆计数器的计量单位不应大于 0.1m。控制系统应具有在显示器上同步显示日期、时间、管径以及在管道内行进距离等信息的功能，并应可以进行数据处理。

CCTV 检测设备不应带水作业，检测前应对原有管道实施封堵、导流，使管内水位满足检测要求。当现场条件无法满足时，应采取降低水位措施，确保管内水位不大于管道直径的 20%。

6.2.2 玻纤软管拉入设备

玻纤软管拉入设备包括卷扬机与玻纤软管送料平台。特别是对于大管径玻纤软管施工，送料平台有助于施工的顺利进行，能够避免玻纤软管的过度拉伸和挤压导致的缺陷。

6.2.2.1 卷扬机

卷扬机是用卷筒缠绕钢丝绳或链条提升或牵引重物的小型起重设备，可以垂直提升以及水平或倾斜拽引重物，目前以电动卷扬机（见图 6-22）为主。卷扬机可单独使用，也可用作起重、筑路和矿井提升等机械中的组成部件，因操作简单、绕绳量大、移置方便而广泛应用。

在原管道内拉入衬底材料或软管时，通常使用卷扬机将材料从管道的一端牵引至另一端。卷扬机的最大牵引力应有一定的富余量，应满足管段修复时能够轻松拖入材料的需要。在实际操作过程中，不同管段所需的最大牵引力应由计算确定，不得大于内衬软管允许的最大牵引力，否则应在软管前端的牵引连接处设置弱连接保护装置。卷扬机在传动时，应具有排绳装置，为了避免垫膜在拉入过程中打转，应使用万向吊环连接绳索，并包裹在垫膜内，通过检测机器人或冲洗设备引入钢丝绳。

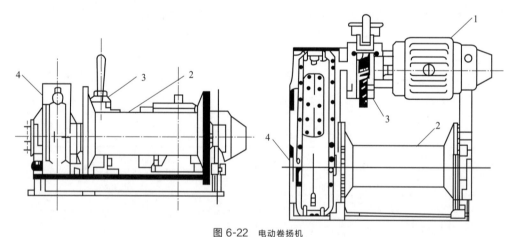

图 6-22 电动卷扬机

1—电动机；2—卷筒；3—电磁制动器；4—减速机构

使用卷扬机时应当注意：

① 为使钢丝绳能自动在卷筒上往复缠绕，卷扬机应安装在距第一个导向滑轮的距离为卷筒长度的 15 倍处，即当钢丝绳在卷筒边时与卷筒中垂线的夹角不大于 2°；

② 水平钢丝绳应尽量从卷筒的下面引入，以减少卷扬机的倾覆力矩；

③ 卷扬机在使用时必须做可靠的固定，如做基础固定、压重物固定、设锚碇固定，或利用树木、构筑物等做固定。

当内衬软管过重，拖动内衬软管所需的牵引力超过了卷扬机所能提供的拉力，或者是卷扬机基础未固定牢靠时，可能会造成卷扬机拉不动内衬软管，甚至卷扬机自身被拉动的故障。遇到此类情况可在下料时使用滑轮组，通过增加动滑轮数量来减小拉力，也可通过打地锚、方木支撑固定卷扬机设备。

6.2.2.2 玻纤软管送料平台

当玻纤软管管径≥DN800时，玻纤软管拉入宜采用送料平台辅助（见图6-23）。在紫外光固化修复施工中，玻纤软管通过拉入法进入待修复管道，并通过紫外光固化成型。为了避免在下料过程中，玻纤软管与原有管道底部摩擦而损坏，在拉入玻纤软管之前，需要先拉入一段垫膜，同时在垫膜上涂抹润滑类物质，减小拉入过程中的摩擦，使得拉入过程更为顺畅。在待修复管道入料井端设置送料平台，拉入过程中自动化控制，软管就位后，割除多余的软管，并在两端安装专用的扎头，对软管进行充气，使软管紧贴于原有管道。送料平台宽度应大于玻纤软管的宽度，表面应光滑无锐物，送料过程中不得划伤玻纤软管，不得破坏玻纤软管内树脂的均匀性，不得使玻纤和树脂发生分离。

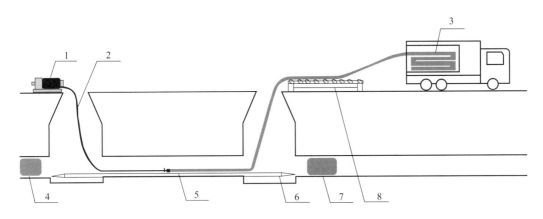

图6-23 玻纤软管拉入施工示意图

1—卷扬机；2—钢丝绳；3—玻纤软管；4、7—充气管塞；5—扎带；6—垫膜；8—送料平台

6.2.3 紫外光固化设备

紫外光固化设备集成于紫外光固化车内，采用轻型厢式货车，配置有发电机机组、UV灯组、空气调节机组、照明系统等专用设施。

紫外光固化过程通常仅需要3～5h就可以完成一段旧管道的内衬修复任务，这对于管网改造工作效率的提高非常有利。损坏的管道经过内衬修复作业后，马上就可以投入运行。与传统的聚酯针刺毡软管用热水固化工艺相比，紫外线固化工艺能源需求较低，现场无需水源，设备操作简单，固化时间短，整个固化过程可以通过安装在紫外灯前端的CCTV监控，随时监测固化过程。

6.2.3.1 XGH5090XJXD6 光固化设备

XGH5090XJXD6 检修车匹配东风 EQ1095SJ8CD2 国六底盘，其上装有控制系统、线盘系统、配电箱、发电机组、鼓风机、大小灯架、箱体、空调等，整车布局见图 6-24，主要技术参数见表 6-7。

图 6-24　XGH5090XJXD6 检修车整车布局

1—底盘；2—发电机组；3—鼓风机；4—货架；5—控制柜；6—线盘柜；7—空调；8—箱体

（图片来源：徐州徐工环境技术有限公司）

表 6-7　XGH5090XJXD6 检修车主要技术参数

项目	内容		参数
整车参数	底盘厂家/型号		东风股份/EQ1095SJ8CD2
	外形尺寸(长×宽×高)/mm		7240×2350×3200
	最大总质量/kg		9100
	整备质量/kg		8905
	额定载重/kg		—
作业装置参数	适用管径		DN200～DN1600
	单个 UV 灯固化功率/W		600/1000/1500
	鼓风机	最大进气量/(m³/h)	420
		最大压力/bar	1.02
	电缆鼓电缆长度/m		155
动力参数	底盘发动机型号		ZD30D16-6N
	底盘发动机最大净功率/转速/[kW/(r/min)]		115/2300
结构尺寸及行驶参数	轴距/mm		3800
	前悬/后悬/mm		1130/2310
	接近角/离去角/(°)		21/14
	最高车速/(km/h)		103
	制动距离(满载,初速 30km/h)/m		≤10

注：1bar=10^5Pa。

XGH5090XJXD6 检修车主要部件包含电缆线盘、控制柜、灯架、发电机组和鼓风机。

（1）电缆线盘

① 采用分体式结构，控制柜与线盘柜（见图 6-25）分布在车体两侧，平衡车辆两侧承重；

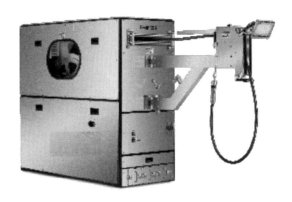

图 6-25　线盘柜

② 电缆线长度≥155m，线径≤22.5mm，可承受温度≥150℃，并有足够的拉伸强度确保能够长时间作业，自动收/放线最快速度 2m/min；

③ 适用管径 DN200～DN1200（可扩展至 DN1600）；

（2）控制柜

① 主机功率为 1500W（6 个，单个紫外灯功率高达 1500W），采用电子式安定器控制系统；

② 配置 21.5in（1in＝0.033m）工业级触摸 PC（配置紫外光管道修复系统 2.0）和日本基恩士 KV-5000 控制系统（配置 UV 控制系统 2.0）；

③ 同时显示主机操作界面和固化视频界面；

④ 可通过软件自由切换 UV 灯功率大小（目前设置 3 档，分别为 600W、1000W、1500W），能够适应不同材料和管径的固化需求；

⑤ 全程自动记录施工信息和固化过程中所有参数数据并生成 PDF 报告；

⑥ 可观测每个灯泡电流、电压及功率的实时和历史曲线数据；

⑦ 可设定和控制 UV 灯架巡航固化速度；

⑧ 主机可与平板电脑连接，用于移动展示，并且可以通过自身的安全无线网络传送信息；

⑨ 独立显示每个紫外灯的操作状态；

⑩ 内置报警系统，实时监控设备，可避免错误操作对设备造成严重损坏。

控制柜示意见图 6-26。

（3）灯架

① 圆形灯架，由多个独立部分组成，可单独拆卸，适用于各种应用场景，如图 6-27 所示；

② 6 个紫外灯，单个功率 1500W，使用寿命 1000h；

③ UV 灯管外有特级石英玻璃管，用于保护 UV 灯；

④ 采用弹簧灯脚（DN200～DN600），方便灯链爬坡；

⑤ 灯架 L1506，包括 DN200～DN1200 的灯脚；

⑥ 灯脚尺寸有 50×DN200、50×DN300、50×DN400、50×DN500、50×DN600、36×DN800、36×DN1000、36×DN1200（延长杆式灯脚）；

图 6-26 控制柜

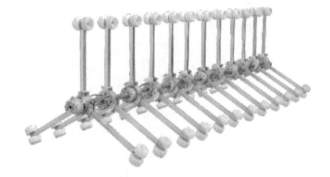

图 6-27 灯架

⑦ 插入式耐高温抗干扰摄像机，自带多层 LED 补光照明，摄像系统每个部位都可单独拆卸，以便检修；

⑧ UV 灯链配置 2 个用于检测软管表面温度的可调式红外线传感器，1 个检测空气温度的传感器，线盘柜配置 1 个压力传感器，CCTV 摄像头具有高温自动保护闭屏功能。

（4）发电机组

① 静音型发电机组，发电性能稳定（电压波动率在±0.5%以内），独特控制系统，可保障满载稳定长时间运行；

② 大型面板，操作简单，耐高温、高寒；

③ 内置高温专用隔热棉，避免箱体过热伤人；

④ 多开门设计，便于日常维护。

（5）鼓风机

① 鼓风机的功能是吹起软管和保压，确保软管紧密贴合原管壁，不存在固化后的褶皱；

② 由操作面板直接控制，可以精准控制固化过程中的风量，从而达到控制温度和压力。

发电机组和鼓风机示意见图 6-28。

6.2.3.2 "紫舰"系列车载式紫外光固化原位修复机组

图 6-29 是"紫舰"系列车载式紫外光固化原位修复机组。

该机组用于市政管道设施的非开挖光固化修复，搭载发电机、风机、UV 固化机、照明系统、温度调节等装置，可用于 DN200～DN1600 的管道修复，其固化参数如表 6-8 所列。该设备可根据不同企业的使用需求进行 UV 固化机的定制化生产，同时可以根据转载车辆的尺寸进行设备合理化组装，确保 UV 固化机施工性能稳定。

图 6-28 发电机组和鼓风机

表6-8 "紫舰"系列车载式紫外光固化原位修复机组固化参数

管道直径/mm	8×600W 紫外灯					
	不同内衬管管壁厚下的移动速度/(cm/min)					
	3～4mm	5mm	6mm	8mm	10mm	12mm
200	150～170	140～160	—	—	—	—
250	110～130	100～120	—	—	—	—
300	80～90	70～80	60～70	—	—	—
350	60～70	60～70	50～60	—	—	—
400	55～65	50～60	40～50	—	—	—
500	55～65	45～55	35～45	—	—	—
550	50～60	40～50	30～40	—	—	—
8×1000W 紫外灯						
600	—	80	—	—	—	—
800	—	—	65	—	—	—
1000	—	—	—	40	—	—
1200	—	—	—	—	25	20
1600	—	—	—	—	25	—

图 6-29 "紫舰"系列车载式紫外光固化原位修复机组

（图片来源：安徽普洛兰管道修复技术有限公司）

6.2.3.3 X120-UV-SUPER 防水紫外光固化修复系统

图 6-30 中 X120-UV-SUPER 防水紫外光固化修复系统是新一代防水光固化修复系统，灯架系统的防水等级为 IP68，浸水情况下依然能够保持正常运行。

图 6-30 X120-UV-SUPER 防水紫外光固化修复系统

（图片来源：武汉中仪物联技术股份有限公司）

该设备配置有动力系统、UV 修复控制系统、UV 灯架系统、视频监视系统、管道压力调节系统、管道制冷系统等专用设施。主要用于市政管网非开挖修复工程，适用于 DN200～DN1600 的管道，其固化参数如表 6-9 所列。

表 6-9　X120-UV-SUPER 防水紫外光固化修复系统固化参数

管道直径/mm	小灯架功率 8×172.5＝1380W						
	不同内衬管壁厚下的移动速度/(cm/min)						
	3mm	4mm	5mm	6mm	7mm	8mm	9mm
200	190～200	180～190	—	—	—	—	—
300	180～190	170～180	145～167	138～160	—	—	—
400	150～160	130～146	118～135	112～131	100～112	—	—
500	125～140	110～127	95～110	94～97	86～95	62～78	—
600	—	90～100	80～85	65～80	55～70	46～59	35～46
700	—	—	68～75	114～130	100～117	—	—

管道直径/mm	大灯架功率 2×990W＝1980W						
	不同内衬管壁厚下的移动速度/(cm/min)						
	6mm	7mm	8mm	9mm	10mm	11mm	12mm	13mm
800	112～130	100～112	70～88	51～70	47～56	36～51	—	—
900	105～129	91～103	68～82	48～65	42～56	36～48	30～42	27～36
1000	107～117	90～100	65～82	48～60	39～53	35～48	30～42	25～36
1100	98～112	87～98	62～79	47～62	39～53	35～47	27～42	25～36
1200	94～105	82～94	60～74	47～64	36～51	33～47	27～42	25～35
1300	—	—	—	—	36～51	33～44	27～39	25～35
1400	—	—	—	—	35～49	33～44	27～36	23～33
1500	—	—	—	—	35～48	30～42	25～36	23～30
1600	—	—	—	—	33～47	27～39	23～35	21～27

6.2.3.4　UV1600 紫外线光固化设备

UV1600 紫外线光固化设备适用于 DN300～DN1600 的管道，灵活、安全、快速、高效，既能缓解交通压力，还能极大地提高施工效率。其控制系统（图 6-31）采用的是人机界面集中控制系统，内置 150m 线缆；小灯架（图 6-32）配备两组 4×600W 灯串，含两组红外传感器，用于测量内衬管表面温度；大灯架（图 6-33）配备两组 4×1200W 灯串，含两组红外传感器，用于测量内衬管表面温度，灯脚能够自动伸张和收缩，方便施工作业。

6.2.3.5　X120-D2 光固化点位修复设备

X120-D2 光固化点位修复设备主要由移动式控制系统、传输电缆、紫外光灯架、高清镜头及辅助工具等组成，见图 6-34。该设备应用于市政排水管道点位缺陷的修复，根据不同的管径选择规格对应的气囊，对破损点进行精准的修复，可修复 DN200～DN1600 的管道。其主要的特点是高效、稳定、精准、可控，6min 可修复一个破损点，因其修复速度快、修复质量高且稳定可靠、施工封堵的时间短，得到了快速的发展和应用。

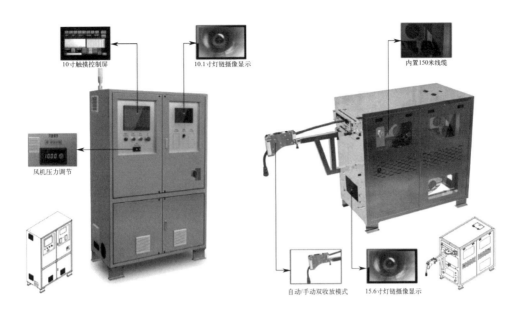

图 6-31　控制系统

（图片来源：东莞市尔谷光电科技有限公司）

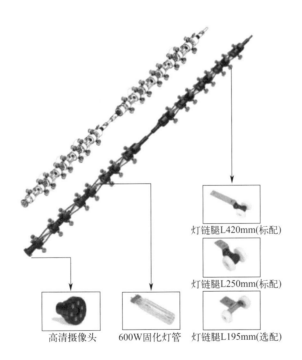

灯链腿L420mm(标配)

灯链腿L250mm(标配)

高清摄像头　　600W固化灯管　　灯链腿L195mm(选配)

图 6-32　小灯架

（图片来源：东莞市尔谷光电科技有限公司）

X120-D2 光固化点位修复设备为一体化设计，集成度高，仅需发电机供电，同时又可与车辆分离，在狭小街道作业。该设备采用 LED 灯固化，能耗低、无污染，固化过程中可实时监控修复状态，自动稳压。

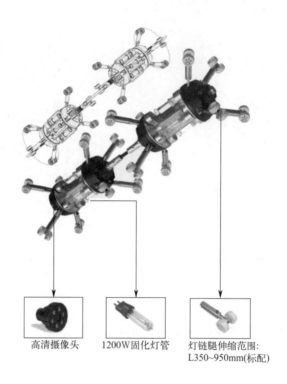

高清摄像头　　　1200W固化灯管　　　灯链腿伸缩范围:
　　　　　　　　　　　　　　　　　　　L350~950mm(标配)

图 6-33　大灯架

（图片来源：东莞市尔谷光电科技有限公司）

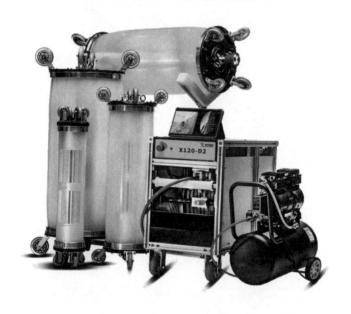

图 6-34　X120-D2光固化点位修复设备

（图片来源：武汉中仪物联技术股份有限公司）

6.2.3.6　发电机组故障及处理措施

发电机组在整个施工过程中的供电作用尤为重要，其常见故障与处理措施如下。

（1）发电机无法正常启动

① 原因：考虑为两种情况，即发电机燃油不足或启动电瓶电压不足。

② 处理措施：若是发电机燃油不足，则检查燃油泵接线，观察发动机燃油的剩余量，添加足够的燃油；若是启动电瓶电压不足则给电瓶充电或更换新的电瓶。

（2）发电机能够正常启动，但是运行不正常

① 原因：考虑为两种情况，即缺少机油或缺少燃油。

② 处理措施：若是发电机缺少机油，则观察机油报警器的工作情况，并根据其显示情况添加机油；若是缺少燃油，则需要检查燃油泵接线，查看燃油的情况，并添加燃油。

（3）发电机工作过程中突然发生熄火

① 原因：考虑为两种情况，即缺少机油或缺少燃油。

② 处理措施：若是发电机缺少机油，则观察机油报警器的工作情况，并根据其显示情况添加机油；若是缺少燃油，则需要检查燃油泵接线，查看燃油的情况，并添加燃油。

（4）发电机功率不足

① 原因：考虑为两种情况，即空气供应不充分或发电机排风不畅。

② 处理措施：若是空气供应不充分，则按装配要求增加发电机舱进风口面积（托装式）；若是发电机排风不畅，则调整发电仓底座的风口与发电机排风口一致（托装式）。

（5）发电机在启动后没有输出

① 原因：考虑为4种情况，即连接的设备损坏、发电机供电电源开关未开、发电机过载或接线松动。

② 处理措施：若是连接的设备损坏，则更换损坏的设备；若是发电机供电电源开关未开，则打开发电机供电电源开关；若是发电机过载，则减小负载，重新启动发电机；若是接线松动，则检查和紧固接线。

（6）远程控制器显示屏报错

① 原因：考虑为两种情况，即发电机过载或电线和设备短路。

② 处理措施：若是发电机过载，则检查并调整负载；若是电线和设备短路，则检查是否有损坏或磨损的电线，并更换损坏的设备。

6.2.3.7　紫外光固化设备故障及处理措施

（1）紫外光固化设备的故障灯不断闪烁，并发出报警声音

① 原因：紫外光固化设备存在不明故障。

② 处理措施：轻按"故障灯消除按钮"，直至故障灯熄灭。

（2）紫外光固化设备的电脑显示屏上数据显示正常，但紫外灯泡图标显示变暗

① 原因：电缆连接故障。

② 处理措施：检查电缆连接部分，必要时应重新组装电缆及灯架之间的连接。

（3）设备在正常开机情况下，等待一段时间后屏幕上没有图像

① 原因：考虑为两种情况，即摄像头未连接好或视频前后切换开关位置不对。

② 处理措施：若是摄像头未连接好，则检查摄像头的接线是否插接可靠、摄像头开关是否打开；若是视频前后切换开关位置不对，则检查视频前后切换开关是否正确打开。

（4）开机后故障报警，显示为电源故障，不能正常开灯

① 原因：发电机电压过低。

② 处理措施：调整发电机输出电压和频率，使其能让紫外光固化设备正常启动。

（5）设备在正常使用过程中，电缆卷盘无法正常收线

① 原因：收线器滑动螺栓松动。

② 处理措施：拧紧收线器滑动装置螺栓。

（6）电缆卷盘在使用过程中发出异响

① 原因：链条齿轮轴座松动。

② 处理措施：打开电缆卷盘面板，调整链条齿轮轴座。

（7）电缆接头的卡扣脱落

① 原因：电缆线在拖动过程中螺丝松动，未能及时发现和拧紧，导致接头卡扣脱落。

② 处理措施：重新连接电缆，并拧紧卡扣螺丝。

（8）电脑无法驱动灯架的升降系统

① 原因：考虑为3种情况，即灯架尾部限位开关松动、电机故障或升降轴承故障。

② 处理措施：若是灯架尾部限位开关松动，则调整灯架限位开关并拧紧螺丝；若是电机故障，则更换电机；若是升降轴承故障，则更换升降轴承。

6.3 施工案例

6.3.1 工程概况

2022年12月，吉林省受大雪侵袭，长春市气温骤降，导致南关区一段排水管道破裂，使当地居民本就不便的生活出行变得更加困难。当地有关水务管理部门为尽快解决这一难题，决定采用紫外光固化法对该管道进行非开挖修复。

6.3.2 施工准备

冬季−25℃环境下进行紫外光固化修复施工，首先要开箱下料，开箱过程中应充分检查内衬软管材料的外观是否存在外膜破损、流胶和局部硬块等质量缺陷，检查产品出厂合格证和检测报告是否齐全（见图6-35）。

6.3.3 工程紫外光固化设备

紫外光固化设备应集成于紫外光固化车内（见图6-36），包括主控系统、紫外光灯、紫外光灯架、电缆线盘等。由于汞灯光谱中紫外光所占比例较大，在紫外光固化修复施工中常用汞灯作为固化设备。但汞灯对温度的要求较高，过热或过冷都会对灯泡产生不良影响，过热会使得灯泡衰减过快，从而达不到规定的使用时间，而过冷会使

图6-35 开箱检查内衬软管材料

得内部卤素循环不彻底，从而使得球泡发黑，亮度达不到要求。冬季在极寒地区施工，过低的温度会使汞灯的输出功率减小，为保证工程质量，建议在一定限度内采用汞灯设备进行材料固化施工。

图 6-36　紫外光固化车

6.3.4　内衬软管材料叠料下井

在内衬软管材料拉入前，应在原有管道底部铺设垫膜，并检查软管材料是否有磨损或划伤。

准备拖拉装置和钢丝绳，将拖拉材料导向轮固定在管口中间位置并平行于管口圆面，尽量远离管口固定，为拉出的软管材料留足空间，拉软管用的钢丝绳通过预设的编织绳拉至下游检查井。

软管材料就位后，在下游检查井，使用叉车将软管材料箱摆放在距井口适当距离处，材料箱下料口正对井口。小心拆箱，在地面铺设垫膜，避免破坏材料。多人协作，将材料拖出。

将拉出的软管材料由两侧向中心纵向对折 1/3，用扎头布包裹长约 1.5m 的软管端头，设置四道扎带将对折的材料头和吊装带绑扎牢固。打包过程中，扎带如果出现松动，应再次通过紧绳器紧绳，确保牢固。采用 U 形万向环和旋转吊钩连接吊装带与钢丝绳套。

在检查井井口处用垫膜将检查井圈口包封稳固，避免软管在下料时被划破。若管径大于 DN1000，则拉入材料时宜采用吊车辅助。

将软管沿垫膜平稳、缓慢地拉入待修复管道，拉入软管速度应控制在 5m/min 以内。（T/CECS 717—2020 中规定的内衬软管拉入速度宜为 6～8m/min）当井口外软管的长度与检查井的深度接近时，关停卷扬机，用扎带将软管尾部与粗绳扎牢，并反向拉紧粗绳，再次开启卷扬机，直到拉入完成。软管拖拉就位前，应放缓拉入速度，严格控制不要超拉。

6.3.5　送入紫外光灯链

首先将紫外光灯链按照固化要求组装和测试（见图 6-37），组装测试完毕后，收紧灯腿，将紫外光灯链下放到井室，并置入软管内，确保灯轮接触材料，而非灯体压在材料上。送入紫外光灯链后，打开紫外光灯链前端和后端的摄像头，检查控制台的屏幕图像，在其显示正常后安装固化工程车侧扎头。再次检查充气管、测压管等连接处的密封性，以及扎头布绑扎的牢固性。

图 6-37　组装测试紫外光灯链

6.3.6　紫外光固化

施工过程中保持内衬软管材料内气体压力稳定，使内衬软管与原有管道始终处于紧密贴合状态。合理设置紫外光的行进速度，详细记录充气压力、紫外光灯的移动速度等参数，留存施工前后的影像资料。固化作业结束后，缓慢放气，使管内压力逐步降低至大气压。

在 6h 的常规修复作业后对修复后的管道进行验收（见图 6-38，书后另见彩图）。

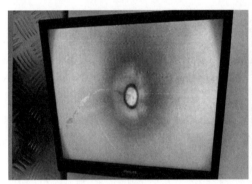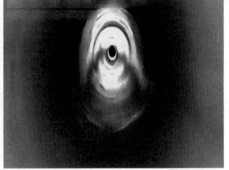

图 6-38　紫外光固化

参考文献

［1］　田琪．管道原位修复玻璃纤维软管的制备与性能研究［D］．天津：天津科技大学，2022.
［2］　李旦罡，遆仲森．城市地下管线非开挖修复更新技术的探讨［J］．城市勘测，2018（S1）：247-250.

［3］ 赵继成．紫外光固化修复法施工操作手册［M］．北京：冶金工业出版社，2022.

［4］ 廖宝勇．排水管道 UV-CIPP 非开挖修复技术研究［D］．武汉：中国地质大学，2018.

［5］ 南雪梅．排水管道非开挖修复技术的研究及应用［D］．扬州：扬州大学，2022.

［6］ 田琪，叶建州，闻雪，等．《城镇排水管道原位固化修复用 内衬软管》团标解读［J］．中国给水排水，2022，38（08）：108-113.

［7］ 田琪，曹井国，杨宗政，等．浅析紫外光固化修复技术国内外标准［J］．非开挖技术，2021（2）：40-45，14.

［8］ 王博．浅谈紫外光固化法修复老城区排水管道［J］．智能城市，2018，4（09）：34-35.

［9］ 徐多．萍乡市海绵城市建设新工艺设计及应用［J］．城市住宅，2019，26（08）：31-35.

［10］ 张欣．排水管非开挖原位固化法管道修复系统材料质量控制［J］．净水技术，2020，39（S1）：246-251.

［11］ 江章景．矩形排水管道结构检测评价与修复研究［D］．北京：中国地质大学（北京），2020.

［12］ 游小玲．排水管网缺陷检测一体化方案研究［D］．荆州：长江大学，2023.

［13］ 谢昌仁．泰州市排水管道 CCTV 检测与评价技术研究［D］．扬州：扬州大学，2020.

［14］ 中华人民共和国住房和城乡建设部．城镇排水管道检测与评估技术规程：CJJ 181—2012［S］．北京：中国建筑工业出版社，2012.

［15］ 高权，徐克元，龚正杭，等．浅谈澜沧江大桥缆索吊卷扬机控制技术［J］．公路交通科技（应用技术版），2019，15（04）：150-152.

［16］ 熊俊．紫外光固化修复技术（UV-CIPP）在长江大保护建设中的应用［J］．建筑施工，2020，42（06）：1024-1025，1030.

［17］ 林新伟．紫外光固化技术在厦门同炳路污水管道修复中的应用［J］．市政技术，2015，33（05）：117-118，121.

［18］ 吴甜，刘奇．紫外光原位固化法非开挖技术在管道修复中的应用［J］．水利水电技术（中英文），2021，52（S2）：143-147.

［19］ 王勇强．安宁市排水管网紫外光固化技术的应用研究［J］．人民黄河，2023，45（S1）：170，172.

第 7 章
机械制螺旋缠绕修复工艺及设备

7.1　机械制螺旋缠绕修复工艺

7.1.1　工艺介绍

　　机械制螺旋缠绕修复技术是将硬聚氯乙烯（PVC-U）带状型材（和钢带），通过在检查井内安装好的缠绕设备，以螺旋缠绕的方式推进，在缠绕过程中，型材边缘的公母锁扣互锁，在原有管道内形成一条新的内衬管道的修复方法。该工艺是一种有效的、可靠的、完善的非开挖修复工艺，目前已开始应用于大型引水或输水箱涵。该技术在应对不同管径、不同管道截面时可改变安装方式，当原有管道为非圆形时，可采用移动式缠绕施工。

　　螺旋缠绕内衬法工艺分类见图 7-1。

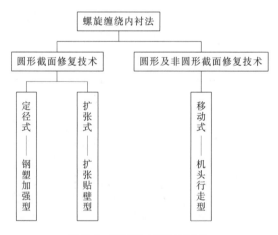

图 7-1　螺旋缠绕内衬法工艺分类

7.1.2　国内外技术研究进展

　　机械制螺旋缠绕法发明于 1985 年，最初是由东京下水道服务公司（TGS）、Sekisui

Chemical 公司和 Adachi Construction Industry 公司在 TMG 公司的指导和合作下共同开发的一种排水管道修复工法。1985 年，三个研发单位对该工法开始联合研究，并于 1986 年成立了排水管道更新方法研究小组，正式进行了实地测试。1987 年该工法可修复 DN250～DN800 的排水管道，1988 年可修复 DN900～DN1200 的排水管道，1989 年可修复 DN1200～DN1350 的排水管道。

最初，螺旋缠绕法只能通过顶进式的方法进行施工，在检查井内设置一台顶进式缠绕机，将 PVC 型材缠绕成一个内衬管，并向前推进到原有排水管道内部。1994 年，随着大直径管道修复技术的研究和发展，开发了一种适用于 DN1650～DN2200 管道的新技术，为了提高内衬管的刚度，用钢带对 PVC-U 带状型材进行加固。

在顶进法中，螺旋缠绕内衬管被顶入原有管道，因此限制了修复管道的长度和直径。为此，进一步开发了移动式缠绕机，在将型材缠绕成内衬管的同时，自行向原有管道内部推进。1998 年，移动式螺旋缠绕法开发完成，并在排水管道修复项目中得到应用，不仅可以修复圆形排水管道，还可以修复矩形、马蹄形等形状的排水管道。目前，移动式螺旋缠绕法可用于修复宽达 6m、高达 3m 的矩形排水管道。在移动式螺旋缠绕法中，边缘连接装置的运动路径由与现有管道内部空间相适应的框架引导。

随着螺旋缠绕内衬法的发展，为增强螺旋缠绕内衬管整体力学强度，原有管道与内衬管之间的环形空间内的注浆技术也得到了发展，对注浆液的要求不仅限于高强度，还包括流动性、抗离析性、抗收缩性和与旧混凝土的良好黏合性。在全球范围内，螺旋缠绕法已应用于多个排水管道修复项目，包括大直径、自由截面以及弯曲管道。目前，螺旋缠绕法已在亚洲、欧洲、北美洲的多个国家获得了批准和施工许可，国际上，已制定了专用标准，如《排水管网改造塑料管道系统 第 7 部分：螺旋缠绕内衬管》（ISO 11296-7：2019（E））、《排水管道修复用机械螺旋缠绕聚氯乙烯（PVC）内衬材料技术标准》（ASTM F1697）、《排水管道机械螺旋缠绕聚氯乙烯（PVC）内衬管修复施工技术规程》（ASTM F1741）等。

天津倚通科技发展有限公司是国内首批引进螺旋缠绕设备和材料并进行国产化的企业，已为北京、天津、重庆、杭州、南京、深圳、合肥、南宁、哈尔滨等 20 多个城市提供了技术支持和服务，累计完成各种非开挖管道修复 400 多公里。

国内针对排水管道螺旋缠绕修复的研究较少，国内标准主要采纳和借鉴国外标准，对材料和装备的基础研究较少。王刚、王卓等以螺旋缠绕非开挖修复工程为例，介绍了机械制螺旋缠绕修复技术的原理、施工要点、控制要点和技术优势等。杨佳兴等以美国标准《排水管道修复用机械螺旋缠绕聚氯乙烯（PVC）内衬材料技术标准》（ASTM F1697）、《排水管道机械螺旋缠绕聚氯乙烯（PVC）内衬管修复施工技术规程》（ASTM F1741）为研究对象，对比了国内外同类标准中相关材料、装备、施工和验收要求。我国目前针对排水管道非开挖修复有多项相关标准，以天津倚通科技发展有限公司为主，组织编制了螺旋缠绕系列标准，包括螺旋缠绕工程技术标准、PVC-U 带状型材产品标准等，涵盖国标、团标和地标。

7.1.3 固定式缠绕工艺

该工艺是将 PVC-U 带状型材，通过安装在检查井底部的缠绕机，在原管道内螺旋旋转缠绕成内衬管，如需对内衬管进行加固，则可将钢带压合在型材的锁紧机构上同步进行缠绕，最后，在内衬管和原有管道之间的环形空间内注入水泥砂浆。型材外表面的 T 形肋可增加其结构强度，型材两边各有公母锁扣，锁扣在螺旋旋转中互锁，形成致密的内衬管。该工艺在缠绕施工时，缠绕机固定在检查井底部，驱动型材和钢带进行缠绕，可根据实际成管直径对缠绕机进行调节，见图 7-2。

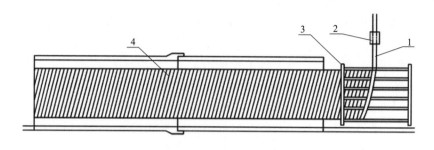

图 7-2　固定式缠绕工艺（定径）

1—PVC-U 带状型材；2—传动设备；3—缠绕机；4—内衬管

当需要对缠绕完成的内衬管管径进行扩张时，缠绕前应将限位钢线预埋在 PVC-U 带状型材的锁扣处，缠绕完成后拉出限位钢线，切断副锁使内衬管进行滑动，从而达到增大管径的目的，见图 7-3。

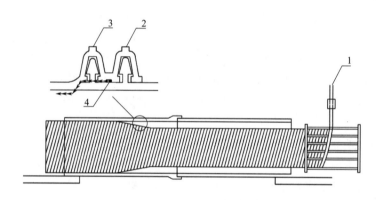

图 7-3　固定式缠绕工艺（扩张）

1—PVC-U 带状型材；2—主锁；3—副锁；4—限位钢线

固定式缠绕工艺操作流程如图 7-4 所示。

7.1.4　移动式缠绕工艺

该工艺采用自行式缠绕机，先将自行式缠绕机放置在检查井中的起始点位，然后将 PVC-U 带状型材安装在缠绕机头上，由机头带动预置钢带的 PVC-U 带状型材缠绕前进，最后在原管道中旋转推进形成一条内衬管，见图 7-5。通过使用与原管道形状相符的缠绕机，可以缠绕出非圆形断面，包括卵形、方形等。非圆形管道缠绕机的前端有一个导向架，其形状与旧管道形状一致。在这个框架周边分布着一系列的驱动滚轮，可将带状型材绕成相应的轮廓，同时使机器前行。

移动式缠绕工艺操作流程如图 7-6 所示。

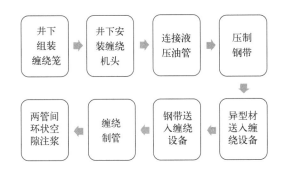

图 7-4　固定式缠绕工艺操作流程

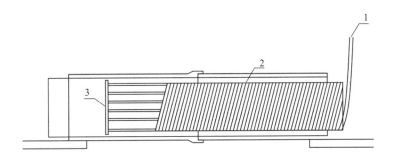

图 7-5　移动式缠绕工艺
1—PVC-U 带状型材；2—内衬管；3—自行式缠绕机

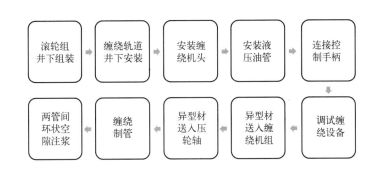

图 7-6　移动式缠绕工艺操作流程

7.1.5　技术优势及应用场景

螺旋缠绕工艺可带水作业，水位在 50cm 以下均可修复（见图 7-7）。该工艺为结构性修复技术，对于塌陷露天或存在暗井的管道可以穿越施工；修复距离长，可以克服复杂的地理环境，在车辆难以到达的地方仍可以施工（见图 7-8）；施工可随时中断，焊接完成后可继续施工，适合在作业时间受限区域应用；对于原管道清理要求低，简单清理即可施工；可对埋深大的管道进行修复。

图 7-7　带水作业施工
（图片来源：天津倚通科技发展有限公司）

图 7-8　复杂地理环境作业
（图片来源：天津倚通科技发展有限公司）

　　固定式（扩张式）缠绕工艺可带水作业，水位在管径的 50% 以下均可修复。该工艺可增加管道过流能力，施工速度快，能克服复杂的地理环境，强度高，适用于特殊工况的修复，可应对不均匀沉降等难题，修复后管道见图 7-9。

　　移动式缠绕工艺可修复任意形状、有一定弯曲度的管道（见图 7-10）。其修复管径大，最大可修复 DN5000 的管道，大管径缠绕试验见图 7-11；修复距离长，设备在管道内前行作业，可超长距离施工；可带水作业，在保证人员安全作业的水位下均可施工，型材自带钢带，结构材料注浆在必要时可外加钢筋网，保证高强度修复需要。

图 7-9　螺旋缠绕修复后管道
（图片来源：天津倚通科技发展有限公司）

图 7-10　倒马蹄形管道缠绕修复
（图片来源：天津倚通科技发展有限公司）

　　螺旋缠绕修复技术可应用于雨污水管道、过河管道、方涵及其他异形截面管道，可修复具有破裂、变形、腐蚀、渗漏、错口等结构性缺陷的管道。使用给水用型材，可对供水管道进行螺旋缠绕内衬法修复。

7.1.6　修复设计

7.1.6.1　设计理论

　　内衬管修复分为半结构性修复与结构性修复。半结构性修复是指新的内衬管依赖于原有管道的结构，在设计寿命之内仅需要承受外部的静水压力，而外部土压力和动荷载仍由原有管道支撑的修复方法；结构性修复是指新的内衬管不依赖于原有管道支撑的修复方法。

韩晨等针对部分损坏管道的螺旋缠绕法半结构性修复设计，阐述了目前国内外相关的规范，包括国内常用的设计规范 CJJ/T 210—2014 和美国规范 ASTM F1741，关于部分损坏管道的设计理论大体上相同，皆源于 Timoshenko 基于线弹性的理论，根据弯曲细杆的弯曲微分方程，推导出自由环的临界外压屈曲强度公式，如式(7-1) 所示：

$$P_{cr} = \frac{3EI}{(1-\mu^2)r^3} \tag{7-1}$$

式中　P_{cr}——内衬管的临界屈曲强度，MPa；

　　　E——内衬管的弹性模量，MPa；

　　　I——内衬管单位长度的管壁惯性矩，mm^4/mm；

　　　μ——内衬管的泊松比；

　　　r——内衬管的半径，mm。

图 7-11　DN5000 大管径缠绕试验
（图片来源：天津倚通科技发展有限公司）

但并非所有规范的设计都基于 Timoshenko 解，德国规范 DWA-A 143-2 以及法国规范 ASTEE 3R2014 均基于 Glock 屈曲理论的封闭解。这些规范考虑了内衬管的发展形势以及原管道的多种缺陷对管道临界压力的影响，并且避开了圆周支撑系数 K 的选择。

DWA-A 143-2 规范将原管道的状态分为 Ⅰ、Ⅱ、Ⅲ、Ⅲa 四个级别。对原管道状态为 Ⅰ 和 Ⅱ 的排水管道进行修复设计时，内衬管只需要抵抗地下水压力，其余荷载均由原管道系统承担，按式(7-2) 计算内衬管所能承受的临界压力 P_{ad}：

$$P_{ad} = k_{v,s}\alpha_D S_d \tag{7-2}$$

$$\alpha_D = 2.62 \times \left(\frac{r}{k'}\right)^{0.8} \tag{7-3}$$

$$S_d = \frac{1}{\gamma_M} \times \frac{EI}{r^3} \tag{7-4}$$

式中　$k_{v,s}$——原管道缺陷引起的折减系数；

　　　α_D——击穿系数；

　　　S_d——内衬管刚度设计值；

　　　k'——螺旋缠绕内衬管尺寸的相关参数；

　　　γ_M——内衬管抗力的分项安全系数。

法国 ASTEE 3R2014 规范将内衬管结构分成临界形状和次临界形状两种类型来进行设计计算，二者的主要区别在于是否有"直边"。圆形管道的内衬管按式(7-5) 计算其临界屈曲压力：

$$P_{cr} = 0.97 k_p k^{0.4} \times \frac{EI^{0.6}A^{0.4}}{r^{2.2}} \tag{7-5}$$

式中 k_p——环状间隙引起的缺陷折减系数;

　　k——内衬管的屈曲模式,内衬管单瓣屈曲时取 $k=1$,内衬管双瓣屈曲时取 $k=2$;

　　A——内衬管单位长度的管壁横截面面积。

7.1.6.2 刚度系数

内衬管在承受外压负载时,在管壁中产生的应力比较复杂。在埋设条件较好时,由于管土共同作用,管壁内主要承受压应力;在埋设条件比较差时,管壁内产生弯矩,部分内外壁处承受较大的压应力或拉伸应力,设计时主要考虑的是环向刚度问题。

刚度系数是反应内衬管环向刚度的关键指标,也是评价螺旋缠绕内衬管质量的核心指标。如果管材的刚度系数太小,内衬管将发生过大变形或屈曲等破坏。使用环向刚度不足的内衬管修复管道,将造成严重的施工隐患,管道使用寿命大大缩短,造成资源浪费。反之,如果刚度系数选择得太高,即在一定的弹性模量条件下,选择不合理的带状型材截面形状,使得截面惯性矩过大,将造成材料用量太大,成本过高。所以,在截面设计上,应设法在减少材料用量的情况下满足刚度系数的要求。

（1）工程刚度系数要求

在管道修复工程中,通过环境参数计算得到螺旋缠绕内衬管所需的最小刚度系数,国内现有标准均参考了 ASTM F1741。

① 内衬管贴合原有管道,采用半结构性修复时,内衬管最小刚度系数应按下列公式计算:

$$E_L I = \frac{P(1-\mu^2)D^3}{24K} \times \frac{N}{C} \tag{7-6}$$

$$D = D_i - 2(h - \overline{y}) \tag{7-7}$$

式中　P——外部压力,MPa;

　　E_L——内衬管的长期弹性模量,MPa;

　　I——管壁惯性矩,mm^4/mm;

　　D——内衬管平均直径,mm;

　　D_i——内衬管平均内径,mm;

　　K——圆周支撑率,取值宜为 7.0;

　　C——椭圆度折减系数;

　　N——安全系数,建议取 2.0;

　　h——带状型材高度,mm;

　　$\overline{y}$——带状型材内表面至带状型材中性轴的距离,mm;

　　μ——泊松比,取 0.38。

② 内衬管不贴合原有管道,采用半结构性修复时,内衬管与原有管道之间的环状间隙应进行注浆处理,内衬管最小刚度系数应按下列公式计算:

$$E_L I = \frac{PND^3}{8(k_1^2 - 1)C} \tag{7-8}$$

$$\sin \frac{k_1 \varphi}{2} \cos \frac{\varphi}{2} = k_1 \sin \frac{\varphi}{2} \cos \frac{k_1 \varphi}{2} \tag{7-9}$$

式中　φ——未注浆角度；

　　k_1——未注浆角度 φ 的相关系数。

CJJ/T 210—2014 中对未注浆角度 φ 的相关系数 k_1 进行了补充，如表 7-1 所列。

表 7-1　未注浆角度 φ 的相关系数

$\varphi/(°)$	10	20	30	40	50	60	70	80	90
k_1	51.50	25.76	17.18	12.90	10.33	8.62	7.40	6.50	5.78
$\varphi/(°)$	100	110	120	130	140	150	160	170	180
k_1	5.22	4.76	4.37	4.05	3.78	3.54	3.34	3.16	3.00

③ 内衬管贴合原有管道进行结构性修复时，最小刚度系数应按下式计算：

$$E_L I = \frac{(q_t N/C)^2 D^3}{32 R_w B' E_s'} \tag{7-10}$$

式中　q_t——管道外部总压力，MPa；

　　R_w——水浮力系数；

　　E_s'——土壤反应模量，MPa；

　　B'——弹性支撑系数。

（2）理论刚度系数要求

当 PVC-U 带状型材自身缠绕成管，不加衬钢带时，只需将型材短期弹性模量与管壁惯性矩相乘即可，见表 7-2。

表 7-2　PVC-U 带状型材短期刚度系数

型式	型材种类	刚度系数/(10^6 MPa・mm^3)
单锁扣	D1	≥0.70
	D2	≥2.60
	D3	≥0.38
双锁扣	S1	≥0.05
	S2	≥0.65
	S3	≥0.19
	S4	≥0.19
	S5	≥0.39

当 PVC-U 带状型材与钢带复合成管时，应对其组合截面进行分析，目前有两种方法计算复合内衬管的短期刚度系数，分别是 AutoCAD 直接求解法和惯性矩换算法。

以 91-25（0.9mm 钢带）复合型材为例，型材短期弹性模量 $E_1 = 2000$MPa，钢带短期弹性模量 $E_2 = 193$GPa。

① AutoCAD 直接求解法。首先，在 AutoCAD 软件中绘制 S2 型材与钢带的组合截面，见图 7-12。

分别对 S2 型材截面和钢带截面进行面域（region）设置，计算出 S2 型材截面面积

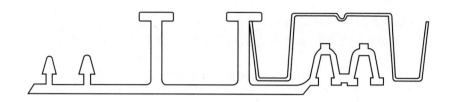

图 7-12　组合截面

$A_1 = 615.52\text{mm}^2$，钢带截面面积 $A_2 = 109.36\text{mm}^2$。选中组合截面，利用 MASSPROP 命令计算组合截面质心坐标（型材和钢带都属密度均匀分布的物体，即形心与质心重合），再将坐标系移到质心坐标处，见图 7-13。

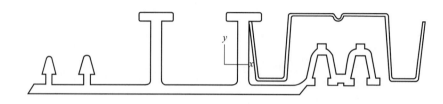

图 7-13　组合截面质心

再次利用 MASSPROP 命令得到组合截面的惯性矩 $I_1 = 45672\text{mm}^4$，通过式（7-11）计算组合截面管壁惯性矩：

$$I_2 = \frac{I_1}{L} \tag{7-11}$$

式中　I_2——每延米管壁惯性矩，mm^4/mm；

　　　L——组合截面有效长度，mm。

已知 $L = 87.55\text{mm}$，则组合截面管壁惯性矩为 $521.67\text{mm}^4/\text{mm}$。

此时，已将组合截面看作一个整体，则需要对该组合体的组合弹性模量 E_3 进行计算，采用式（7-12）进行计算：

$$E_3 = \frac{E_1 A_1 + E_2 A_2}{A_1 + A_2} \tag{7-12}$$

式中　A_1——S2 型材截面面积，mm^2；

　　　A_2——0.9mm 钢带截面面积，mm^2。

则组合弹性模量 E_3 为：

$$E_3 = \frac{615.52 \times 2000 + 109.36 \times 193000}{615.52 + 109.36} = 30815\text{MPa}$$

复合内衬管短期刚度系数 $E_3 I_2$ 为：

$$E_3 I_2 = 30815 \times 521.67 = 1.61 \times 10^7 \text{MPa} \cdot \text{mm}^3$$

② 惯性矩换算法。在计算复合型材短期刚度系数时，常采用相当截面计算法。该方法是将组合截面变换为仅由一种材料构成的截面，该截面即为相当截面。该公式以 i

材料为例，将其他 j 材料变换为 i 材料，进而计算出 i 材料的相当截面对于中性轴的惯性矩。

$$I = I_i + \sum_{i \neq j} \frac{E_j I_j}{E_i} \tag{7-13}$$

以相当截面计算法为例，计算 91-25（0.9mm 钢带）型双锁扣型材刚度系数。

首先，准确测量并绘制截面图形进行面域设置，得到截面的参数信息。然后，使用 UCS 命令，将坐标分别放在型材、钢带的质心。利用 MASSPROP 命令，计算出各材料自身的截面惯性矩为 34529.5831mm^4、6115.4803mm^4。

以型材底边为计算轴，根据公式计算组合截面中性轴，PVC-U 带状型材弹性模量取值 2000MPa，钢带型材取 193GPa，计算组合截面的中性轴。

$$y = \frac{E_1 S_{z1} + E_2 S_{z2}}{E_1 A_1 + E_2 A_2} \tag{7-14}$$

式中 S_{z1}、S_{z2}——材料 i 对 z 轴的静矩，$S_{z1} = 4854.7909mm^3$，$S_{z2} = 1667.23694mm^3$。

计算得组合截面的中性轴 $y = 14.8399mm$，见图 7-14。

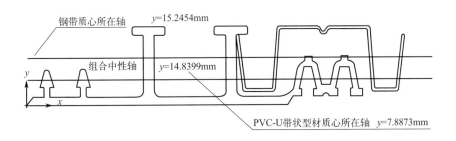

图 7-14　组合截面中性轴示意

根据平行轴定理，型材对组合截面中性轴的惯性矩 $= 34529.5831 + 615.5229 \times (14.8399 - 7.8873)^2 = 64283.12714(mm^4)$，每延米管壁惯性矩为 734.2447mm^4/mm；钢带对组合截面中性轴的惯性矩 $= 6115.4803 + 109.3555 \times (15.2454 - 14.8399)^2 = 6133.4617(mm^4)$，每延米管壁惯性矩为 70.0566mm^4/mm。

当组合截面仅由型材构成时：

$$I_1 = \frac{2000 \times 734.2447 + 193000 \times 70.0566}{2000} = 7494.707(mm^4/mm)$$

当组合截面仅由钢带构成时：

$$I_2 = \frac{2000 \times 734.2477 + 193000 \times 70.0566}{193000} = 77.665(mm^4/mm)$$

当组合截面仅由型材构成时，其组合刚度系数为：

$$E_1 I_1 = 2000 \times 7494.707 = 1.499 \times 10^7 (MPa \cdot mm^3)$$

当组合截面仅由钢带构成时，其组合刚度系数为：

$$E_2 I_2 = 193000 \times 77.665 = 1.499 \times 10^7 (MPa \cdot mm^3)$$

由此可得，不管是将组合截面换算为仅由型材构成还是仅由钢带构成，通过惯性矩换算法计算得到的组合刚度系数均一致。

从结果来看，无论是将型材管壁惯性矩换算为钢带管壁惯性矩，还是将钢带管壁惯性矩换算为型材管壁惯性矩，最终计算的复合内衬管短期刚度系数是一致的。已知该复合内衬管短期刚度系数实测值为 8.46×10^6 MPa·mm^3，可以看出，理论值与实测值相比差距较大。如果复合型材受弯后能符合平截面假定（即受弯前一个平截面上的各点，受弯后仍保持在同一个平截面上），则这样计算是正确的，但塑料的弹性模量只有钢带的 1/97，上述复合型材受弯变形并不符合平截面假定，若按整体截面计算，误差很大，同时查阅文献也证实了存在该现象。据此，引入折减系数，由于钢带刚度系数远大于带状型材刚度系数，在计算螺旋缠绕管刚度系数时，应对钢带理论刚度系数进行折减，采用式(7-15) 确定折减系数。

$$\alpha = \frac{\sum\limits_{i=1}^{n} \dfrac{E_{钢} I_{钢}}{E_{实} I_{实}}}{n} \tag{7-15}$$

式中　α——折减系数；

　$E_{钢} I_{钢}$——钢带理论刚度系数计算值，MPa·mm^3；

　$E_{实} I_{实}$——实测组合刚度系数，MPa·mm^3；

　　n——测试数据个数。

经计算，折减系数 $\alpha = 1.6$，确定复合内衬管刚度系数＝钢带理论刚度系数计算值/折减系数，计算结果见表 7-3。

表 7-3　折减后组合刚度系数计算值

型材种类	钢带惯性矩 /mm^4	钢带每延米惯性矩 /(mm^4/mm)	钢带理论刚度系数 /(10^{6}MPa·mm^3)	实测组合刚度系数 /(10^{6}MPa·mm^3)	折减后组合刚度系数 /(10^{6}MPa·mm^3)
D1	1342	16.99	3.28	1.48	2.05
D2	7678	97.19	18.76	13.10	11.72
D3	751	9.39	1.81	2.55	1.13
S2	4865	53.46	10.32	7.74	6.45
	6224	68.40	13.20	8.46	8.25
	8228	90.42	17.45	10.90	10.91
	9664	106.20	20.50	14.20	12.81
S4	1632	12.95	2.50	1.85	1.56
S5	2418	19.19	3.70	2.03	2.31
	3072	24.38	4.71	3.20	2.94

7.1.7　主要修复设备

机械制螺旋缠绕修复法根据施工现场的情况，需要的修复设备见表 7-4。

表 7-4　主要修复设备

序号	机械或设备名称	主要用途
1	发电机	用于施工现场的电源供应
2	液压动力装置	用于给专用缠绕机提供动力
3	缠绕机	用于在检查井中制作内衬管
4	缠绕模组	用于制作不同管径的内衬管
5	电子自动控制设备	用于控制设备
6	钢带机	用于在现场压制钢带
7	材料卷轴	用于储存和运输型材
8	制浆机	用于制作注浆浆液
9	注浆机	用于浆液灌注

7.2　缠绕机

缠绕机组包括固定式缠绕机和移动式缠绕机。固定式缠绕机固定在管道修复起始端的检查井内，驱动 PVC-U 带状型材向前螺旋推进；移动式缠绕机可根据修复管道形状进行调节，其自身与型材同步缠绕推进。

7.2.1　固定式缠绕机

采用固定式缠绕施工时，可用固定式缠绕机。缠绕机组由缠绕笼和缠绕机头两部分组成，是 PVC-U 管道成型的主要设备，如图 7-15 所示。

(a) 缠绕笼　　　　　　　　　　(b) 缠绕机头

图 7-15　固定式缠绕机组

缠绕笼主要起限位作用，施工时应根据待修复管道的管径选择尺寸合适的缠绕笼。缠绕机头由液压动力站驱动，带动缠绕型材及钢带在缠绕笼内螺旋转动，转动的同时使缠绕型材锁扣互锁及钢带压进型材锁扣内。

固定式缠绕机结构见图 7-16。该设备由吊装机构、型材导向架、扩张机构、液压马达及型材成型机构构成，型材导向架为上下开口的结构，在型材导向架的上端前部安装有吊装机构，在型材导向架的下端安装有型材成型机构，在型材导向架的左侧上端安装有钢丝送线轴，液压马达安装在型材导向架的侧端并驱动型材向下导入。

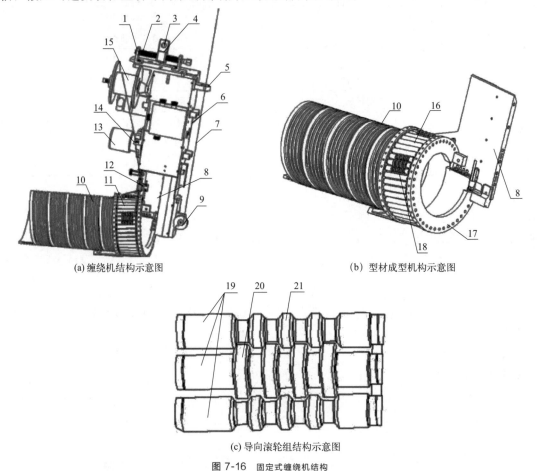

(a) 缠绕机结构示意图　　　　　　　　　(b) 型材成型机构示意图

(c) 导向滚轮组结构示意图

图 7-16　固定式缠绕机结构

1—安装板；2—调节杆；3—吊装孔；4—吊装板；5—第二导线孔；6—型材导向架；7—钢丝；
8—输送基板；9—第二导轮；10—型材；11—缠绕笼；12—第一导轮；13—液压马达；
14—第一导线孔；15—钢丝送线轴；16—成型滚轴；17—成型导轨架；
18—导向滚轮组；19—杆体；20—导向滚轮；21—限位滚轮

7.2.1.1　吊装机构

吊装机构由安装板、调节杆、吊装板及吊装孔构成。在型材导向架的上端前部左右两端安装有安装板，在两安装板之间安装有调节杆，在该调节杆上设有吊装板，在吊装板上设有吊装孔。

7.2.1.2　型材缠绕输送机构

型材缠绕输送机构由输送基板和缠绕笼构成。输送基板的上端与型材导向架的下端相接，输送基板的下端与成型导轨架上朝上的一端相接。缠绕笼由成型导轨架、成型滚轴和导向滚轮组构成。成型导轨架是一首尾相错设置的环形框体；成型滚轴横向设置在环形框体内，在位于成型导轨架上半段的位置设有分布均匀的导向滚轮组，该导向滚轮组由两根限位滚轴及一根位于两限位滚轴之间的导向滚轴构成，限位滚轴由杆体和限位滚轮构成，杆体为两头粗中间细的结构，在杆体较细的部分上间隔均匀布有限位滚轮；导向滚轴由杆体及导向滚轮构成，在杆体较细的位置上安装有导向滚轮，各导向滚轮与各限位滚轮之间形成的间隙相嵌合。

7.2.1.3 扩张机构

扩张机构由钢丝送线轴、第一导线孔、第二导线孔、第一导轮和第二导轮构成。

7.2.1.4 液压马达

液压马达安装在型材导向架的侧端并驱动型材向下导入。

固定式缠绕机设备主要参数见表 7-5。

表 7-5　固定式缠绕机设备主要参数

缠绕笼适用直径范围	DN300～DN3000
缠绕线速度/(m/min)	20
缠绕机功率/kW	11

资料来源：天津倚通科技发展有限公司。

表 7-6 列出了施工中常见的问题及处理措施。

表 7-6　施工常见问题及处理措施

问题	原因	处理措施
缠绕机头缠绕型材时型材锁扣撕裂	机头咬合压紧螺栓过紧	调松压紧螺栓
在缠绕过程中，钢带与型材贴合不严密，或从已咬合好的管道中跳出	钢带直径范围偏差大	调整钢带缠绕直径，与缠绕内衬管道外径相差不超过 3cm
公母锁扣未完全咬合或咬合不严密	机头咬合胶辊过松	调紧压紧螺栓

7.2.2　移动式缠绕机

采用移动式缠绕施工时，可采用移动式缠绕机。缠绕机组由辊轮组、缠绕机头及缠绕轨道组成，如图 7-17 所示。

辊轮组由辊轮、垫片拼装组成，辊轮、垫片采用螺栓进行连接，如图 7-18 所示。根据待修复管道管径大小，调节辊轮数量及缠绕轨道子模块数量，在管道内组成与管径相适应的缠绕机组，垫片主要用于对管径进行微调。

缠绕机头主要由高压油管、液压马达、行走轮、压轮总成、主动辊轮、辊轮、压轮总成调整螺栓和变速箱总成组成，如图 7-19 所示。其中高压油管用于连接液压动力站和液压马达；液压马达为设备提供动力；行走轮通过变速箱提供的动力可以使缠绕机头行走；压轮总成用来压制型材锁扣使其互锁；主动辊轮可在变速箱提供的动力作用下进行转动；辊轮用来连接机头；压轮总成调整螺栓可以调整压轮总成张紧度；变速箱总成用来调整输出的扭矩。

图 7-17　移动式缠绕机组示意图

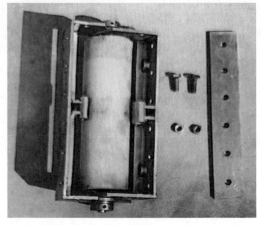

图 7-18　辊轮、垫片

移动式缠绕机结构见图 7-20。该设备由导轨支撑架机构、传动链机构和牵引机构组成。传动链机构设于导轨支撑架机构外围，牵引机构连接传动链机构，并为其提供动力。该设备能够进行长距离带水修复，缠绕机可拆分和组装，并可根据原管道形状和大小，对设备进行相应的调整，以满足不同形状、不同管径管道修复的要求。

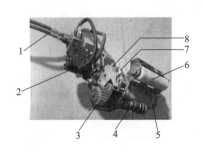

图 7-19　缠绕机头
1—高压油管；2—液压马达；3—行走轮；
4—压轮总成；5—主动辊轮；6—辊轮；
7—压轮总成调整螺栓；8—变速箱总成

图 7-20　移动式缠绕机结构

7.2.2.1　导轨支撑架机构

导轨支撑架机构主要由弯曲钢轨、竖直钢轨和水平钢轨拼接组装而成，见图 7-21。水平钢轨和竖直钢轨之间通过弯曲钢轨连接，水平钢轨和弯曲钢轨之间通过螺栓固定，竖直钢轨和弯曲钢轨之间也通过螺栓固定，三种钢轨外设有凹槽型轨道，拼接后钢架四周形成回转轨道，传动链机构的下侧轴轮在牵引机构的驱动下，可在凹槽型轨道中运动。

7.2.2.2　传动链机构

传动链机构由若干链轮组件组装而成，见图7-22。链轮组件间通过螺栓连接，链轮组件由转轴、套筒、滚筒、保护壳和支撑板组成。转轴组件设于凹槽型轨道内，转轴组件外连接有两块支撑板，两块支撑板端部连接保护壳。滚筒设于两个保护壳围成的空间内，两个保护壳通过所述滚筒的中心轴连接，两块支撑板可活动。滚筒可转动，便于设备随着带状型材缠绕方向转动。两块支撑板可摆动，使传动链机构与不同的导轨支撑架机构配合使用，适用于不同的异形管道，可避免在支撑架拐角处发生卡死。

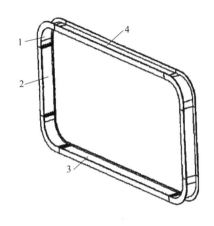

图7-21　导轨支撑架机构

1—弯曲钢轨；2—竖直钢轨；3—水平钢轨；4—凹槽型轨道

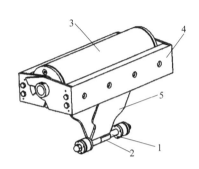

图7-22　传动链机构

1—转轴；2—套筒；3—滚筒；4—保护壳；5—支撑板

7.2.2.3　牵引机构

牵引机构（见图7-23）包括联轴器、长套筒、轨迹轮、动力输出轴、中箱体、下箱体、液压泵、弹簧、链条、箱盖和驱动齿轮等。中箱体上端设有箱盖，箱盖与中箱体通过套有弹簧的螺栓拧紧，中箱体下端设有下箱体，下箱体内设有液压泵。中箱体内设减速器，可输出动力到动力输出轴，动力输出轴一端和滚筒的中心轴之间设有联轴器，动力输出轴另一端通过链条与驱动齿轮动力连接，驱动齿轮中部连接长套筒，长套筒上设有轨迹轮。动力箱的动力输出轴与滚筒的中心轴通过联轴器连接，动力驱动滚筒转动。

液压泵给缠绕机提供动力，能满足设备运转所需的动力。中箱体内部设计为减速箱，动力由液压泵提供，经过减速箱输出到动力输出轴，由联轴器传递给滚筒，足够的摩擦力和动力能够保证带状型材不断传送，使动力箱和传动链机构能相对带状型材运动起来。动力输出轴的另一端用链条带动驱动齿轮，传动比为1∶1。驱动齿轮与管道壁接触，保证了新管与旧管之间有足够的间隙，可供后续的水泥注浆作业，同时也为设备的前进动作提供了助力。驱动齿轮安装轴的另一侧安装有长套筒，长套筒上设有两个轨迹轮，轨迹轮与下方的滚筒间隙适中，可满足带状型材的压紧要求，保证带状型材的缠绕动作。同时，两个轨迹轮与带状型材上的凹槽相配合，在运动过程中轨迹轮沿着带状型材的凹槽运动，带动整个缠绕机跟随带状型材的缠绕缓慢向前运动。两个轨迹轮之间用长套筒支撑，箱盖与中箱体之间用套有弹簧的螺栓拧紧。弹簧起到弹力补偿作用，使链条张紧，保证驱动齿轮的正常运动。牵引机构采用两个或两个以上的动力箱串联组成，既能提供足够的驱动力，又能保证带状型材的压紧

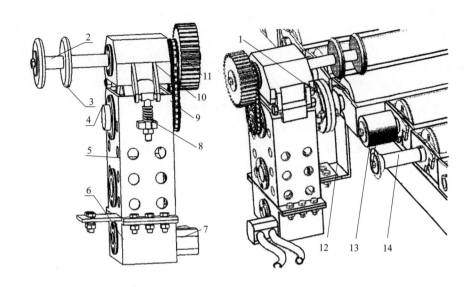

图 7-23　牵引机构

1—联轴器；2—长套筒；3—轨迹轮；4—动力输出轴；5—中箱体；6—下箱体；7—液压泵；8—弹簧；
9—链条；10—箱盖；11—驱动齿轮；12—安装板；13—送带橡胶轮；14—引导轴

动作。

移动式缠绕机设备主要参数见表 7-7。

表 7-7　移动式缠绕设备主要参数

缠绕笼适用直径范围	DN1000～DN5000
缠绕线速度/(m/min)	10
缠绕机功率/kW	11

7.3　钢带成型机

　　钢带成型机（见图 7-24、图 7-25）是一种专门用于生产钢带的设备，主要由钢带托架、压制轮组、钢带托架控制箱、钢带机控制箱、成型支撑架、电机、控制盒等部分组成。钢带成型机的工作原理是将平板钢材通过上下轧辊的压力和摩擦力，使之变形为所需要的截面形状。钢带成型机的特点有：a. 全自动化生产，节省人力和时间，提高效率和质量；b. 轧辊采用优质合金钢制造，经过热处理和镀铬处理，具有高硬度和耐磨性；c. 传动装置采用电机驱动或液压驱动，可实现无级变速和正反转换；d. 切割装置采用液压切割或飞锯切割，可根据设定长度自动切断产品。

　　钢带成型机的钢带托架用于支撑待加工的钢带材料，以确保钢带在成型过程中保持位置稳定；压制轮组是用来对钢带材料进行加压和塑形的部分，通常由一组上下对称的压辊和一个驱动机构组成；钢带托架控制箱是控制钢带托架升降和前后移动的部分，通常由电子控制系统、传感器、液压系统等组成；钢带机控制箱用于控制整个钢带成型机的运行，通常包括主控制器、电源、故障诊断系统等；成型支撑架是用于支撑成型的零件或成品的部分，通常由多个固

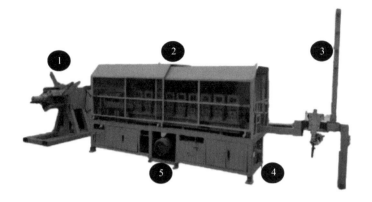

图 7-24　钢带成型机
1—钢带托架；2—压制轮组；3—成型支撑架；4—控制盒；5—电机

(a) 钢带托架控制箱

(b) 钢带机控制箱

图 7-25　钢带成型机控制箱

定的支撑装置和可调节的支撑装置组成；电机通常用于驱动压制轮组和钢带托架控制箱中的液压系统等部分，以确保钢带成型机的正常运行；控制盒通常安装在机器旁边或中央控制室，用于操作和监控钢带成型机的各个组成部分，包括钢带托架、压制轮组、成型支撑架等。

表 7-8 列出了钢带成型机的主要技术参数。

表 7-8　钢带成型机主要技术参数

钢带托架额定载质量/t	2
钢带压制轮组功率/kW	11
加工速度/(m/min)	20

钢带成型机在选型时，需要考虑加工钢带的尺寸和厚度、加工速度和精度、设备的稳定性和可靠性、操作和维护、价格和性价比、设备供应商和售后服务等因素。

加工钢带的尺寸和厚度是选型的首要考虑因素。不同规格的钢带需要不同类型的成型机来加工。在选型过程中需要确保成型机能够满足加工钢带的尺寸和厚度要求，避免出现加工不良的情况。

加工速度和精度是选型的另外一个重要考虑因素。成型机的加工速度应该与生产需求相匹配，同时应确保加工精度。加工速度过快会影响加工精度，而加工精度过高则会影响加工效率，因此需要根据具体情况确定最佳的加工速度和精度要求。

成型机的操作和维护便利性也是选型需要考虑的重要因素之一。设备的操作和维护需要经过专业培训和指导，因此成型机的操作和维护应该尽可能简单方便，以提高生产效率和减少人员培训成本。同时，设备的维修保养也应该尽可能方便，以减少生产停机时间和成本。

钢带成型机需要进行操作和维护，因此在选型时需要考虑设备操作和维护的便利性。例如，设备的控制系统是否易于操作，设备的维护保养是否容易。

钢带成型机的价格相对较高，因此需要考虑设备的性价比。性价比较高的设备不仅要具有较高的加工效率和质量，还需较长的使用寿命和较低的维护成本。

设备供应商和售后服务是选型过程中的最后一环。选择有实力和信誉的设备供应商，确保能够提供优质的售前服务和完善的售后服务，可以有效降低设备运营和维护成本，同时保证生产效率和产品质量的稳定性。

7.4　注浆设备

机头行走式螺旋缠绕法与钢塑加强型螺旋缠绕法在缠绕完成后，均需在原有管道与内衬管之间填充浆液，下面将简略阐述制浆机与注浆机在螺旋缠绕内衬法修复工艺中的应用，详细内容参见 4.2 部分相关内容。

7.4.1　制浆机

制浆机用于制作注浆浆液，以进行注浆材料的搅拌。制浆机主要由交流电机、变速箱、进料口、搅拌叶片、制浆桶、储浆桶等组成，如图 7-26 所示。交流电机为制浆机提供动力；通过变速箱改变电机轴转速并驱动搅拌叶片转动，使其在制浆桶内搅拌浆液；浆液搅拌完成后放入储浆桶，出浆口与注浆泵通过软管连接。

7.4.2　挤压式注浆机

挤压式注浆机用于浆液灌注，注浆机进浆口与制浆机出浆口连接，注浆机出浆口连接注浆管，注浆管与管道注浆孔连接。挤压式注浆机主要由出浆口、压力表、螺旋定子、储浆斗、控制箱等组成，如图 7-27 所示。电机箱内有交流电机及变速箱，可为注浆机提供动力。

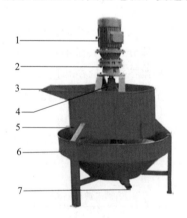

图 7-26　制浆机

1—交流电机；2—变速箱；3—进料口；
4—搅拌叶片；5—制浆桶；
6—储浆桶；7—出浆口

7.4.3　螺杆式注浆机

螺杆式注浆机用于浆液灌注，主要由出浆口、压力表、螺旋定子、储浆斗、控制箱等组成，如图7-28所示。电机箱内有交流电机及变速箱，可为注浆机提供动力。

图 7-27　挤压式注浆机　　　　　　　　　　图 7-28　螺杆式注浆机

1—出浆口；2—压力表；3—螺旋定子；　　　　1—出浆口；2—压力表；3—螺旋定子；

4—储浆斗；5—控制箱；6—交流电机　　　　　4—储浆斗；5—控制箱；6—交流电机

螺杆式注浆泵的工作原理是：当电动机带动泵轴转动时，螺杆绕本身的轴线旋转，螺杆每转一周，密封腔内的液体就向前推进一个螺距，随着螺杆的连续转动，浆料以螺旋形方式从一个密封腔压向另一个密封腔，逐渐挤出泵体达到泵送的目的。压力表用于监测注浆压力，出浆口与注浆管连接，控制箱具有注浆、泄压等操作功能。

7.5　设备维护与故障处理

7.5.1　定期保养

放置在地面上使用的施工设备应当按月进行保养，表7-9列举了钢带成型机、型材托架的保养要求。

表 7-9　设备保养要求

设备种类	保养要求
钢带成型机	(1)检查所有组件和零件是否存在磨损或损坏； (2)检查齿轮状况，并且施加专用润滑脂； (3)检查电缆的损坏情况； (4)检查控制系统是否灵敏
型材托架	(1)检查驱动轮是否损坏； (2)检查控制系统是否灵敏

7.5.2　缠绕机组日常维修与保养

采用机械制螺旋缠绕法修复的管道多数为污水管道，缠绕机组作业时均位于污水检查井内或管道内，金属材质的缠绕机易腐蚀生锈。因此每次缠绕修复施工前后均需对缠绕机进行保养，具体要求如下：

每次施工结束后都要对缠绕机进行彻底清洁，及时更换损坏的轴承及其他部件，并刷润滑油；做好设备的去污防锈工作（缠绕机组连续施工时，每15天保养一次）；对所有的辊轴进行清洁，检查磨损情况，当辊轴有明显的变形导致转动困难或有超过2mm压痕时，建议进行更换；及时清理机头及链轨轴承内的泥沙和污水，同时涂刷润滑剂以便下次使用。

7.5.3 特殊作业条件（冬季、雨季）下的维修与保养

冬季应选用低凝固点的柴油。冬季施工期间，发电机冷却液需更换为冬季专用冷却液，防止冷却系统冰冻。雨季施工应注意避免设备淋雨，应提前关注当地天气预报，采取有效的防雨措施，降雨量较大时应暂时停工。若设备淋雨，电器设备必须经去水除湿处理后，由专业电工进行遥测，检验合格后方可使用，遥测记录需要留底备查。

7.5.4 设备故障与处理措施

表7-10列出了缠绕机常见的问题以及排除故障的措施。

表7-10 缠绕机设备故障排除措施

设备故障	故障原因	排除措施
无法启动缠绕机头	液压油管连接故障、控制手柄连线故障	经检查若为液压油管连接故障，则应重新连接液压油管；若为控制手柄连线故障，则应重新连接液压手柄控制线缆或更换备用手柄
使用控制手柄调速旋钮无法调整缠绕机头的缠绕速度	控制手柄调速旋钮失灵、手柄电缆损坏、接头松动等	若控制手柄调速旋钮失灵，则应更换控制手柄旋钮，其他问题则需更换备用控制手柄
控制手柄无法控制缠绕机头前进后退	控制手柄正向或反向运转旋钮失灵	更换备用控制手柄
缠绕机头型材咬合错位	咬合齿轮未设置到位	调整咬合齿轮

7.6 施工案例

7.6.1 工程概况

天津港管网改造修复工程中的管网建设于20世纪90年代，老化严重。部分路段雨水管道、生活污水管道和油污水管道三排并行，油污水管道渗漏后，由土壤进入其他管道，造成交叉污染。由于路面长期承受大荷载且分布不均匀，导致管道出现沉降和错口等缺陷。因此，亟须对存在缺陷的管道进行修复。管道非开挖修复技术具有施工便捷、工期短、低碳、环境影响小和成本低廉等特点，是管道修复的首选技术。

本工程属于天津港管网改造，待修复管道总长度为399m，平均埋深为3.92m，管径为1650mm，管道材质为混凝土管道，是该工程中管径最大的路段。经CCTV检测，雨污水管道存在渗漏、错口和沉降等缺陷（见图7-29，书后另见彩图），且部分管道含有油污。为防止雨水管道内壁的油渍给排海口带来油污，亟须对该路段管道进行修复，消除污染，并且恰

逢雨季，雨水管道无法彻底封堵，需带水修复。

图 7-29　待修复管段渗漏缺陷

7.6.2　工程设计

对原有管道进行结构性修复，螺旋缠绕内衬管刚度系数应满足现行行业标准《城镇排水管道非开挖修复更新工程技术规程》（CJJ/T 210—2014）。

该工程现场已知参数见表 7-11。

表 7-11　工程参数

序号	符号	参数名称	数值
1	q_t	管道外部总压力/MPa	0.171
2	N	安全系数	2
3	C	椭圆度折减系数	0.9982
4	D	螺旋缠绕内衬管的平均直径/mm	1460
5	R_w	水浮力系数	1
6	B'	弹性支撑系数	0.3656
7	E'_s	土壤反应模量/MPa	5
8	w	土重度/(kN/m³)	18
9	W_L	荷载/MPa	0.1
10	H_w	管顶以上地下水的高度/m	0
11	H	管道平均埋深/m	3.92

经计算，螺旋缠绕内衬管最小刚度系数值应为 $6.25 \times 10^6 \text{MPa} \cdot \text{mm}^3$，本工程采用 S2 型（0.9mm 钢带）PVC-U 带状型材，实测刚度系数为 $8.46 \times 10^6 \text{MPa} \cdot \text{mm}^3$，因此符合修复设计要求。

7.6.3　施工过程

图 7-30 为螺旋缠绕修复施工工艺流程。

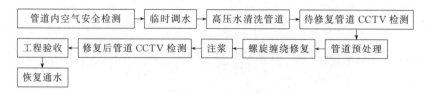

图 7-30 施工工艺流程

7.6.3.1 封堵导排、预处理

施工人员进场前需要对原有管道内的有毒有害气体进行测定，确认安全后，进行施工。临时调水主要采用管道封堵和加设污水泵的方式，利用气囊封堵上下游管道，并在施工管段上游架设污水泵和导流管，用来导排。为防止雨水管道内壁的黏附油渍给排海口带来油污，采用高压清洗车对雨水管道内壁黏附油渍进行了清理，随后将污泥外运。针对原有管道内出现的结垢、异物、错口等缺陷，采用高压水枪清洗管道内壁、机器人铣刀切割异物和水泥砂浆磨平错口等方法进行预处理。达到管道修复施工条件后，在检查井内组装缠绕设备并与原有管道轴线对正，以使缠绕过程顺利进行。钢带现场压制成型并与 PVC-U 带状型材在缠绕设备中同步缠绕，形成内衬管，然后对原有管道和内衬管之间的环形间隙进行注浆。修复完成后，对新管道进行 CCTV 检测，符合工程验收标准后即可恢复新管道的通水。

根据甲方提供的管道修复设计图纸和资料，明确修复段管径、长度和埋深，布置施工警示标识，确保施工现场的安全性后，让施工设备和材料进场。

采用封堵气囊对修复段上下游进行封堵，在上游检查井处设置导流管，将上游管段中的污水排往下游管段，导流管采用消防软管，具有良好的耐磨性和耐腐蚀性，图 7-31 为管道临时封堵和导排安装示意图。

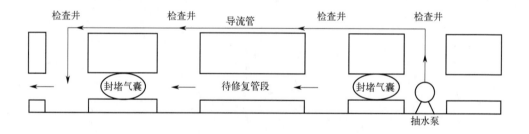

图 7-31　管道临时封堵和导排安装示意图

待修复管段导排完毕后，在检查井口处安装排风装置，持续排风 30min，将管道内有毒有害气体排出。在施工人员下井前，应对管道内气体进行检测，安全后即可开始管道清洗和障碍物清除的相关工作，施工人员下井全过程需携带气体检测仪，确保人身安全。本工程主要采用高压水枪清洗管道内壁，对于破碎的管段、管道内的树根和伸入管道的支管，采用铣刀机器人进行切割清除，原有管道中接口错位缺陷采用水泥砂浆磨平的方式进行处理。处理后再次经过 CCTV 检测，确保原有管道内无沉积物、垃圾及其他障碍物，管道内表面应洁净，无影响施工的附着物、尖锐毛刺、突起等。

7.6.3.2 缠绕作业

首先将缠绕笼组件放入检查井内，人工下井拼装，由于该修复段检查井未垂直于原有管道，原有管道处于井口一侧，需要调整缠绕设备的方向并使其正对原有管道，才能进行缠绕作业（见图 7-32）。缠绕笼安装完成后，从收卷设备中将 PVC-U 带状型材送入缠绕笼中，送入过程中应保持 PVC-U 带状型材的螺旋状态，以确保在缠绕过程中 PVC-U 带状型材不会被扭断。同时，将钢带压制成"M"形，随后缠绕笼将钢带压合在螺旋缠绕内衬管锁扣接缝处，形成钢塑复合缠绕管，以提高螺旋缠绕内衬管强度。

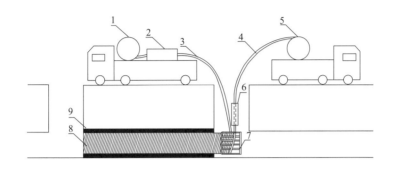

图 7-32 螺旋缠绕施工

1—钢带卷；2—压制钢带设备；3—M 形钢带；4—PVC-U 带状型材；5—收卷设备；
6—型材传动设备；7—缠绕笼；8—内衬管；9—水泥砂浆

当螺旋缠绕内衬管受阻无法向前移动时，在确保螺旋缠绕内衬管不被损坏的情况下，采用卷扬机牵拉螺旋缠绕内衬管前端向前移动一段距离。缠绕完成后，需要将伸出的多余螺旋缠绕内衬管切除。

7.6.3.3 注浆

螺旋缠绕内衬管缠绕完成后对管道端口进行封堵，封堵厚度不小于 200mm。注浆作业在封堵材料固化 12h 后进行。分别在管道封堵截面区域的 10 点、12 点和 2 点方向布设注浆管，注浆管位置示意如图 7-33 所示，10 点一侧用于注浆，2 点一侧用于排气和观察，注浆管直径 40mm，外部预留出 100～200mm 长度。注浆作业分两次进行，综合考虑注浆对内衬管的浮力和内衬管的自身重力，首次注浆量应不超过总注浆量的 30%，注浆压力应控制在 0.1～0.2MPa，待首次注浆浆液初凝后再进行第二次注浆，且两次注浆时间间隔应大于 12h。注浆完成后，封堵注浆管并进行平整处理。

原有管道是管径为 DN1650 的钢筋混凝土管，注浆管道长度为 399m，螺旋缠绕内衬管平均管径为 DN1460，本次注浆采用普通硅酸盐水泥，浆液配比为 1:1，管道注浆总量按式(7-16)计算：

图 7-33 注浆管位置示意图

$$Q = \pi(R^2 - r^2)L \qquad (7\text{-}16)$$

式中　Q——管道注浆总量，m^3；

　　　R——原有管道平均半径，m；

　　　r——螺旋缠绕内衬管平均半径，m；

　　　L——管道长度，m。

根据式（7-16）计算得到理论管道注浆总量 Q 为 $185.17m^3$。采用 $1:1$ 水泥浆时，固化后体积为浆液体积的 70%，因此，管道注浆总量应为 $264.53m^3$。

7.6.3.4 修复前后效果

修复完成后，经过 CCTV 检测，新管道内壁光滑，管道内无功能性和结构性缺陷，并且管道过流能力和强度都得到明显的提升，管道修复前后效果对比见图 7-34（书后另见彩图）。

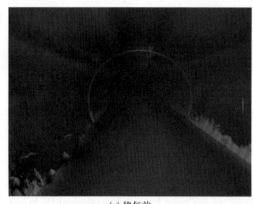
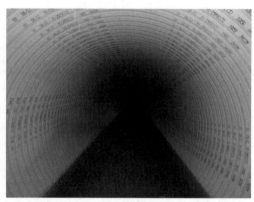

(a) 修复前　　　　　　　　　　　　　　　(b) 修复后

图 7-34　管道修复前后效果对比

7.6.4 主要设备

缠绕施工主要机械设备计划见表 7-12。

表 7-12　主要机械设备计划

序号	名称	型号/参数说明	数量
1	疏通车		1
2	CCTV 检测机器人	X5-HT	1
3	QV 潜望镜	X1-P1	1
4	缠绕笼	DN1650	1
5	缠绕机头		1
6	螺旋缠绕钢带成型机		1
7	发电机	80kW	1
8	螺旋缠绕专用液压站		1
9	气体检测仪	MCXL-XWHM	2

序号	名称	型号/参数说明	数量
10	水泵	4寸	1
11	空气压缩机		1
12	长管呼吸器		10
13	封堵气囊	DN300～DN1500	2
14	吸污车		1
15	正压呼吸器	6.8L	4
16	卷扬机		1
17	吊车	10t	1
18	货车		2
19	螺杆注浆泵		1
20	高压冲洗车		1

注：1寸＝3.33cm。

参考文献

[1] 王刚，王卓．机械式螺旋缠绕管道非开挖带水修复技术应用案例［J］．中国给水排水，2018，34（6）：120-122.

[2] 杨佳兴，曹井国，杨宗政，等．排水管道机械制螺旋缠绕修复技术国内外标准对比研究［J］．给水排水，2022，58（S2）：617-625，630.

[3] 韩晨，马孝春，王刚，等．部分损坏管道螺旋缠绕法修复相关设计理论对比分析［J］．非开挖技术，2022，2：50-56

[4] 中华人民共和国住房和城乡建设部．城镇排水管道非开挖修复更新工程技术规程：CJJ/T 210—2014［S］．北京：中国建筑工业出版社，2014.

[5] Standard Practice for Installation of Machine Spiral Wound Poly（Vinyl Chloride）（PVC）Liner Pipe for Rehabilitation of Existing Sewers and Conduits：ASTM F1741—2008［S］．

[6] 于华．组合杆件强度设计的相当截面法［J］．沈阳工业大学学报，2001，23（2）：157-158，161.

[7] 赵俊青，甄玉宝，周鹏，等．组合梁中性轴位置确定方法及应力分析［J］．力学与实践，2022，44（1）：184-187.

[8] 石磊．机械制螺旋缠绕修复法施工操作手册［M］．北京：冶金工业出版社，2023.

第 8 章
热塑成型修复工艺及设备

8.1 热塑成型修复技术

原位热塑成型修复技术是指将工厂预制衬管加热软化，牵引置入原有管道内部，通过加热加压使其与原管道紧密贴合，冷却后形成内衬管的技术，简称 FIPP（formed-in-place pipe）。FIPP 能够针对混凝土管、铸铁管、高密度聚乙烯（HDPE）管等管道的病害问题进行有效修复，适用于各类型重力和压力管道的非开挖结构性修复。

FIPP 修复技术主要利用热塑性高分子材料可多次加热成型以及可重复使用的特点，在工程现场中加热软化，以便拉入待修复管道内部，以原管道为支撑，然后加热加压，最终形成和原管道紧密贴合的管道。如图 8-1 所示。

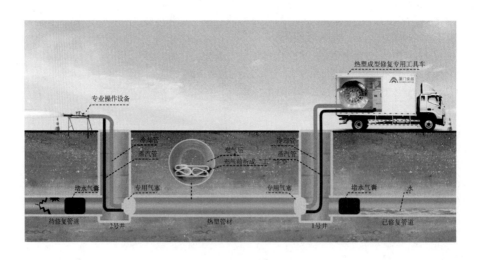

图 8-1　FIPP 修复技术

原位热塑成型修复技术可用于给排水管道的整体修复，内衬管耐腐蚀性能好，对水体运动阻力很小。成型后强度高，可单独承受地下管道外部荷载，包括静水压力、土压力和交通荷载。某些产品可应用于低压管道的全结构修复。由于管道密闭性能较好，在母管强度没有受到严重破坏的情况下，可用于高压管道的修复。若采用 PE 材质内衬管，可修复内压小于1MPa 的压力管道。

8.1.1 热塑成型修复技术的特点

① 内衬管可在工厂预制生产，无需现场固化，大大提高了管道非开挖修复的工程质量；
② 内衬管安装前可在常温下长时间储存，储存成本低；
③ 内衬管与原有管道紧密贴合，无需灌浆处理；
④ 抗化学腐蚀性能好，高分子材料的抗腐蚀性能远高于其他金属类和水泥类管材；
⑤ 可用于修复非圆形管道，内衬管连续，表面光滑，有利于减少阻力损失；
⑥ 施工设备简单，占地面积小，施工速度快，工期短；
⑦ 适用范围广，可用于变径、带角度、错位、腐蚀的管道；
⑧ 内衬管强度高，韧性好，修复后管道质量稳定性好，使用寿命长；
⑨ 一次性修复管道距离长，减少了开挖工作井数量；
⑩ 如果现场施工质量出现问题（非材料本身质量问题），可在原位通过对原有材料再次加温加压及再次施工，无需抽出更换材料，减小工程风险和成本。

8.1.2 热塑成型修复技术的适用范围

① 适用于多种用途的管道修复，例如给水、排水和燃气管道；
② 适用于管径有变化、接口错位较大的管道修复；
③ 适用于交通拥挤地段的管道修复；
④ 适用于动荷载较大、地质活动较频繁地区的管道修复。
FIPP 综合了多种修复工艺的优点，其与其他修复工艺对比见表 8-1。

表 8-1 FIPP 与各工艺对比

工艺	FIPP	UV-CIPP	CIPP
膨胀方式	热蒸汽	气压	水压
使用寿命	50 年以上	50 年以上	50 年以上
适用管径/mm	100~1200	150~2000	100~2700
材料形状	成品,可直接施工	半成品,需现场加工	半成品,需现场加工
变径修复	过渡部分平滑	过渡部分不平滑	过渡部分不平滑
施工环境影响	不受季节和气温影响	不受季节和气温影响	无法在寒冷天气进行
施工难易程度	现场操作简单	需要专业设备调试,难度适中	需要专业设备调试,难度较高

8.1.3 热塑成型修复壁厚设计

国内外管道标准较多，壁厚计算方法和参考数值各有不同，壁厚计算公式使用混乱。管道壁厚不足会缩短管道使用寿命，甚至导致安全事故；管道壁厚过大，虽然能够保证管道的强度和使用寿命，但加大了工程建设成本和难度。因此管道壁厚的计算及选取显得尤为重要。

ASTM F1871 中仅规定了不同公称外径的最小壁厚，ISO 11296-3 则给出了 SDR 24～SDR 51 的壁厚范围，分别见表 8-2、表 8-3。

表 8-2　ASTM F1871 成型管尺寸表

公称外径/mm	最小壁厚/mm			
	DR 26	DR 32.5	DR 35	DR 41
102	3.91	3.12	—	—
152	5.87	4.70	—	—
203	7.82	6.25	5.8	—
229	8.79	7.04	6.5	—
254	9.78	7.82	7.3	—
305	11.73	9.37	8.7	—
381	14.63	11.73	10.9	—
457	—	—	—	11.15

表 8-3　ISO 11296-3 成型管尺寸表

常用公称直径/mm	壁厚范围/mm			
	SDR 24	SDR 34	SDR 41	SDR 51
100	4.2～5.2	3.0～3.9	—	—
150	6.3～7.5	4.5～5.6	3.7～4.7	—
200	8.3～9.9	5.9～7.1	4.9～5.9	4.0～5.0
225	9.4～11.1	6.7～8.0	5.5～6.7	4.5～5.6
250	10.4～12.2	7.4～8.8	6.1～7.3	4.9～6.0
300	12.5～14.5	8.9～10.5	7.4～8.8	5.9～7.1
350	14.6～16.9	10.3～12.1	8.6～10.2	6.9～8.2
400	16.7～19.2	11.8～13.8	9.8～11.5	7.9～9.4
450	18.8～21.5	13.3～15.4	11.0～12.9	8.9～10.5
500	20.8～23.9	14.7～17.0	12.2～14.2	9.8～11.5

注：SDR 为尺寸比，即管径与壁厚之比。

ISO 标准采取的是标准尺寸比 SDR，内衬管壁厚范围略大于 ASTM 标准，且规定更为详细。T/CECS 717 中缺少关于壁厚范围的规定，目前国内内衬管壁厚可参照《城镇排水管道非开挖修复更新工程技术规程》（CJJ/T 210）计算。

原有管道的破损程度分为完全破坏和部分破坏，分别采用功能性修复和结构性修复。屈曲破坏常被用来作为结构设计的标准，ASTM F1867 与 CJJ/T 210 中规定的设计方法主要参考了 Timoshenko 等提出的弹性屈曲破坏的临界外压计算公式。

采用原位热塑成型技术修复管道后，所承受的地下水压、土压，与原位固化本质上相同。功能性修复所需管道壁厚如式（8-1）～式（8-3）所列：

$$t = \frac{D}{\left[\frac{2KE_{L}C}{PN(1-\mu^2)}\right]^{\frac{1}{3}}+1} \quad (8\text{-}1)$$

$$C = \left[\left(1-\frac{q}{100}\right)\bigg/\left(1+\frac{q}{100}\right)^2\right]^3 \quad (8\text{-}2)$$

$$q = 100 \times \frac{(D-D_{min})}{D} \text{ 或 } 100 \times \frac{(D_{max}-D)}{D} \quad (8\text{-}3)$$

式中　　t——内衬管厚度，mm；

　　　　D——原有管道平均内径，mm；

　　　D_{min}——原有管道最小内径，mm；

　　　D_{max}——原有管道最大内径，mm；

　　　　K——圆周支撑率，取 7.0；

　　　　E_{L}——成型内衬管的弹性模量，MPa；

　　　　C——椭圆度折减因子；

　　　　q——原有管道椭圆度，%；

　　　　P——外部压力，MPa；

　　　　N——安全系数，取 2.0；

　　　　μ——泊松比，取 0.38。

结构性修复所需管道壁厚按式(8-4)进行计算：

$$t = 0.721D\left[\frac{\left(\frac{Nq_1}{C}\right)^2}{E_L R_W B' E_S}\right]^{\frac{1}{3}} \quad (8\text{-}4)$$

式中　　q_1——管道外部总压力，MPa；

　　　R_W——浮力系数，不小于 0.67；

　　　　B'——弹性支撑系数；

　　　E_S——管侧土综合变形模量，MPa。

例如利用热塑内衬管对原有管道进行半结构性修复，$D_{max}=404$mm，$D=398$mm，$E_{L}=2300$MPa，$P=0.5$MPa，$K=7.0$，$N=2.0$，$\mu=0.38$。

计算得，$q=1.507\%$，$C=0.874$，内衬管设计壁厚为 12.04mm，取 12mm。可见内衬管弹性模量是内衬管壁厚设计的重要影响参数。

8.1.4　内衬管材料

埋地排水管道 PVC 管是一种不易燃、耐化学腐蚀、耐磨、电绝缘性较好、机械强度较高、价格低廉、综合性能优良的塑料，但聚氯乙烯具有热稳定性差、易分解、对应变敏感和低温环境下变硬的缺点。PE 管具有抗腐蚀性好、无毒无害的优点，更大程度上保证了供水水质。PE管还具有优良的易加工性，质量轻、强度高且耐久，且具有很长的使用寿命，在市政供水工程中应用广泛。在热塑成型管道制备时需要将多种助剂加入树脂中，否则聚氯乙烯树脂将无法生产成型管道。常用助剂有增塑剂、稳定剂、润滑剂、助燃剂、着色剂、填充剂等。

结合国内外标准对内衬管力学性能的要求，根据内衬管在施工过程中的两种形态，对折叠内衬管和成型内衬管进行规定，聚氯乙烯（PVC）折叠内衬管性能要求见表 8-4，聚乙烯（PE）折叠内衬管性能要求见表 8-5，PVC 成型内衬管力学性能要求见表 8-6，PE 成型内衬管力学性能要求见表 8-7。

表 8-4　聚氯乙烯（PVC）折叠内衬管性能

检测项目	指标	测试方法
密度/(kg/m³)	1300~1450	GB/T 1033.1
断裂伸长率/%	≥25	GB/T 8804.2
落锤冲击（TIR）/%	≤10	GB/T 14152
维卡软化温度/℃	≥55	GB/T 8802
纵向回缩率/%	≤5	GB/T 6671
二氯甲烷浸渍试验	试样表面无破坏	GB/T 13526

表 8-5　聚乙烯（PE）折叠内衬管性能

检测项目	要求	测试方法
密度/(kg/m³)	≥930	GB/T 1033.1
断裂伸长率/%	>350	GB/T 8804.3
拉伸强度/MPa	≥22	
弯曲模量/MPa	≥1000	GB/T 9341
弯曲强度/MPa	≥36	
氧化诱导时间（OIT）/min	≥20	GB/T 19466.6
熔体质量流动速率（MFR）/(g/10min)	0.2~1.4	GB/T 3682.1
静液压试验	无破坏、无渗漏	GB/T 6111
灰分/%	≤0.1	GB/T 9345.1

表 8-6　聚氯乙烯（PVC）成型内衬管力学性能

检测项目	指标	测试标准
拉伸强度/MPa	≥20	GB/T 8804.2
弯曲模量/MPa	≥1600	GB/T 9341
弯曲强度/MPa	≥40	
环刚度/(kN/m²)	≥1.0	GB/T 9647
蠕变比率/%	≤4.0	GB/T 18042

表 8-7　聚乙烯（PE）成型内衬管力学性能

检测项目	指标	测试标准
拉伸强度/MPa	≥22	GB/T 1040.2
弯曲模量/MPa	≥1000	GB/T 9341
弯曲强度/MPa	≥24	

检测项目	指标	测试标准
环刚度/(kN/m²)	≥1.0	GB/T 9647
蠕变比率/%	≤4.0	GB/T 18042

内衬管的力学性能是控制内衬管质量的关键,直接影响壁厚设计、修复效果及使用寿命。埋地管道所处地质条件复杂,需具有足够的抗压性能,且在管道运维过程中难免会遭受众多不利因素侵害,其中落石冲击是最为典型的自然灾害之一。因此,ASTM F1871规定管道压扁时,不得有破裂或断裂现象,管道所能承受的最低冲击强度见表8-8。

表 8-8 最低冲击强度(23℃)

序号	管道尺寸/mm	冲击强度/J
1	102	203
2	152	284
3	203	284
4	229	299
5	254	299
6	305	299
7	381	299
8	457	299

此外,PE材料用于供水管道的修复时,应符合现行国家标准《生活饮用水输配水设备及防护材料的安全性评价标准》(GB/T 17219—1998)的规定,饮用水输配设备及材料的卫生评价要求见表8-9,凡与饮用水接触的原材料,半成品和成品材料不得污染水质。内衬管的耐化学腐蚀性应按现行国家标准《塑料 耐液体化学试剂性能的测定》(GB/T 11547—2008)进行测定。

表 8-9 饮用水输配设备及材料的卫生评价要求

序号	检测项目	卫生要求
1	色/度	增加量≤5
2	浊度/NTU	增加量≤0.2
3	嗅和味	浸泡后水无异嗅、异味
4	肉眼可见物	浸泡后水中无任何肉眼可见的碎片杂物等
5	pH 值	改变量≤0.5
6	溶解性总固体/(mg/L)	增加量≤10
7	耗氧量(以 O_2 计)/(mg/L)	增加量≤1
8	砷/(mg/L)	增加量≤0.005
9	镉/(mg/L)	增加量≤0.0005
10	铬/(mg/L)	增加量≤0.005

序号	检测项目	卫生要求
11	铝/(mg/L)	增加量≤0.02
12	铅/(mg/L)	增加量≤0.001
13	汞/(mg/L)	增加量≤0.0002
14	三氯甲烷/(mg/L)	增加量≤0.006
15	挥发酚类/(mg/L)	增加量≤0.002
16	钡/(mg/L)	增加量≤0.05
17	锑/(mg/L)	增加量≤0.0005
18	四氯化碳/(mg/L)	增加量≤0.0002
19	锡/(mg/L)	增加量≤0.002

8.1.5 施工过程

（1）内衬管软化

FIPP内衬管在工厂标准化生产并缠绕在专用卷盘上运送至工程现场，折叠内衬管运到现场后，在对原有管道进行清洗的同时开始对折叠内衬管进行预加热，预加热时将内衬管放入预制的蒸箱或用塑料篷布覆盖，蒸箱标示温度不应低于90℃。折叠内衬管预加热时间为1～3h，在折叠内衬管充分软化后拉入施工管道。

（2）内衬管拉入

折叠内衬管拉入前应检测确认卷扬机的绳索处于完好状态，绳索与卷盘上的内衬管连接牢固。折叠内衬管拉入过程中，上下游的施工人员应保持通信联系，相互配合。拉入速度不应大于5m/min，许用牵引力应按下式计算：

$$F=\frac{\sigma}{k}\times\frac{\pi(D_o^2-D_i^2)}{4000} \tag{8-5}$$

式中　F——许用牵引力；

σ——拉伸强度；

k——许用牵引力安全系数，可取2；

D_o——内衬管外径；

D_i——内衬管内径。

折叠内衬管在软化状态时完成拉入，如果内衬管在拉入中途已冷却变硬，需要重新加热后再实施拉入。

（3）内衬管贴合

折叠内衬管拉入完成后，对内衬管两端露出原有管道端头的部分重新加热，待内衬管软化后用专用管塞将内衬管的两端封堵。管塞的中部需有通气管，管道上游的管塞应通过蒸汽管与蒸汽发生机连接，管道下游的管塞应连接带有阀门以及温度和压力仪表的蒸汽管。

内衬管施工过程中，通过蒸汽发生机向内衬管内输送水蒸气再次加热内衬管，待温度达到材料软化点后，逐渐关闭下游蒸汽管上的阀门。通过下游的温度表及压力表实时监测内衬管内的温度及压力，内衬管成型过程中温度宜为 80～95℃，给水管道压力宜为 0.2～0.3MPa，内衬管表面温度宜为 80～95℃，压力宜为 0.01～0.035MPa，加热加压时长宜为 0.5～2h。实时观察内衬管成型状况，内衬管紧贴于原有管道后，蒸汽发生机停止输送水蒸气。内衬管与原有管道贴合后，在保持原有压力的情况下，将内衬管内的蒸汽逐渐置换成冷空气，当温度降到 40℃ 以下时可释放内衬管内的压力。

（4）接头处理

修复后内衬管伸出原有管道的长度应大于 10cm，伸出部分宜呈喇叭状或按照设计要求处理，修复后的管段重新与相邻管段之间连接密封。给水管道修复后需进行翻边处理，内衬管、管件的连接应采用限制性连接。

8.2 热塑成型内衬修复施工设备

8.2.1 热塑修复车

工程现场常使用热塑成型修复施工车进行施工，XGH5120XJXC6 修复车匹配一汽解放国六底盘，装有箱体总成、动力系统、蒸汽系统、压力及制冷系统、牵引输送系统以及其他附件，整车布局如图 8-2 所示。

图 8-2

图 8-2 整车布局

1—底盘；2—箱体总成；3—动力系统；4—蒸汽系统；5—压力及制冷系统；6—牵引输送系统

（图片来源：徐州徐工环境技术有限公司）

（1）功能用途及特点

XGH5120XJXC6 修复车是一款针对热塑法修复的专用车辆。采用热塑法，将加热软化后的 PVC 热塑管拉入待修复的旧管道中，通过蒸汽机加热加压使 PVC 热塑管紧贴在旧管道内壁，再使用冷干机冷却 PVC 热塑管，在旧管道的内部形成一层"管中管"，从而达到修复管道的目的，具有施工成本低、操作简单的优越性。

XGH5120XJXC6 修复车施工便捷，整车集成度高，操作简单，安全可靠，可匹配不同管径、长度的软管材料，修复效率高。

（2）主要技术参数及配置

施工车内设备主要技术参数见表 8-10。结合施工环境，匹配相应管径和长度的修复软管材料。

表 8-10 主要技术参数

项目	内容	参数
整车参数	外廓尺寸（长×宽×高）/mm	10000×2530×3920
	最大总质量/kg	12495
	整备质量/kg	12365,12300
	额定载质量/kg	—
	接近角/离去角/(°)	21/8
	前悬/后悬/mm	1410/2990
	最小离地间隙/mm	≥255
底盘参数	底盘型号/厂家	一汽解放 CA5180XX YP28K1L5BE6A80
	轴距/mm	5600
	底盘发动机型号/厂家	一汽 CA4DLD-19E6
	底盘发动机额定功率/kW	142
	底盘发动机转速/(r/min)	2500
	变速器型号	8JS75TC
	最高车速/(km/h)	97,89

项目	内容		参数
底盘参数	最小转弯直径/m		11.2
	最大爬坡度/%		35
	前轮轮距/后轮轮距/mm		1938/1860
	燃油种类		柴油
作业参数	适用管径		DN200～DN600
	动力系统	发电机组功率/kW	50
		发电机组频率/Hz	50
		发电机组电压/V	400/220
		发电机组燃料种类	柴油
		发动机排放标准	非道路移动机械国三标准
	蒸汽系统	蒸汽量/(L/h)	200
		水箱容积/m³	0.6
	压力及制冷系统	冷干机制冷量/(m³/min)	6.8
		空压机最大气流量/(m³/min)	6
		空压机最大工作压力/MPa	1.0
		储气罐容积/m³	0.6
		储气罐最大工作压力/MPa	0.8
	牵引及输送系统	牵引缆绳规格/mm	8
		牵引缆绳长度/m	100
		送料速度/(m/min)	25

（3）部件介绍及技术特点

1）箱体总成

箱体侧面及顶板采用瓦楞板结构，箱底使用 12 号槽钢加固，整体强度高，承载能力强；内饰采用花纹铝板铺装，美观、防滑、耐腐蚀性强；后部为对开门结构及两侧大尺寸卷帘门，并带有可收纳式踏步台阶，方便人员进出及进行设备操作；箱体内部配有工具柜、工具架，外部配有工具箱，储物空间极大，可满足携带多种作业工具的需求。

2）动力系统

静音型发电机组，发电性能稳定（电压波动率在±0.5%以内），有专门控制系统，可保障满载稳定长时间运行；大型面板，操作简单，耐高温高寒；内置高温专用隔热棉，避免箱体过热伤人；多开门设计，便于日常维护。

3）蒸汽系统

配备有高效的蒸汽发生装置，配合镀锌蒸汽倒流槽，能够快速均匀地将蒸箱温度升至约 120℃，缩短内衬管软化时间，提高作业效率；蒸汽发生装置安全可靠，具备安全保护装置，操作简单；蒸箱使用不锈钢花纹板制成，箱体周围布满隔热保温棉，可防止热量散失，并避免造成人员烫伤。蒸汽产生量为 200L/h，能够使软管与原有管道内壁充分紧贴。

4）压力及制冷系统

配备大流量空压机，最大气流量 6m³/min，最大工作压力 1MPa，能够大量提供作业用气。冷干机制冷速度 6.8m³/min，能够快速制冷，使衬管迅速固化。

5）牵引输送系统

管道牵引机，最大牵引长度 100m，缆绳直径 8mm，能够满足绝大多数管道使用需求。送料系统配有 4 个不锈钢滚筒底座，能够适配多种规格的送料卷盘，驱动电机具备正反转功能，并可无线遥控，操作简单方便。

（4）热塑集成设备工作原理

热塑集成设备工作原理如图 8-3 所示，用发电机给空压机、冷干机、蒸汽发生器进行供电，空压机将空气泵入储气罐内，空气经冷干机降温后，进入混气罐内，供施工使用。蒸汽发生器产生的蒸汽通入混气罐，供施工使用。施工过程中所用专用设备见表 8-11。

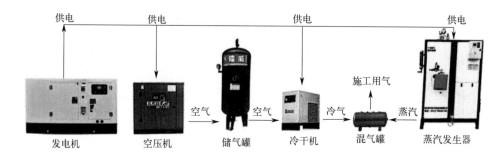

图 8-3　热塑集成设备工作原理

表 8-11　专用设备

中空气囊	DN150～DN250	施工	耐压高,弹性高,安全性高	1 对
	DN200～DN300	施工	耐压高,弹性高,安全性高	1 对
	DN300～DN400	施工	耐压高,弹性高,安全性高	1 对
专用工具	马刀锯	施工	功率大,强度高	2 套
	打孔钻	施工	功率大,强度高	2 套
	角磨机	施工	功率大,强度高	2 套
	对讲机	施工	通话距离长,音质清晰	3 台
	红外线测温仪	施工	耐用,准确率高	2 个
	蒸汽管	施工	5m,5 根,耐高温,可快速对接	1 套
	气体检测仪	施工	有害气体检测,高敏感度	1 套
	井下导向轴	施工	定制,耐用,承重力强	2 套
	充气管	施工	8m,带压力表和气阀开关	2 条
	管塞充气空压机	施工	无油空压机,重量轻	1 台
	气压控制器	施工	噪声小,稳压准确	1 套
	保温毯	施工	定制款,保温效果好	2 张
	防毒面具	辅助	井下防硫化气体	3 套
	手电筒	辅助	耐用,锂电,亮度高	2 个
	便携梯子	辅助	可折叠,承重力强	1 副
	耐高温手套	辅助	防护性能强,防蒸汽	5 双
	安全头盔	辅助	防护性能强,防蒸汽	5 个

8.2.2 电蒸汽发生器

电蒸汽发生器如图 8-4 所示，也称免检型小型电蒸汽锅炉、微型电蒸汽锅炉等，是一种能够自动补水、加热，同时可连续地产生低压蒸汽的微型锅炉，小水箱、补水泵、控制操作系统成套一体化。电蒸汽发生器内部设置加热腔、储水箱和水泵，其中加热腔对水进行加热并产生水蒸气，内部设置 U 形加热管，下端设置预热腔，上水管线穿过预热腔，由加热腔下端伸入加热腔内，预热腔能够对上水管线中的水进行预热处理。水箱为加热腔内提供水源，通过管线与水泵连接，水泵为水的流动提供动力，其通过上水管线与加热腔连接。

图 8-4　电蒸汽发生器
（图片来源：湖北利浦顿热能科技有限公司）

蒸汽压力与饱和蒸汽温度对照，见表 8-12。

表 8-12　蒸汽压力与饱和蒸汽温度对照

蒸汽压力/MPa	饱和蒸汽温度/℃	蒸汽压力/MPa	饱和蒸汽温度/℃
0.8	174.53	6.0	275.35
1.0	183.20	7.0	285.42
2.0	213.45	8.0	294.47
3.0	234.57	9.0	302.69
4.0	250.63	10.0	310.25
5.0	263.92		

常用电蒸汽发生器的设备参数见表 8-13。

表 8-13　常用电蒸汽发生器设备参数

产品型号	DZFZ6-0.7	DZFZ9-0.7	DZFZ12-0.7	DZFZ18-0.7	DZFZ24-0.7	DZFZ36-0.7	DZFZ48-0.7	DZFZ72-0.7	DZFZ96-0.7
质量/kg	66	66	66	98	98	98	98	140	140
功率/kW	6	9	12	18	24	36	48	72	96
额定蒸发量/kg	8.6	12.8	12.8	25.8	34.4	51.5	68.7	103	137.3
额定工作压力/MPa	0.7	0.7	0.7	0.7	0.7	0.7	0.7	0.7	0.7
饱和蒸汽温度/℃	171	171	171	171	171	171	171	171	171
额定水容量/L	8	12	12	28	28	28	8	8	8
热效率/%	98	98	98	98	98	98	98	98	98

电源压力(交流电压)/V	220/380	220/380	220/380	220/380	220/380	220/380	220/380	220/380	220/380
频率/Hz	50	50	50	50	50	50	50	50	50
可选功率	3-6 可调节	6-9 可调节	8-12 可调节	9-18 可调节	12-24 可调节	18-36 可调节	24-48 可调节	18-18-18-18 可调节	24-24-24-24 可调节
出气口	DN15 外丝	DN15 外丝	DN15 外丝	DN15 外丝	DN15 外丝	DN15 外丝	DN15 外丝	DN15 外丝	DN15 外丝
进水口	DN15 外丝	DN15 外丝	DN15 外丝	DN15 外丝	DN15 外丝	DN15 外丝	DN15 外丝	DN15 外丝	DN15 外丝
排污阀	DN15 外丝	DN15 外丝	DN15 外丝	DN15 外丝	DN15 外丝	DN15 外丝	DN15 外丝	DN15 外丝	DN15 外丝

8.2.3 混气罐

热塑成型内衬管施工的混气罐如图 8-5 所示，包括移动车架、车厢、厢门。车厢的内部固定设置有混气罐体，混气罐体的顶部另一侧固定设置有冷气端口，热蒸汽端口和冷气端口的中部设置有气压检测端口和温度检测端口，混气罐的顶部设置有热蒸汽进气管和冷气进气管，可同时导入冷气和热蒸汽，减少占地面积。混气罐用于管道非开挖修复热塑成型内衬管施工，安装在热塑成型工程车上，向热塑成型内衬管内通入热蒸汽，将热塑内衬管加热软化，通过加压使内衬管膨胀，待内衬管与待修复管道贴合后，停止通入热蒸汽，同时保持压力不变，向内衬管内通入冷气，使内衬管冷却塑型。

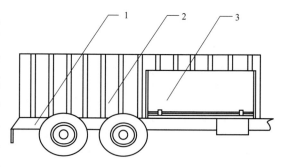

图 8-5 混气罐

1—移动车架；2—车厢；3—厢门

（图片来源：杰瑞高科有限公司）

常用混气罐选型表如表 8-14 所列。

表 8-14 混气罐选型表

容积/L	工作压力/MPa	设计温度/℃	容器总高/mm	容器内径/mm	进气口		出气口		支座		安全阀接口	排污阀接口
					H2①/mm	d/mm	H3②/mm	d/mm	D/mm	d/mm		
0.3	2.5		1521		658		1058					
0.3	3.0	110	1521	600	658	50	1058	50	420	20	DN25	DN25
0.3	4.0		1555		675		1075					
0.6	2.5		1911		683		1498					
0.6	3.0	110	1945	700	700	65	1515	65	490	24	DN25	DN25
0.6	4.0		1949		702		1517					

容积/L	工作压力/MPa	设计温度/℃	容器总高/mm	容器内径/mm	进气口 H2①/mm	进气口 d/mm	出气口 H3②/mm	出气口 d/mm	支座 D/mm	支座 d/mm	安全阀接口	排污阀接口
1.0	2.5		2366		698		1908					
1.0	3.0	110	2390	800	710	65	1920	65	560	24	DN25	DN25
1.0	4.0		2394		712		1922					
1.5	2.5		2820		755		2315					
1.5	3.0	110	2824	900	757	65	2317	65	630	24	DN25	DN25
1.5	4.0		2828		759		2319					
2.0	2.5		2870		780		2340					
2.0	3.0	110	2874	1000	782	80	2342	80	700	24	DN32	DN25
2.0	4.0		2882		786		2346					
2.5	2.5		2924		807		2367					
2.5	3.0	110	2928	1100	809	80	2369	80	770	24	DN32	DN25
2.5	4.0		2960		825		2385					
3.0	2.5		3014		872		2432					
3.0	3.0	110	3018	1200	874	80	2434	80	906	24	DN40	DN25
3.0	4.0		3050		890		2450					
4.0	2.5	110	3128	1400	934	100	2494	100	1050	24	DN40	DN25
4.0	3.0		3132		936		2496					
5.0	2.5	110	3818	1400	934	100	3034	100	1050	24	DN50	DN25
5.0	3.0		3822		936		3036					
6.0	2.5	110	4448	1400	954	125	3674	125	1050	24	DN50	DN25
6.0	3.0		4452		956		3676					
8.0	2.5	110	3260	2000	1110	125	2390	125	1500	32	DN50	DN25
8.0	3.0		3262		1112		2392					
10.0	2.5	110	3860	2000	1110	150	2990	150	1500	32	DN50	DN25

① H2 表示第二个流体的进口，通常是冷却介质或低温介质的进口；

② H3 表示第一个流体的出口，通常是热源或高温介质的出口。

8.2.4　冷干机

冷干机是冷冻式干燥机的简称，利用冷媒与压缩空气进行热交换，把压缩空气温度降到2~10℃范围的露点温度。冷干机按冷凝器的冷却方式分为气冷型和水冷型两种，按进气温度高低分为高温进气型（80℃以下）和常温进气型（45℃左右），按工作压力分为普通型（0.3~1.0MPa）和中高压型（1.2MPa以上）。在热塑施工中主要采用普通型常温进气冷干机。

冷干机如图8-6所示，主要包括制冷压缩机、冷凝器、蒸发器和膨胀阀。制冷压缩机是制冷系统的"心脏"，它从吸气管吸入低温低压的制冷剂气体，通过电机运转带动活塞对其进行压缩后，向排气管排出高温高压的制冷剂气体，为制冷循环提供动力。冷凝器将冷媒压缩机排出的高压、过热冷媒蒸汽冷却成为液态制冷剂，其热量被冷却水或冷却空气带走，从而使制冷过程得以连续不断进行。蒸发器是冷干机的主要换热部件，压缩空气在蒸发器中被强制冷却，其中大部分水蒸气冷却后凝结成液态水排出机外，从而使压缩空气得到干燥。低压冷媒液体，在蒸发器里发生相变，成为低压冷媒蒸汽，在相变过程中吸收周围热量，从而使压缩空气降温。热力膨胀阀（毛细管）是制冷系统的节流机构，在冷干机中，蒸发器制冷剂的供给及其调节是通过节流机构来实现的。

图 8-6　冷干机
（图片来源：优尼可尔压缩机制造江苏有限公司）

常用冷干机设备选型表如表 8-15 所列。

表 8-15　冷干机设备选型表

型号	SAD-10 HTW	SAD-20 HTW	SAD-30 HTW	SAD-40 HTW	SAD-50 HTW	SAD-60 HTW	SAD-80 HTW	SAD-100 HTW	SAD-150 HTW
空气处理量(标准状况) /(m³/min)	10.7	25	33	45	55	65	85	110	160
电源/(V/Hz)	380/50								
压缩机(总)功率 /(hp/kW)	3/2.5	5.0/4.0	7.5/6.1	10.5/8.0	12/9.0	15/11.3	20/16	25/19	36/27
冷却水循环量/L	3.0	7.2	11.0	14.0	18.0	22.0	29.0	36.0	54.0
空气接管管径	ZG2	DN80	DN100	DN125	DN125	DN125	DN150	DN150	DN200
冷凝水循环量/(m³/h)	3.0	7.2	11.0	14.0	18.0	22.0	29.0	36.0	54.0
设备质量/kg	260	430	860	980	1150	1250	1600	2200	3000

续表

外形尺寸/mm	长	1180	1400	1650	1850	2100	2150	2420	2750	3108
	宽	670	750	950	850	920	900	1340	1350	1400
	高	1080	1250	1590	1630	1645	1730	1900	2004	2122

8.2.5 牵拉装置

热塑成型管道非开挖修复的牵拉装置如图 8-7 所示，包括两个井道以及连通在两个井道之间的待修复管道、修复材料放卷装置、两个管路导入结构、两个润滑结构以及四个定位机构。每个管路导入结构包括定位块、贯穿固定安装在定位块中的弯折导料管以及加工设置在弯折导料管内壁的抛光面，PVC 热塑管道活动贯穿连接在两个弯折导料管之间，通过提高内衬管道传输的平滑度以及牵引速率，在降低材料耗损的同时可加快待修复管道的修复进程。

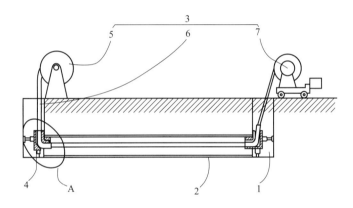

图 8-7 牵拉装置

1—井道；2—待修复管道；3—修复材料放卷装置；4—管道导入结构；
5—收卷架；6—内衬软管；7—钢绳牵引机；A—局部放大图
（图片来源：广州易探科技有限公司）

牵拉装置选型表见表 8-16。

表 8-16 牵拉装置选型表

型号	测量范围/kN	分度值/kN	外形尺寸/mm			质量/kg
			A	B	C	
MH10KN	0～10	0.2				
MH30KN	0～30	0.5	620	225	160	16
MH50KN	0～50	1				
MH80KN	0～80	2	620	225	160	16.5
MH120KN	0～120	2	650	225	160	20
MH200KN	0～200	2				
MHC80	0～80	2	650	280	160	17.5

第 8 章 热塑成型修复工艺及设备　223

型号	测量范围/kN	分度值/kN	外形尺寸/mm			质量/kg
			A	B	C	
MHC120	0～120	2	650	280	160	20
MHC160	0～160	2				
MHCY80	0～80	2	650	280	160	17.5
MHCY120	0～120	2	650	280	160	20
MHCY160	0～160	2				

8.2.6 卷扬机

卷扬机是用卷筒缠绕钢丝绳或链条，用于提升或牵引重物的轻小型起重设备，又称绞车。卷扬机（见图 8-8）在传动时，应具有排绳装置，通过检测机器人或冲洗设备引入钢丝绳。卷扬机可以垂直提升、水平或倾斜拽引重物。卷扬机分为手动卷扬机、电动卷扬机及液压卷扬机三种，以电动卷扬机为主。其可单独使用，也可作起重、筑路和矿井提升等机械中的组成部件，因操作简单、绕绳量大、移置方便而广泛应用。主要运用于建筑、水利工程、林业、矿山、码头等的物料升降或平拖。

卷扬机设备选型表见表 8-17。

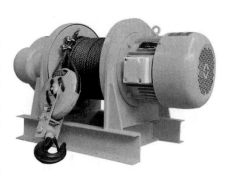

图 8-8 卷扬机示意图

表 8-17 卷扬机设备选型表

型号	拉力/T	提升速度/(m/min)	卷筒容量/M	钢丝绳长度/mm	电机功率/kW	制动器	整机质量/kg
JK0.5 吨	0.5	22	100	7.7	2.2	TJ2-100	120
JK1 吨	1	22	120	9.9	5.5	TJ2-150	220
JK1.5 吨	1.5	22	150	11	7.5	TJ2-200	340
JK2 吨	2	16	150	12	7.5	TJ2-200	370
JK3 吨	3	16	160	15.5	11	TJ2-200	400
JK5 吨	5	9	200	19.5	11	YWZ300	850
JK8 吨	8	9	300	26	15	YWZ300	1500
JK10 吨	10	9	300	30	22	YWZ300	1800
JK20 吨	20	9	500	39	45	YWZ400	6500
JK50 吨	50	9	800	54	90	YWZ500	—
JK100 吨	100	9	800	68	160	YWZ600	—

8.3 工程案例

8.3.1 工程概况

修复工程位于重庆市永川区，由于运行年代久远、维护不及时，管道出现严重的结构性缺陷和功能性缺陷，管道总长度为 1.2km，管径 DN600，管道材质为双壁波纹管和混凝土管，经 CCTV 检测，管道缺陷统计见表 8-18。

表 8-18　管道缺陷统计表

结构性缺陷数/处							合计/处
变形	错口	腐蚀	破裂	渗漏	脱节	进口材料脱落	
3	6	10	28	7	5	1	60
功能性缺陷数/处							合计/处
沉积	障碍物	结垢	浮渣	树根	残墙、坝根		
30	4	6	6	21	1		68

管道以破裂、腐蚀、渗漏、脱节、错口缺陷为主，其中，破裂、腐蚀、渗漏、脱节、错口缺陷总计占结构性缺陷的 93%。部分管道病害情况如图 8-9 所示（书后另见彩图）。

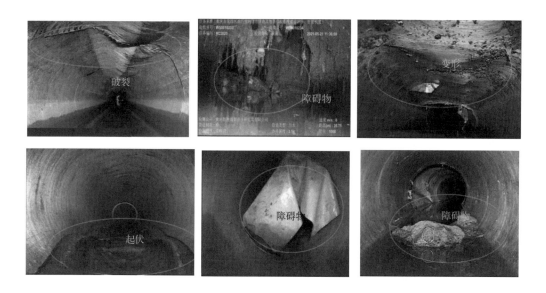

图 8-9　部分管道病害情况

该施工区域位于商业中心，人流量大、可作业面小，交通拥挤地段不具备开挖条件。结合几种非开挖修复技术特点和适用范围，经比选，确定采用 FIPP 非开挖修复技术对其进行修复。

8.3.2 施工过程

（1）内衬管材料质量控制

严格做好内衬管材料的进场检验及验收工作，确保产品合格证及出厂检测报告齐全，产品标识完好，外观完好无缺损。同时，现场随机抽取内衬管进行取样，复检结果应满足规定要求。

（2）内衬管预热软化

根据现场实际待修复管道长度制作内衬管，将内衬管送入加热箱加热，加热温度及加热时间根据厂家提供的参数来确定。内衬管预热软化及内衬管拉入过程软化如图 8-10 和图 8-11 所示。

图 8-10　内衬管预热软化

图 8-11　内衬管拉入过程软化

（3）内衬管拉入待修复管道

将预热好的内衬管拉入原有管道，通过铁链连接卷扬机和卷盘上的内衬管，施工人员通过步话机联系相互配合，确保将内衬管顺利拉入待修复管道中。

在施工过程中，由于管道长度较长，材料易发生提前冷却硬化，可通过对内衬管内加热使其保持软化，最后顺利将内衬管完全拉入待修复管道。内衬管拉入施工现场如图 8-12 所示。

(a) 内衬管拉入原有管道

(b) 切除多余内衬管

图 8-12　内衬管拉入施工现场

（4）内衬管膨胀及冷却定型

对内衬管加热软化，用专用堵头在送料检查井与接收检查井中分别将内衬管两端堵住，开始向内衬管通入水蒸气加热加压，使内衬管膨胀直至紧贴待修复管道内壁。内衬管膨胀成型过程中，一定要控制好加热温度和内衬管内部的压力。待内衬管完全与待修复管道内壁紧密贴合后，在保持压力不变的情况下，向内衬管内部输入冷空气冷却，当内衬管内部的气体温度降为常温后可以释放压力。

施工完成后，通过 CCTV 检测对修复后的管道进行检查，竣工验收指标按 CJJ/T 210—2014 标准进行验收。

8.3.3 施工验收

（1）外观评价

修复完成后，采用 CCTV 设备对修复后的管道进行检测，内衬管内壁表面光滑无鼓胀，无明显划伤、褶皱、裂纹及渗漏水，效果好。同时，内衬管与待修复管道贴合紧密，符合《城镇排水管道检测与评估技术规程》（CJJ 181—2012）标准的规定。

（2）内衬管结构性能

对于修复后的内衬管进行取样，并委托专业机构对送检试样进行检测，检测结果见表8-19。

表 8-19　FIPP 内衬软管的强度检测结果

检测项目	检测条件	技术指标	检测结果	单项判断	检测方法
拉伸强度/MPa	(23±2)℃	≥21	36.2	合格	GB/T 1040.2
弯曲强度/MPa		≥31	55.6	合格	GB/T 9341
弯曲模量/MPa		≥1724	2455	合格	

由表 8-19 可知，初始固化管的拉伸强度为 36.2MPa，弯曲强度为 55.6MPa，弯曲模量为 2455MPa，均满足各项技术指标要求，检测结果合格。

（3）内衬管管壁密实性试验

密实性试验可检验修复后内衬材料的均匀度和管壁的抗渗性能，测试方法参照《给水排水管道原位固化法修复工程技术规程》（T/CECS 559）中的管壁密实性试验，经实际测试均未发生渗漏，试验结果合格。

（4）修复后管道过流能力

管道修复完成后，内衬管的曼宁系数为 0.010，待修复管道的材质为混凝土管，曼宁系数为 0.013。原管道的内径为 601mm，内衬管的内径为 581mm。经计算得管道修复前后过流能力比为 118.8%，过流能力显著增加，满足工程验收规定。

参考文献

［1］　廖宝勇．原位热塑成型修复技术在给排水管道非开挖修复中的应用［J］．建设科技，2019（23）：60-63.

［2］ 石东优，叶建州，李静，等.城镇排水管道原位热塑成型修复技术的工程应用［J］.中国给水排水，2022，38（10）：153-159.

［3］ 李静，石东优，曹井国，等.排水管道原位热塑成型修复技术国内外标准对比研究［J］.给水排水，2022，58（08）：128-135.

［4］ 刘琳，刘勇，黄宁君.新型原位热塑成型管道非开挖修复技术应用案例［J］.中国给水排水，2021，37（06）：134-137，142.

［5］ 游小鹭.市政供水PE管道热熔连接关键技术及质量控制［J］.四川水泥，2022（11）：59-61.

［6］ 张虎，邵磊，余成，等.冲击荷载对埋地管道影响的试验与数值模拟研究［J］.地震工程与工程振动，2022，42（03）：243-252.

［7］ 李秋蓉.排水管道非开挖修复技术及工程应用［J］.工程技术研究，2022，7（15）：89-91.

［8］ Yan X F，Wang X H，Xiang W G，et al. Buckling behavior of Formed-in-Place-Pipe（FIPP）liners under groundwater pressure：An experimental investigation for buried municipal pipelines［J］. Tunnelling and Underground Space Technology Incorporating Trenchless Technology Research，2023（142）：105397.

第 9 章
喷涂修复工艺及设备

9.1 喷涂修复工艺

9.1.1 简介

　　管道内壁喷涂修复工艺（见图 9-1，书后另见彩图），利用空气动力学原理，直接将涂料均匀涂敷在原管道管壁上，形成一层光滑的内衬保护涂层（见图 9-2，书后另见彩图），适用于内壁基层为混凝土、金属等材质的市政给排水管道。这种工艺不仅能够改善管道腐蚀和水垢问题，提高管道输水能力和供水水质，延长管道使用寿命，而且能大幅缩短施工周期，减小对路面设施和周边环境的影响和破坏，在给排水管道修复中有着广阔的应用前景。

图 9-1　喷涂施工现场

　　喷涂法修复技术与 CIPP、穿插法、折叠内衬法等非开挖修复工艺的显著区别在于：喷涂法是依附于既有结构或轮廓而成型的，最大的优势在于灵活性强，可不受既有结构的形状、规格等限制，形成的内衬可与既有结构无缝结合（黏合或贴合），受力状态好。

　　水泥砂浆管道防腐技术至今有近 200 年历史，法国在 1836 年将其用于管道防腐，19 世纪后期美国开始对水泥砂浆进行产业化。美国的 Centriline 公司在 1933 年发明了水泥砂浆

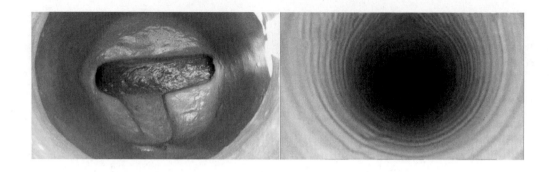

图 9-2　管道内壁喷涂效果

喷涂内衬修复工艺，并用于供水管道内衬表面的防腐和防渗。目前所使用的喷涂法大多数是从该技术发展过来的，通常被称为水泥砂浆喷涂法。

1934 年，美国新泽西州纽瓦克市采用水泥砂浆喷涂法对一段长 8.4km、直径为 1.22m 的供水钢管进行了修复，结果表明，砂浆内衬不但解决了管道渗漏问题，还降低了管道的粗糙系数，使修复后的管道具有更大的过流能力。1939 年，美国水工协会（AWWA）公布了"钢质水管车间喷涂水泥砂浆内衬技术规范"，喷涂水泥砂浆内衬作为一种管道修复技术被正式列入行业标准中。美国于 20 世纪 50 年代中期开始要求大管径供水干管采用水泥砂浆内衬，并于 1965 年开始要求所有新建钢质和铸铁水管采用水泥砂浆内衬。

上海自来水行业最早于 1960 年初开始对供水管做水泥砂浆内衬。国内油田行业于 20 世纪 60 年代末开始研究，并应用砂浆内衬技术对油田供水和排污管道进行防腐。水泥砂浆内衬防腐主要有 3 个方面的作用：

① 砂浆具有渗透性，砂浆中的水泥水化后会形成一定量的 $Ca(OH)_2$，从而使金属管壁形成了钝化层，阻止了锈蚀的发生；

② 砂浆衬里限制了腐蚀介质与管壁的直接接触；

③ 砂浆在电化学腐蚀的过程中起到了电阻作用，延缓了腐蚀的发生。

树脂最早用于金属管道的外防腐，使用最为广泛的是环氧树脂，一般在管道表层涂 0.038～0.2mm 厚的薄层。随着材料技术的发展，开发出了适宜厚度喷涂的树脂产品。在 NASTT（北美非开挖技术协会）2013 年非开挖展览中，北美地区使用厚喷涂树脂修复地下给排水管道、检查井、污水池及其他地下构筑物等。与传统树脂相比，用于地下管道修复的树脂具有快速固化、不流挂、高结构强度的特点。在管道设施修复领域，常使用的树脂类别主要为环氧、聚脲、聚氨酯及其改性树脂。

9.1.2　喷涂施工

非开挖给排水管道内壁喷涂修复工艺的施工工艺流程如图 9-3 和图 9-4 所示。

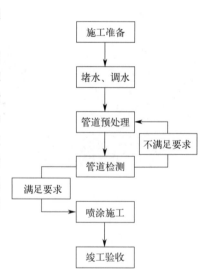

图 9-3　排水管道内壁喷涂修复施工流程

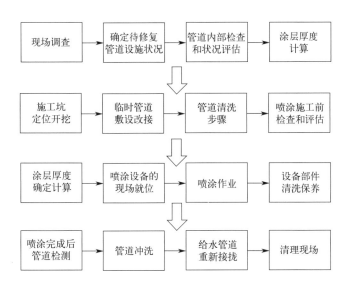

```
现场调查 → 确定待修复 → 管道内部检查 → 涂层厚度
         管道设施状况   和状况评估      计算
                          ↓
施工坑    临时管道    管道清洗    喷涂施工前
定位开挖 → 敷设改接 → 步骤 →     检查和评估
                          ↓
涂层厚度    喷涂设备的   喷涂作业    设备部件
确定计算 → 现场就位 →  →          清洗保养
                          ↓
喷涂完成后   管道冲洗    给水管道    清理现场
管道检测 → →            重新接拢 →
```

图 9-4   给水管道内壁喷涂修复施工流程

9.1.2.1　施工坑定位开挖

供水管道修复需要开挖工作坑，在喷涂施工前确定工作坑位置，一般选择阀门、弯头处较为理想。工作坑的大小应满足施工空间的要求，工作坑的坑位应避开地上建筑物、架空线、地下管线或其他构筑物，不宜设置在道路交汇口、医院入口、消防入口处，工作坑宜设置在管道变径、转角或检查井处。当工作坑较深时，应按现行国家标准《给水排水管道工程施工及验收规范》（GB 50268—2008）中的有关规定设计放坡或支护。

9.1.2.2　喷涂预处理

（1）检查井预处理

按照 CCTV 检测要求，通过封堵、抽水、疏通、清洗等操作，确保管道或井室内部清洁干净；对于井室渗漏点或空洞部分进行嵌补，采用水泥或聚氨酯止水；对井壁及井室进行高压冲洗，清理附着物，确保后期喷涂材料的附着；对喷涂前井壁、井室及底部的明水进行处理，确保井底没有大量明水。

（2）管道预处理

包括管道清淤、高压水枪冲洗、CCTV 检测、病害问题处理、堵漏、切除凸出部位、填补结构空缺、除锈、除垢及干燥通风，对预处理后的管道进行检测与评估，对待喷涂管道进行干燥处理，并确保待喷涂管道的情况满足喷涂条件。

9.1.2.3　施工前检查和评估

管道清理完毕后，通过管道机器人 CCTV 检查，确保管道内壁符合喷涂修复施工工艺要求并录像存证。如渗漏孔洞、裂缝大于 6mm，应先将此处管道更换修补，以符合喷涂施工要求。

9.1.2.4 喷涂作业

喷涂方式分为人工喷涂和机械喷涂。人工喷涂是通过人工移动喷头向管壁喷涂材料；机械喷涂是利用喷涂机器人，通过喷头旋转时的离心力，将材料均匀地喷涂到管道内壁。对于DN800 以上的管道，可采用人工喷涂，也可采用机械喷涂；DN800 以下的管道，只能采用机械喷涂。管道的喷涂方式宜按表 9-1 进行选择。

表 9-1　喷涂方式选择

管道形式		喷涂方式
圆形管道	$300mm \leqslant d_e < 800mm$	机械喷涂
	$d_e \geqslant 800mm$	人工喷涂或机械喷涂
矩形箱涵	$300mm \leqslant B_c < 800mm$ 或 $300mm \leqslant H_c < 800mm$	机械喷涂
	$B_c \geqslant 800mm$ 且 $H_c \geqslant 800mm$	人工喷涂或机械喷涂

　注：d_e 为原管道内径；B_c 为箱涵内部宽度；H_c 为箱涵内部高度。

根据施工工况以及管道的大小和形状，选择合适的喷涂方式及材料。

（1）人工喷涂

人工喷涂方法适用于小面积和需要手工控制的修复工程。操作人员需要熟练掌握喷涂技巧，以确保修复的质量和持久性。

工作人员进入管道后，使用喷枪或喷壶将修复材料均匀地喷涂在管道表面，确保修复材料能够均匀地覆盖整个管道表面，避免出现厚薄不均或漏涂的情况。如果需要多层修复，应等待第一层干燥后，再进行下一层的喷涂。每一层应该交错进行，以确保覆盖的均匀性。

（2）机械喷涂

喷涂机是专门设计用于管道修复的设备。它们通常具有调节喷涂厚度和速度的功能，以满足不同工程的要求。喷涂机可以自动控制喷涂参数，提高施工的一致性和效率。

施工时，浆料通过高压软管泵送到管内的气动喷涂设备后被高速甩到管壁，同时通过地面卷扬机往后回拖喷涂设备，与此同时，喷涂设备后面带的抹平设备将管壁的砂浆抹平，形成内衬。主要针对地下既有的、人无法进入的管道进行砂浆内衬施工，该法主要用于DN500 以下管道的水泥砂浆现场内衬修复工艺，一次施工距离可达上百米，如图 9-5 和图9-6 所示。

（3）砂浆喷涂

① 施工前，对现场进行准备工作。确保工作区域的安全，清除杂物，确保充分通风和排水设施齐全。对需要修复的管道进行全面检查。包括检测管道的损伤、腐蚀、漏水等问题，以确定修复的范围和程度。

② 准备水泥砂浆混合物。通常将水泥、砂子和水按照一定比例混合，形成均匀的砂浆。清洁管道表面，以确保砂浆能够附着到管道壁上。这通常包括去除污垢、油脂和锈迹。

③ 在管道表面涂抹黏结剂，以增强砂浆与管道的附着力。黏结剂通常需要干燥一段时间，以确保黏附牢固。

④ 使用专用的喷涂设备，将准备好的水泥砂浆均匀地喷涂在管道表面。这个过程需要

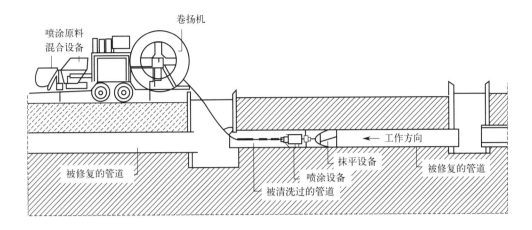

图 9-5 拖拉式喷涂法原理

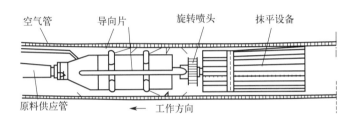

图 9-6 拖拉式喷涂法工具结构

的技术程度较高，以确保砂浆的均匀覆盖和厚度。

⑤ 一旦砂浆喷涂完成，需要给予足够的时间来养护和干燥。这通常需要几天的时间，以确保砂浆完全硬化和固定。完工后，需要进行质量检验，确保修复后的管道符合相关标准和要求。清理施工现场，确保没有留下杂物和危险物品。

（4）树脂喷涂

① 涂料装入设备料仓前，应查看质量合格证、保质期，并开箱检查涂料的外观包装、凝结情况等。

② 将新涂料加入料桶内，首次喷涂前，料桶内应充入氮气，使桶内涂料保持干燥。

③ 设备启动前，应先启动配套发电机和空压机，检查设备各部件，再加入新的机油。

④ 当脐管温度达到 46℃ 时，在循环完成后进入称重检查步骤，双组分涂料重量比为1∶1.23，误差在 ±5％ 以内，在完成 3 次称重检查后主泵会自动停下恢复原位。

⑤ 称重检查通过后，将脐管上球阀和长循环阀关闭。将输料管、空气管与牵引头用万向接头与拖拉绳索连接，通过卷扬机将脐管拖拉穿过待修复管道至操作坑内就位。根据管道内径的尺寸选择喷头和相应的拖车或滑车，用旋杯调节在拖车上的垂直距离，以保持中心和管道的轴向中心一致。

⑥ 拆卸牵引头后，应立即将料管、压缩空气管连接至混合块和空气马达，并在垫层上

进行处理，以防垃圾进入脐管和空气马达，空气马达在接入连接管前，应加入润滑剂。拖拉受力的钢链条应绷直安装，以免混合块和脐管的连接螺丝受力脱落而污染管道，同时，将料管和压缩空气软管牢固地绑扎在一起，以防喷涂拖拉时加大拖拉阻力。

⑦ 在调试过程中，喷头操作人员和喷涂设备操作人员应紧密配合，用转速仪测量旋杯的转速达到 10000r/min，勿使旋杯过于高速旋转，影响空气马达的使用寿命。

9.1.3 检测与验收

喷涂修复工艺施工质量验收主要包括管道功能性检验和工程质量检验两部分。

9.1.3.1 管道功能性检验

喷涂修复后的重力管道应进行严密性试验，管道严密性试验应符合现行国家标准《给水排水管道工程施工及验收规范》（GB 50268—2008）中的有关规定。

喷涂修复后的压力管道应进行水压试验，水压试验应符合现行国家标准《给水排水管道工程施工及验收规范》（GB 50268—2008）中的有关规定。

当管道处于地下水位以下，管道内径大于 1000mm，试验用水水源困难或管道有支管接入且临时排水有困难时，可按现行国家标准《给水排水管道工程施工及验收规范》（GB 50268—2008）中有关混凝土结构无压管道渗水量测与评定方法的规定进行检查，并做好记录。喷涂修复管道应无明显渗水，不得有水珠、滴漏、线漏等现象，局部修复的管道可不进行闭气或闭水试验。

管道功能性试验涉及水压、气压作业时应有安全防护措施，作业人员应按相关安全作业要求进行操作。管道排出的水应排放至规定地点，不得影响周围环境或造成积水，应采取措施确保人员和附近设施安全。

9.1.3.2 工程质量检验

（1）水泥砂浆喷涂工程质量检验

① 检查修复后的管道表面外观，包括砂浆的平整度、均匀性、附着力等。砂浆应该均匀覆盖整个管道表面，没有明显的凹凸或脱落。

② 使用合适的工具，测量砂浆的厚度。根据设计要求，砂浆的厚度应在一定范围内，确保修复效果达标。

③ 进行黏结强度测试，以评估砂浆与管道表面的附着力。这可以通过使用剥离试验或拉伸试验来完成，测试的结果应符合相关标准和规范。

④ 检查砂浆的密实度。可以使用适当的工具在砂浆表面进行轻敲或敲击，听声音来评估砂浆的密实度，密实度应符合规定要求。

⑤ 可以采集砂浆样品，送往实验室进行进一步的物理和化学测试，以评估砂浆的成分和质量。检查砂浆的均匀性，确保修复区域没有明显的不均匀厚度或空洞。

⑥ 在修复后的管道上施加水压，观察是否有漏水现象。漏水可能表明修复工程存在问题。

⑦ 对所有的检验过程和结果进行记录，包括检查日期、测试方法、检验结果等信息。这些记录可用于质量证明和工程归档。

⑧ 在整个工程完成后，进行验收测试，以确保砂浆修复的管道达到设计要求和标准。验收测试通常由相关的监管部门或第三方检测机构进行。

（2）高分子喷涂工程质量检验

喷涂作业前，应在施工现场先喷涂一块 200mm×400mm、厚度不小于 3mm 的样片，并由施工技术主管人员进行外观质量评价并留样备查。

1）喷涂材料性能应符合设计要求，质量保证资料应齐全

① 检验方法：对照设计文件检查出厂产品的质量合格证书、性能检验报告、使用说明书、生产日期、保质期等。

② 检查数量：每批产品检查。

2）基层表面处理验收应符合的规定

① 水泥抹面与管道内壁应紧密贴合，无空鼓、无硬凸起物，阴角和阳角处的过渡宜平顺。

检验方法：观察和敲击，检查施工记录。

检查数量：全数检查。

② 基层喷涂前，基层表面温度不应小于 5℃，并应采取强制通风措施。

检验方法：观察，检查施工记录。

检查数量：全数检查。

3）高分子材料喷涂层质量验收应符合的规定

① 高分子喷涂材料和底涂料、涂层修补材料、层间处理剂等配套材料应满足设计要求。

② 高分子材料喷涂固化后的质量要求应符合表 9-2 中的规定。

表 9-2　高分子材料喷涂固化后的质量要求

检测项目	质量要求	检测频率	测试方法
涂层厚度	平均厚度应符合设计要求；检测的最小厚度值不应小于设计厚度的 80%，平均值不应小于 100%，管道接口喷涂的厚度不小于 100%；检测不得破坏已修复结构体	圆形管道每 500m² 检测一次，至少检测 6 个点；方沟每 500m² 检测一次，至少检测 6 个点，分布在顶部、侧墙和底部；取样处应含接口，样块尺寸为 20mm×20mm；全过程记录结果作为过程报告	现行国家标准《塑料管道系统　塑料部件尺寸的测定》（GB/T 8806—2008）

③ 喷涂后表面应无孔洞、无裂缝、无划伤，细部构造处的表面处理应符合设计文件的规定。

检验方法：观察，检查施工记录。

检查数量：全数检查。

4）管道线形应和顺，接口、接缝应平顺，内衬与原有管道过渡应平缓；管道内应无明显湿渍

① 检验方法：观察或 CCTV 检测，检查施工记录、CCTV 检测记录等。

② 检查数量：全数检查。

5）修复管道的检查井及井内施工应满足设计要求，并应无渗漏水现象

① 检验方法：观察，检查施工记录。

② 检查数量：全数检查。

6）高强度聚氨酯在阴角、阳角等细部构造的防水措施应符合设计文件的规定

① 检验方法：观察，检查隐蔽工程验收记录。

② 检查数量：全数检查。

7）高分子喷涂材料涂层应连续、无漏涂、无空鼓、无剥落、无划伤、无龟裂、无异物

① 检验方法：观察或 CCTV 检测。

② 检查数量：全数检查。

喷涂层颜色应均匀，涂层应连续、无漏涂和流挂，涂层应无针孔、无剥落、无深度大于涂层厚度 0.3 倍或大于 1mm 的划伤、无长度大于 1m 且深度大于喷涂层厚度 0.3 倍或大于 1mm 的龟裂、无异物，涂层内气泡直径不得大于 10mm，成膜材料每平方米内的气泡不得超过 5 个。避免因机器行走速度不均匀而产生不均匀堆积的隆起，必须保证表面光洁度。涂层外观应均匀、光滑（允许有可见螺线状的旋风痕迹）、无漏涂等。

9.2 无机砂浆喷涂机

9.2.1 高效率管道喷涂机器人

高效率管道喷涂机器人中部空腔中通过螺栓固定连接有驱动电机，驱动电机的中心设有驱动转轴，驱动转轴的左端设置有联通组件，驱动转轴位于联通组件的右侧并安装有喷涂组件。喷涂组件包括第一连接套筒和喷涂座，第一连接套筒的筒壁上部开设的螺纹孔内设有紧固螺栓，通过紧固螺栓将其固定套接于驱动转轴的左侧轴壁上，互成 90°同轴分布有 4 个第一连接杆，底端均焊接于第一连接套筒的外筒壁。第一连接杆的顶部焊接有喷涂座，喷涂座的顶部设有喷头。驱动转轴的右端设置有清理组件，喷涂机主体周壁上安装有支撑组件。新型喷涂机的整体及部分组件剖面结构示意见图 9-7 和图 9-8。

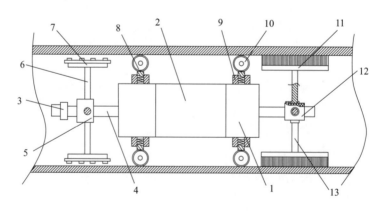

图 9-7　新型喷涂机的整体剖面结构示意图

1—喷涂机主体；2—驱动电机；3—联通组件；4—驱动转轴；5—第一连接套筒；6—第一连接杆；7—喷涂座；
8—支撑柱；9—支撑座；10—支撑轮；11—清洁固定座；12—第二连接套筒；13—第二连接杆

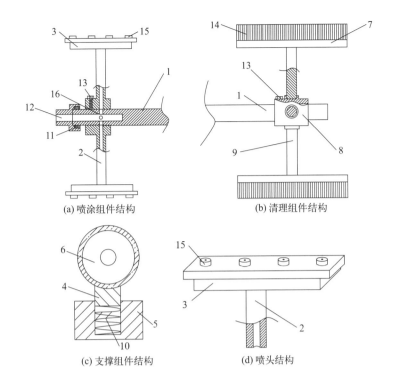

(a) 喷涂组件结构　　　　　　　(b) 清理组件结构

(c) 支撑组件结构　　　　　　　(d) 喷头结构

图 9-8　新型喷涂机部分组件剖面结构示意图

1—驱动转轴；2—第一连接杆；3—喷涂座；4—支撑柱；5—支撑座；6—支撑轮；7—清洁固定座；

8—第二连接套筒；9—第二连接杆；10—弹簧；11—连接套筒；12—密封轴承；13—紧固螺栓；

14—清理毛刷；15—喷头；16—第一连接套筒

　　适合用无机砂浆原料的喷涂机可分为车载式管道内衬离心喷涂机、移动式管道内衬离心喷涂机、滑行式管道内衬离心喷涂修复机、快装式检查井离心喷涂修复组合机架、非开挖管道内衬离心喷涂旋喷器。

9.2.2　车载式管道内衬离心喷涂机

　　车载式管道内衬离心喷涂机的特点是应用立式搅拌体内置内弯桨叶组合来混合砂浆，能在混合时产生强大的径向流和轴向流，形成多流向交错的循环旋涡，浆液微团尺寸减小，效果明显。下部装置可实现遥控操作，泵送压力大，输送距离远。设置即时就地更换螺杆泵转子定子卸装作业滑道，设置自动精准可控的计量供水系统及气源调压、过滤油雾装置，能够调节旋喷器升降速度与泵送砂浆排量、泵送压力、喷涂厚度等，设置独特的螺杆泵抗磨损限位控制与调节功能。随机吊臂长度可伸缩，工作角度可任意选择，整机为城区准许通行的厢式小货车，占用空间小，无需烦琐安装，如图 9-9

图 9-9　车载式管道内衬离心喷涂机

（图片来源：温州市华宁建筑机械有限公司）

所示。

车载式管道内衬离心喷涂机主要技术参数如表 9-3 所列。

表 9-3　车载式不同型号喷涂机参数

型号	排量/(L/min)	泵送压力/bar	输送距离/m	混合容量/L	主电机功率/kW
GXL-80	≤80	30	120	160	7.5
GXL-70	≤70	30	120	160	5.5
GLX-60	≤60	30	120	160	5.5
GXL-50	≤50	30	120	160	4.0

9.2.3　移动式管道内衬离心喷涂机

移动式管道内衬离心喷涂机的特点是内置旋喷式供水机构，能够确保砂浆不黏结在搅拌体内壁上，如图 9-10 所示。

图 9-10　移动式管道内衬离心喷涂机

移动式管道内衬离心喷涂机主要技术参数如表 9-4 所列。

表 9-4　移动式不同型号喷涂机参数

型号	排量/(L/min)	泵送压力/bar	输送距离/m	混合容量/L	主电机功率/kW
JPW-70	≤70	30	100	260	5.5
JPW-60	≤60	30	100	260	5.5
JPW-60	≤50	30	70	260	4.5/5.5

9.2.4　滑行式管道内衬离心喷涂修复机

滑行式管道内衬离心喷涂修复机的特点是采用 CCCP（水泥基砂浆喷筑法）施工技术，用不同型号的旋喷器，以高耐磨不锈钢材料为机体，设置不同的升降机构，得到所需的伸展或收缩作业半径，从而满足不同管径管道的顺利通过需求。使用时高速旋喷器中轴线与管道中心线重合，将预先配制好的水泥灰浆泵送到旋喷器入口，沿管道缓慢滑行喷涂，在管腔内壁形成连续致密的高强度、各种厚度的内衬层，实现非开挖地下管道的修复施工作业。修复机上设有 360°旋转高清摄像头，可收集管道内图像并转化为视频信号传输至显示器，将其储存于芯片，使作业人员能在地面清晰地了解到机器的工作状态并获取数据，如图 9-11 所示。

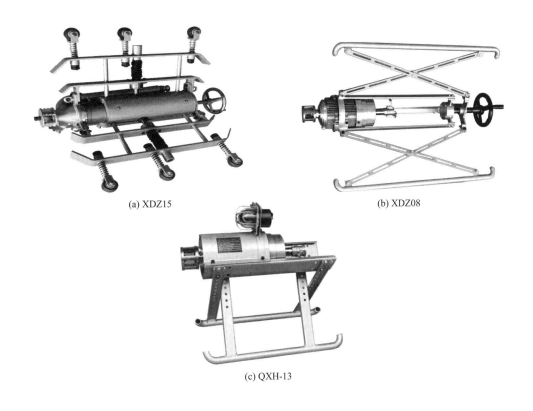

(a) XDZ15

(b) XDZ08

(c) QXH-13

图 9-11　滑行式管道内衬离心喷涂修复机

滑行式管道内衬离心喷涂修复机的技术参数如表 9-5 所列。

表 9-5　滑行式不同型号喷涂机参数

型号	适用管径/mm	适用长度/m	旋喷方式	升降形式	可选部件	最大外形/mm
XDZ15	＜1000	＜120	XDZ15	连杆机构	驱动行走轮	1150×φ1040
XDZ08	＜1000	＜120	XDZ08	滑轨调节	驱动行走轮	680×440×520
QXH-13	≥800	＜120	QXH13	变速器转动	驱动行走轮	1820×680

9.2.5　快装式检查井离心喷涂修复组合机架

快装式检查井离心喷涂修复组合机架集遥控、调速集成、离心旋喷工作器、升降机、高度可调支架为一体，结构紧密，无紧固件，拆装无需任何工具，在几分钟内即可完成拆解收集、搬离施工现场，或搭装、竖立展开工作，如图 9-12 所示。

快装式检查井离心喷涂修复组合机架的相关技术参数如表 9-6 所列。

图 9-12　快装式检查井离心喷涂修复组合机架

表 9-6　快装式离心喷涂修复组合机架参数

项目	参数	项目	参数
型号	XKH-D	空载速度/(r/min)	≥5000
旋喷力矩/(N·m)	10.23	施工范围	各类圆形或方形检查井
升降力矩/(N·m)	≥50	竖立外形/mm	长1000,宽1550,高≥1600
升降速度	无级调速		

9.2.6　非开挖管道内衬离心喷涂旋喷器

应用于 CCCP 的各型号非开挖离心喷涂旋喷器,如图 9-13 所示。

(a) XQC-13　　(b) XDC-15　　(c) XDZ-15　　(d) XDS-60　　(e) RSC-1.0

图 9-13　五种型号旋喷器

（1）XQC-13

XQC-13 旋喷器主体为不锈钢材料,耐磨、防腐蚀性高。其使用合金铝机身,由气动马达驱动,体积小、质量轻、使用便捷。其用于检查井及地下管道内衬离心喷涂各类聚合物水泥砂浆,可实现检查井与管道内衬原位快速高效修复施工。

（2）XDC-15

XDC-15 内腔结构设有过渡料仓,旋转盘径向增大,浆料输出更畅通,喷射距离加大,压力提高,有助于扩展喷涂作业范围,可用于各类聚合物水泥砂浆离心喷涂检查井及地下管道内衬的修复施工。

（3）XDZ-15

XDZ-15 可将拌和后的砂浆由输浆管通过旋喷器中轴线上的导料管，直接泵压注入离心出浆盘，均匀分布、喷洒至井壁或管道内壁，形成高密度、高强度内衬，出浆顺畅、厚度均衡，可任意调节，可用于各类聚合物水泥砂浆离心喷涂检查井及地下管道内衬的修复施工。

（4）XDS-60

XDS-60 采用伺服电机实现定位、速度、力矩的闭环控制，相比异步电机转速高倍增加，抗过载能力强。其用于检查井内衬喷涂各类聚合物水泥砂浆，可实现检查井内衬原位、快速、高效、稳定离心喷涂修复施工。

（5）RSC-1.0

RSC-1.0 为检查井修复专用气动旋喷器，是针对检查井离心喷筑内衬修复特点专门研制的高转速气动器件，结构全部采用不锈钢材料，其旋转部件经特殊硬化、耐磨处理，具有最佳工作性能和使用寿命。其适用于各类水泥基材料的离心喷筑法内衬施工。

非开挖管道内衬离心喷涂旋喷器的技术参数如表 9-7 所列。

表 9-7　不同型号旋喷器技术参数

型号	XQC-13	XDC-15	XDZ-15	XDS-60	RSC-1.0
适合范围	检查井及管径 ≥600mm 的管道		检查井及管径 ≥800mm 的管道	检查井及管径 ≥600mm 的管道	检查井及管径 ≥600mm 的管道
空载转速/(r/min)	≥5000	≥4000		≥6000	≥7000(双向回转)
旋喷力矩/Nm	9.2	10.23	10.23		
连接管径	料管为 25mm，气管为 13mm			输浆管为 25mm	料管为 25mm，气管为 13mm
气源能量	排量≥1m³/min，气压≥7bar			排量≥1m³/min，气压≥7bar	排量≥1m³/min，气压≥7bar
适合原浆	聚合物水泥砂浆	聚合物水泥砂浆	聚合物水泥砂浆	聚合物水泥砂浆	水泥基材料
质量/kg	约 8.5	约 21	约 15	约 12	约 8.5
外形尺寸/mm	130×210×370	270×200×560	φ180×630	160×110×410	

9.3　高分子聚合物喷涂机

9.3.1　国外典型设备

适合用高分子聚合物的喷涂机，典型设备有美国 GRACO 品牌的 Reactor H-XP3、Reactor H-40 两种型号（见图 9-14）。

高分子聚合物喷涂机的特点包括以下几个方面。

图 9-14　Reactor H-XP3（适用于聚脲）和 Reactor H-40（适用于聚氨酯材料）

① 混合式加热器：可将材料快速加热并保持在设计温度，适用于大流量喷涂场合。

② 可加装遥控功能：全面控制温度和压力。

③ 三区加热系统：控制材料温度，以便提高效率。

④ 用户定义的控制功能：压力失衡控制可防止生产比例不均匀现象发生，能在 100～999psi 范围内以 100psi 的增量检测不平衡状况，待机模式可编程，能在停止一定时间后关闭液压泵，减少系统磨损，防止机组过热。

两种型号的喷涂机参数见表 9-8。

表 9-8　Reactor H-XP3 和 Reactor H-40 高性能液压驱动双组分喷涂机参数

项目	Reactor H-40	Reactor H-XP3
最大输出量	20kg/min	2.5US gal/min
最大流体工作压力/MPa	138	24
最高环境温度/℃	49	49
最高流体温度/℃	88	88
加热器最大功率/W	15300/20400	20400
软管最大长度/m	125	125
质量/kg	272	272

注：1US gal＝3.785412dm³。

其前端喷涂装置示意见图 9-15。

9.3.2　国内设备

9.3.2.1　聚氨酯喷涂机

聚氨酯喷涂机 JNJX-Ⅲ（H）见图 9-16，其技术参数如表 9-9 所列。

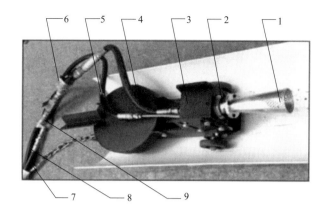

图 9-15 前端喷涂装置

1—旋杯；2—气动马达；3—喷涂车；4—静态混合管；5—高压气管；

6—混合块；7—牵引钢丝；8—A 输料管；9—B 输料管

图 9-16 聚氨酯喷涂机 JNJX-Ⅲ（H）

表 9-9 聚氨酯喷涂机技术参数

项目	参数	项目	参数
型号	JNJX-Ⅲ（H）	最大输出压力/MPa	25
电源	380V 50Hz	原料比例	1：1
总功率/kW	10	原料输出量/（kg/min）	2～10
加热功率/kW	9.5	保温管路	支持 75m
气源	0.5～0.8MPa，排出量≥0.9m³/min	主机净重/kg	130
驱动方式	气动驱动		

该喷涂机的优点如下：

① 气动增压装置，具有体积小、质量轻、操作简单等特点；

② 先进的换气方式，能最大程度地保证设备工作稳定性；

③ 多重原料过滤装置，能最大限度地减少喷涂堵塞；

④ 多重漏电保护系统，能够保护操作者的安全；

⑤ 配备紧急开关系统，能够快捷应对紧急情况发生；

⑥ 380V 加热系统，能够使原料迅速升温到理想状态，满足设备正常施工需求；

⑦ 设备操作面板人性化设置，很容易掌握操作方式；

⑧ 喷枪具有体积小、质量轻、故障率低等优点；

⑨ 提料泵采用大变比方式，冬季原料黏度高时同样可以轻松供料。

9.3.2.2 聚脲喷涂机

型号为 JNJX-H5600 的聚脲喷涂机见图 9-17。

图 9-17　聚脲喷涂机

其技术参数如表 9-10 所列。

表 9-10　JNJX-H5600 聚脲喷涂机技术参数

项目	参数	项目	参数
型号	JNJX-H5600	液压压力/MPa	6～18
电源	三相四线,380V 50Hz	气源	0.5～0.8MPa,排出量≥0.5m³/min
加热功率/kW	22	原料输出量/(kg/min)	3～12
驱动方式	液压驱动	最大输出压力/MPa	36

JNJX-H5600 聚脲喷涂机的优势有如下几点：

① 采用液压驱动，工作效率高，动力更强劲、稳定；

② 故障率低、操作简单、方便移动；

③ 换向装置可最大限度地保证设备工作稳定性，四重原料过滤装置能够较大限度地减少喷涂堵塞问题；

④ 多重漏电保护系统，能够保护操作者的安全；

⑤ 配备紧急开关系统，能够快捷应对紧急情况发生；

⑥ 380V 加热系统，能够使原料迅速升温到理想状态，满足设备在寒冷地区正常施工需求；

⑦ 整机完全人性化设计，很容易就能掌握操作方式，可收纳保温管组（120m）；

⑧ 喷枪体积小、质量轻、故障率低；

⑨ 提料泵采用大变比方式，冬季原料黏度高时同样可以正常供料。

9.4 其他设备

9.4.1 喷涂集成车

喷涂集成车是一种专门用于管道喷涂修复的车辆，其主要组成部分及功能如下。

（1）车身

喷涂集成车的车身通常采用坚固的结构设计，以确保在工作过程中的稳定性和安全性。车身上通常配备工作平台和各种操作控制台，方便维修人员进行作业。

（2）高压喷涂设备

这种专用车辆配备了高压喷涂设备，用于将修复材料或特殊涂料喷涂到管道内壁。高压喷涂系统通常包括压力泵、喷枪、喷涂管道等组件，能够提供足够的喷涂压力和流量。

（3）材料储存和供给系统

车辆上通常会设置材料储存和供给系统，用于存放和供给喷涂所需的修复材料或涂料。这些系统通常包括储存罐、输送管道、泵等设备，以确保修复材料能够稳定地供给到喷涂设备。

（4）导向和定位系统

为了确保喷涂过程的准确性和精度，专用车通常配备导向和定位系统。这些系统可以帮助维修人员准确定位管道的位置，并保持喷涂设备与管道内壁的准确距离和角度。

（5）控制和监测系统

为了方便操作和监测修复过程，专用车通常配备控制和监测系统。这些系统可以通过仪表盘或操作控制台监测和调整各种参数，如喷涂压力、喷涂速度、涂料消耗量等。

喷涂集成车示意见图 9-18。

图 9-18 喷涂集成车

9.4.2 搅拌机

9.4.2.1 二次重复式搅拌机

二次重复式搅拌机（见图 9-19）是与灰浆泵配套使用的搅拌机，适用于处理水泥砂浆、干粉砂浆、耐火泥浆、防火涂料及其他混合浆料。机器具有双层重复式搅拌功能，浆料经过二次搅拌后，避免了离析和沉淀。JW-180B 型的搅拌机配置了振动筛，用于砂浆介质材料的筛选工作。

9.4.2.2 立式灰浆搅拌机

立式灰浆搅拌机（见图 9-20）是与灰浆泵配套使用的搅拌机，适用于处理水泥砂浆、干粉砂浆、耐火泥浆、防火涂料及其他混合浆料。其工作容量大，配有移动轮。

9.4.2.3 高速灰浆搅拌台车

GSJ-400A 型的高速灰浆搅拌台车配置高/低速搅拌设备，补充搅拌及移动车架机构，供水系统（水泵、水计量），电气控制系统；GSJ-400B 机型配置上料机系统（螺旋机输送水泥和外加剂）；GSJ-400C 机型配置粉料计量系统（电子秤自动计量）。高速灰浆搅拌台车如图 9-21 所示。

图 9-19　二次重复式搅拌机　　　　图 9-20　立式灰浆搅拌机　　　　图 9-21　高速灰浆搅拌台车

9.5　施工案例

9.5.1　工程概况

该项目对湖北省黄石胜阳港老排洪渠进行了箱涵喷涂修复，由于外部地下水和土壤结构、压力等经年改变，逐步造成箱涵结构失衡，内壁砂浆失去黏结作用，片石脱落，局部渠壁出现大裂缝，甚至出现坍塌。由于渠道长期处于运行状态，无法断流，不能进行开挖修复，经研究分析后决定采用砂浆喷涂修复工艺对渠道进行加固修复。该项目由保定金迪地下管线探测工程有限公司设计实施。管道修复前状况如图 9-22 所示（书后另见彩图）。

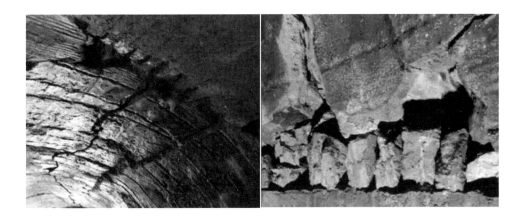

图 9-22 管道修复前状况

9.5.2 施工准备

施工准备主要包括对渠道内部破损情况和渠道内部修复条件的勘察，对施工需要的材料、设备和工具进行准备以及施工前期手续的办理。

9.5.2.1 施工围挡

非开挖渠道喷涂修复作业在渠道内进行，但所需要的材料设备都要在地面进行运输和临时储存，而且单一管段修复耗时比较长，为了确保施工人员安全，需要采用全封闭式围挡，对施工作业区域进行隔离（市区主要道路围挡高度 2.5m，一般道路 1.8m）。

9.5.2.2 渠道通风

按照渠道修复作业规程及安全施工要求，通风是开展渠道内施工前及施工过程中的必要环节。通风时，在渠道修复段两端出入口安装大功率抽排风换气设备，并按要求采用四合一毒气检测仪对渠道内气体安全性进行监测，以确保渠道内施工人员安全。

渠道通风作业需要在施工时不间断进行，气体检测仪连续检测，应安排专人值守。当发现气体检测仪报警时，施工人员应立即撤离，并对渠道内危险因素进行排查，确定渠道内安全后，施工人员方可继续进入渠道作业。

9.5.2.3 围堰导流

根据实际修复条件及邻近修复段距离，现场考虑设置围堰段的方法。在黄石胜阳港老排洪渠修复项目施工工程中，对于水位较低（水位不高于 60cm）的渠道，可采用人工潜水砌墙封堵，中间加设单管道或双管道导流（见图 9-23，书后另见彩图），对于水位较高的渠道，则采用沙袋单侧分流围堰（见图 9-24）。

9.5.2.4 渠道降水清淤

围堰建好后，可以利用污水泵或动力站进行渠内降水，待渠道内水位下降至规定水位线以下后，再进行渠道清淤作业。胜阳港老排洪渠渠道年代久远，不同管段的清淤作业时间及方法也存在差异，因此项目部制定了差异化的施工方案。降水后，作业人员要现场查看淤泥

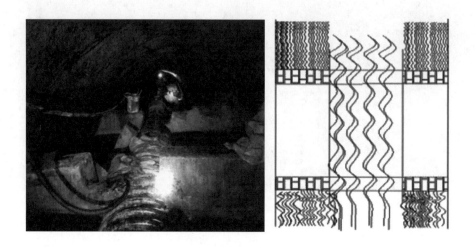

图 9-23　安装导流围堰导流

图 9-24　沙袋单侧分流围堰

的成分和状态，如果全部是黏稠状淤泥，在条件允许时应首选吸污车作业，如果以结垢块状夹片石为主，则需要投入人工，在渠道内将淤积物装袋运输至井外，全部清理后再转入下一工序。

9.5.2.5　渠壁清洗及预处理

为保证喷涂质量，需要人工对渠壁的淤泥、油污进行清洗及预处理，包括清除剥落层，对一些孔洞进行填补，对小渗漏进行注浆封堵、抹平，对大渗漏进行钻孔引流，对大裂缝进行注浆，规格较大的箱涵还需要搭建脚手架。

9.5.3 施工过程

调试喷涂设备，然后可直接在预处理完毕的渠壁待修复部位进行喷涂修复。喷涂时，喷头应稍倾斜于受喷面，分层均匀喷涂，直至达到要求的喷涂厚度。进行喷涂工序时应同时安排抹平压光工序，喷头和渠壁的距离可根据喷涂要求调整。喷涂修复和压光示意见图 9-25（书后另见彩图）。

图 9-25　喷涂修复和压光

9.5.4 施工验收

9.5.4.1 修复前初验

对每一段修复前管道进行现场勘查测量，中间有钢筋铺设的管道依照设计要对钢筋的绑扎及其间距进行测量，对底板拆除的厚度进行测量。

9.5.4.2 修复后初验

依据设计，对修复后的平整度、厚度、长度都进行审核测量，同时对原材料检测报告进行审核，包括钢筋复检报告，砂浆材料抗压、抗折复检报告，混凝土抗压、抗渗试块检测报告。

9.5.4.3 竣工验收

对渠道中每段修复的平整度、围堰拆除情况、修复后的渠壁现状进行检查验收，同时对成果资料的完整性、数据的准确性进行查验。

参考文献

［1］ Najafi M. Trenchless Technology ［M］. New York：McGraw-Hill Professional，2004.

［2］ Najafi M，Gokhale S. Trenchless Technology：Pipeline and Utility Design，Construction and Renewal ［M］. New York：McGraw-Hill，2005.

［3］ 大庆油田设计研究院六室 国内使用水泥砂浆做管道内防腐的简况 ［J］. 油田设计，1972（06）：21-22.

［4］ 林发. 管道水泥砂浆衬里失效机理的探讨 ［J］. 油田地面工程，1993（03）：44-46.

［5］ Kirsch S，Paul S，Rogers R，et al. Water Main Rehabilitation Using Polyurea Linings-Same Day Return to Service. ［C］//NASTT's 2013 No-Dig Show.

［6］ 孔耀祖. 原位浇筑法管道和检查井非开挖修复技术研究及应用 ［D］. 武汉：中国地质大学，2017.

［7］ 高愉. 管道水泥砂浆衬里的施工工艺及配套机具的比选综述 ［J］. 市政技术，2014，32（03）：159-161.

［8］ 张广山. 铸铁管内衬水泥砂浆防腐层试验成功 ［J］. 混凝土与水泥制品，1986（04）：59.

第 10 章
穿插法修复工艺及设备

10.1 穿插法修复工艺

10.1.1 工艺介绍

穿插法是一种用牵拉或顶推的方式将新管直接置入原有管道的管道修复方法，包括连续穿插法、短管穿插法、折叠内衬法以及缩径内衬法四种。该工艺利用原有管道的外能抗冲击、内能承压力，以及内衬管耐腐蚀、耐磨损、耐高温、寿命长等特点，形成"管中管"复合结构，使得修复后的管道具备原管和内衬管的综合特性。

按现行行业标准《城镇给水管道非开挖修复更新工程技术规程》（CJJ/T 244—2016）以及《城镇排水管道非开挖修复更新工程技术规程》（CJJ/T 210—2014）的规定，穿插法工艺的选择应根据检测与评估资料进行技术经济比较后确定，穿插法工艺可按表 10-1 的规定选取。

表 10-1 穿插法修复工艺

穿插法修复更新方法	适用管径/mm	内衬管道材质	注浆需求
连续穿插法	＞200	中密度聚乙烯（MDPE）、聚丙烯（PP）、玻璃钢（GRP）等	根据实际需求
短管穿插法	＞200	高密度聚乙烯（HDPE）、MDPE、PP、硬质聚氯乙烯（PVC-U）、GRP	根据实际需求
折叠内衬法（工厂折叠）	100～300	MDPE	不需要
折叠内衬法（现场折叠）	100～1600	MDPE	不需要
缩径内衬法	200～1200	MDPE	不需要

管道修复穿插法是一种可用于管道结构性和非结构性修复的非开挖修复方法。在 1940 年该方法就用于更新破坏管道，多年的经验表明穿插法是一种技术经济性很高的管道更新技术。

10.1.2 修复材料性能

目前，穿插法修复工艺多使用 PE 管材，下面详细介绍 PE 管材的性能要求。

10.1.2.1 排水管道修复用 PE 材料性能要求

在按照《塑料管道系统　用外推法确定热塑性塑料材料以管材形式的长期静液压强度》（GB/T 18252—2020）中确定的试验温度 20℃条件下，由所考察材料制造的管材能够耐受 50 年的应力预测下限（对应预测概率为 97.5%）相应的静液压强度，常用聚乙烯可分为 PE63、PE80、PE100。非开挖修复更新工程所用 PE 管材的原材料应选用 PE80 或 PE100 级的管道混配料，管材规格尺寸应按设计的要求确定，且应符合表 10-2 要求。

表 10-2　排水管道修复用 PE 材料性能要求

性能	MDPE PE80	HDPE PE80	HDPE PE100	试验方法
屈服强度/MPa	＞18	＞20	＞22	《塑料　拉伸性能的测定　第 2 部分：模塑和挤塑塑料的试验条件》（GB/T 1040.2）
断裂伸长率/%	＞350	＞350	＞350	《塑料　拉伸性能的测定　第 2 部分：模塑和挤塑塑料的试验条件》（GB/T 1040.2）
弯曲模量/MPa	600	800	900	《塑料　弯曲性能的测定》（GB/T 9341）

10.1.2.2 供水管道修复用 PE 材料性能要求

当内衬 PE 管材为标准管时，其物理力学性能应符合现行国家标准《给水用聚乙烯（PE）管道系统　第 2 部分：管材》（GB/T 13663.2—2018）中的有关规定。当内衬 PE 管材为非标准管时，其物理力学性能应符合现行行业标准《钢质管道聚乙烯内衬技术规范》（SY/T 4110—2019）中的有关规定。内衬 PE 管材的耐开裂性能应符合现行行业标准《埋地塑料给水管道工程技术规程》（CJJ 101—2016）中的有关规定。

10.1.3 修复设计规定

10.1.3.1 排水管道修复内衬设计

（1）半结构性修复设计

当采用穿插法进行半结构性修复时内衬管最小壁厚应符合下列规定：

$$t = \frac{D_{\circ}}{\left[\dfrac{2kE_{\mathrm{L}}C}{PN(1-\mu^2)}\right]^{\frac{1}{3}}+1} \tag{10-1}$$

$$C = \left[\frac{1-\dfrac{q}{100}}{\left(1+\dfrac{q}{100}\right)^2}\right]^3 \tag{10-2}$$

$$q = 100 \times \frac{(D_e - D_{min})}{D_e} \text{ 或 } q = 100 \times \frac{(D_{max} - D_e)}{D_e} \quad (10\text{-}3)$$

式中 t——内衬管壁厚，mm；

    D_o——内衬管外径，mm；

    k——原有管道对内衬管的支撑系数，取值宜为 7.0；

    E_L——内衬管的长期弹性模量，MPa，宜取短期弹性模量的 50%；

    C——椭圆度折减系数；

    P——内衬管管顶地下水压力，MPa；

    N——安全系数，取 2.0；

    μ——泊松比，PE 内衬管取 0.45；

    q——原有管道的椭圆度，%；

    D_e——原有管道的平均内径，mm；

   D_{min}——原有管道的最小内径，mm；

   D_{max}——原有管道的最大内径，mm。

（2）结构性修复设计

当采用穿插法进行结构性修复时，内衬管壁厚应符合下列规定：

$$t = 0.721 D_o \left[\frac{\left(\frac{N q_t}{C} \right)^2}{E_L R_w B' E'_s} \right]^{\frac{1}{3}} \quad (10\text{-}4)$$

$$q_t = 0.00981 H_w + \frac{\gamma H_s R_w}{1000} + W_s \quad (10\text{-}5)$$

$$R_w = 1 - 0.33 \times \frac{H_w}{H_s} \quad (10\text{-}6)$$

$$B' = \frac{1}{1 + 4e^{-0.213H}} \quad (10\text{-}7)$$

式中 q_t——管道总的外部压力，MPa，包括地下水压力、上覆土压力以及活荷载；

    R_w——水浮力系数，最小取 0.67；

    B'——弹性支撑系数；

    E'_s——管侧土综合变形模量，MPa，可按现行国家标准《给水排水工程管道结构设计规范》（GB 50332—2002）的规定确定；

    H_w——管顶以上地下水位高，m；

    γ——土的重度，kN/m³；

    H——管道敷设深度，m；

    H_s——管顶覆土厚度，m；

    W_s——活荷载，MPa，应按现行国家标准《给水排水工程管道结构设计规范》（GB 50332—2002）中的规定确定。

内衬管壁厚还应满足式(10-8)的要求：

$$t \geqslant \frac{0.1973 D_o}{E^{\frac{1}{3}}} \quad (10\text{-}8)$$

式中 E——内衬管初始弹性模量，MPa。

10.1.3.2 供水管道修复内衬设计

（1）半结构性修复设计

采用折叠内衬法或缩径内衬法进行半结构性管道修复时，内衬管道应能承受管道外部地下水压力和真空压力以及原有管道破损部位内部水压的作用，且壁厚设计应符合下列规定。

内衬管道承受外部地下水压力和真空压力的壁厚应按下列公式计算：

$$t = \frac{D_o}{\left[\dfrac{2kE_L C}{(P_w + P_v)N(1-\mu^2)}\right]^{\frac{1}{3}} + 1} \tag{10-9}$$

$$P_w = 0.00981 H_w \tag{10-10}$$

$$C = \left[\frac{\left(1 - \dfrac{q}{100}\right)}{\left(1 + \dfrac{q}{100}\right)^2}\right]^3 \tag{10-11}$$

$$q = 100 \times \frac{(D_e - D_{min})}{D_e} \text{ 或 } q = 100 \times \frac{(D_{max} - D_e)}{D_e} \tag{10-12}$$

式中 t——内衬管壁厚，mm；

D_o——内衬管外径，mm；

k——原有管道对内衬管的支撑系数，取值宜为 7.0；

E_L——内衬管的长期弹性模量，MPa，宜取短期弹性模量的 50%；

C——椭圆度折减系数；

P_w——管顶位置地下水压力，MPa；

P_v——真空压力，MPa，取值宜为 0.05MPa；

N——管道截面环向稳定性抗力系数，不应小于 2.0；

μ——泊松比，PE 内衬管取 0.45；

H_w——管顶以上地下水位深度，m；

q——原有管道的椭圆度，%；

D_e——原有管道的平均内径，mm；

D_{min}——原有管道的最小内径，mm；

D_{max}——原有管道的最大内径，mm。

当按式（10-9）计算所得 t 值满足式（10-13）的要求时，应按式（10-14）对内衬管道壁厚设计值进行校核；当按式（10-9）计算所得 t 值不满足式（10-13）的要求时，应按式（10-15）对内衬管道壁厚设计值进行校核。

$$\frac{d_h}{D_e} \leqslant 1.83 \times \left(\frac{t}{D_o}\right)^{\frac{1}{2}} \tag{10-13}$$

$$t \geqslant \frac{D_o}{\left[5.33 \times \left(\dfrac{D_e}{d_h}\right)^2 \times \dfrac{\sigma_L}{N P_d}\right]^{\frac{1}{2}} + 1} \tag{10-14}$$

$$t \geqslant \frac{\gamma_Q P_d D_n}{2 f_t \sigma_{TL}} \qquad (10\text{-}15)$$

$$D_n = D_o - t \qquad (10\text{-}16)$$

式中 d_h——原有管道中缺口或孔洞的最大直径，mm；

σ_L——内衬管道的长期弯曲强度，MPa，宜取短期弯曲强度的 50%；

P_d——管道设计压力，MPa，应按管道工作压力的 1.5 倍计算；

D_n——内衬管道计算直径，mm；

γ_Q——设计内水压力的分项系数，$\gamma_Q = 1.4$；

σ_{TL}——内衬材料的长期拉伸强度，MPa，PE100 材料取 10.0MPa，PE80 材料取 8.0MPa；

f_t——抗力折减系数，PE 材料可按表 10-3 取值。

表 10-3 PE 材料的抗力折减系数

温度/℃	抗力折减系数 f_t	温度/℃	抗力折减系数 f_t
20	1.00	35	0.80
25	0.93	40	0.74
30	0.87		

注：本表所指 PE 材料的抗力折减系数是按使用年限为 50 年要求的规定取值的。

（2）结构性修复设计

采用穿插法进行管道结构性修复，内衬管道设计应符合现行国家标准《给水排水工程管道结构设计规范》（GB 50332—2002）中的有关规定。

10.1.3.3　工作坑设计

采用 PE 管道进行穿插法、折叠内衬法、缩径内衬法的连续管道牵拉作业时，应预留放置连续管道的场地，牵拉连续管道进入工作坑，如图 10-1 所示。

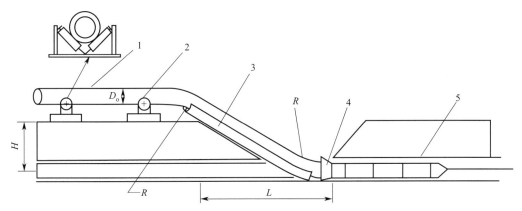

图 10-1　连续管道牵拉进管工作坑布置示意图

1—内衬管道；2—地面滚轮架；3—防磨垫；4—喇叭形导入口；5—原有管道

工作坑深度宜为管底深度加 0.5m，宽度宜为管道外径加 1.5m，连续管道进管工作坑的最小长度应按下式计算：

$$L = [H(4R - H)]^{\frac{1}{2}} \qquad (10\text{-}17)$$

式中　L——工作坑长度，m；

　　　H——管道敷设深度，m；

　　　R——管道允许弯曲半径，m，且 $R \geqslant 25D_o$。

10.1.4 连续穿插法

连续穿插法是一种将连续内衬管在直径保持不变的情况下置入原有管道内形成内衬的管道更新工法，其基本原理示意如图 10-2 所示。

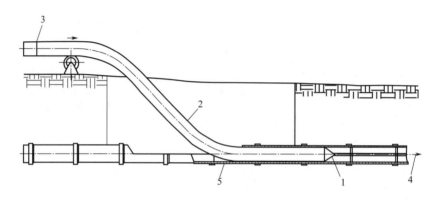

图 10-2　连续穿插法修复工艺示意图

1—牵拉头；2—内衬管；3—内衬管预制接口；4—牵引力；5—原有管道

10.1.4.1 适用范围

连续穿插法修复工艺适用范围主要有以下几个方面。

① 管道类型：适用于压力管道与非压力管道。

② 管径：可应用于 DN100～DN1200 的管道，可修复含有微小弯角的管道。

③ 穿插长度：一次性穿插长度受作业段的允许作业空间、回拖设备能力以及管材强度的限制，典型最大修复长度为 750m。

④ 管道强度：新管必须能承受使用期间内部和外部的作用力，也要能承受施工时施加的牵引力、挤压力和注浆压力。

10.1.4.2 内衬管管材

连续穿插法修复可选用 PE、PP 管材，目前常用 PE 管材。

10.1.4.3 工艺流程

连续穿插法的主要工艺流程为：施工前准备开挖工作坑→注浆管的加工→旧管内清淤安装定位管→新管拖入→注浆→管段清理、工作井封闭、检查井修复→安装完毕。

需要注意的是，当修复的管道对坡度有一定的要求时，如污水管道，需要有塑料或钢制的定位器或间隔器进行辅助。灌浆时，间隔器可保证新管居于旧管的中间，形成均匀的环形间隙。通常对于污水管道和自来水管道，要求向环形间隙灌浆，而对于煤气管道则不要求灌浆。

10.1.4.4 工法特性

该工法施工工艺简单、施工速度快、投资少、施工成本低，可适应大曲率半径的弯管，其耐磨性和耐化学性取决于内衬管材料性能。该工法的缺点是，修复后管道的过流能力显著降低。

10.1.5 短管穿插法

短管穿插法是一种将非连续的管道更新的工法，将小于更新管段长度的短管插入原有管道内，在插入过程中连接形成内衬。

短管穿插法将修复用内衬短管由工作坑拉入或推入原有管道内，然后连接成整列内衬管，并不断从原有管道内推进到下一个检查井或工作井，最后在内衬管和原有管道之间注浆形成内衬，根据内衬管的安装方式将短管穿插法分为如下 3 种。

（1）A 法

采用顶推方式将由短管连接成的内衬管连续置入原有管道内，见图 10-3。

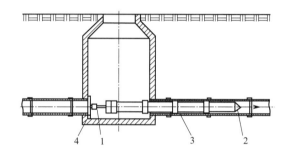

图 10-3　短管穿插法（A法）修复工艺

1—顶推装置；2—导向头；3—拼接后的内衬管；4—反力板

（2）B 法

采用牵拉方式将由短管连接成的内衬管连续置入原有管道内，见图 10-4。

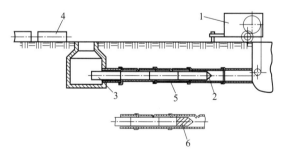

图 10-4　短管穿插法（B法）修复工艺

1—卷扬机；2—牵拉头；3—连接成一体并能承受纵向负载的内衬管；

4—存放的短管；5—原有管道；6—具有复原功能的牵拉头

（3）C 法

采用顶推和牵拉方式将短管分置入原有管道内部后再安装成内衬管，见图 10-5。

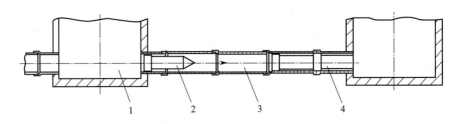

图 10-5　短管穿插法（C 法）修复工艺
1—检查井；2—独立的短管；3—原有管道；4—已置入的短管

10.1.5.1　适用范围

短管穿插法可用于圆形或非圆形断面的管道修复。A 法和 B 法可修复 DN100～DN600 的管道，C 法可修复 DN800～DN4000 的管道，典型最大修复长度为 150m。A 法和 B 法不宜对含有弯曲管段的管道进行修复，C 法可对曲率半径较大的弯曲管段进行修复。

10.1.5.2　内衬管管材

连续穿插法修复内衬材料可选用 PE、PP、PVC-U、GRP 等。

10.1.5.3　工艺流程

短管穿插法工艺流程为：施工准备→管道封堵导流→管道疏通清淤、清洗→CCTV 检测→施工设备安装→短管安装→管道功能试验→新、旧管道间隙注浆填充→CCTV 检测→管头及支线处理→检查井修补→清理验收。

10.1.5.4　工法特性

短管穿插法的工法特性主要包括：
① 修复后新管过流能力显著降低；
② 采用 C 法可恢复可进入管道的平均坡度；
③ 可用于结构性修复；
④ 其耐磨性和耐化学性取决于内衬管材料性能。

10.1.6　缩径内衬法

缩径内衬法是采用缩径设备使 PE 内衬管的断面产生形变，如外径缩小，置入原有管道内，再通过加压或自然复原使 PE 管恢复原来直径，从而与旧管紧密贴合的方法。该工艺利用了 MDPE 和 HDPE 的聚合链结构在达到屈服点之前结构的临时性变化不影响其性能这一特点，使内衬管的直径暂时性地缩小，径向缩径设备见图 10-6。

缩径内衬法修复管道具有不需注浆、施工速度快、管道修复后的过流断面损失小、可适

图 10-6　径向缩径设备

应大曲率半径的弯管、可长距离修复、可用于修复结构性和非结构性损坏的优点；其缺点为主管道与支管道间的连接需开挖进行、旧管道的结构性破坏会导致施工困难、施工设备昂贵、缩径尺寸有限、施工成本较高。

10.1.7　折叠内衬法

折叠内衬法，又称 U 形穿插法，该工艺将折叠成 "U" 形或 "C" 形的 PE 管拉入在役管道内后，利用材料的记忆功能，通过加热、加压等方法使折叠管恢复原有形状和大小，并与原有管道紧密贴合，内衬管折叠复原示意见图 10-7。

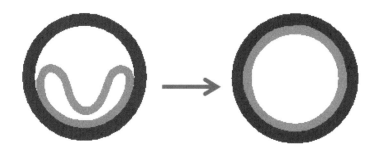

图 10-7　内衬管折叠复原示意图

10.1.7.1　工艺流程

折叠内衬法的典型流程为：作业坑开挖→工作管断开→清管→CCTV 检测→PE 管焊接→机械压成 U 形→胶带缠绕→牵引 PE 折叠管至原管内→管端定型→PE 管充气复原定型→端口处理与连接→内窥检查→修复管道试压、验收→管道连接→作业坑恢复。

10.1.7.2　工法特性

折叠内衬法具有施工时占用场地小、内衬管与旧管紧密贴合、管道的过流断面损失小、无需对环状空间注浆、管道连续无接缝、一次修复作业距离长、折叠后断面收缩率高等特点。

10.2　牵拉设备

牵拉设备在穿插法修复施工中用于牵拉内衬管，一般由绞车、导向滑轮、钢丝绳和牵引头等组成。牵引系统可配备自动显示和记录装置，在施工过程中记录牵引力、牵引速度和长度。

10.2.1　牵引力计算

牵引力的选择决定管段能否全线一次性拖拉到位，还与内穿插拖引下的管材极限破坏以及原管壁的摩擦卡阻等次生性损伤密切相关。当修复工艺需要将修复用 PE 管道拖拉进入在役管道时，其最大允许牵引力可用式(10-18) 计算：

$$F = \sigma \times \frac{\pi(D_o^2 - D_i^2)}{6N_1} \tag{10-18}$$

式中　F——允许牵引力，N；

　　　σ——内衬管材的屈服拉伸强度，N/mm^2；

　　D_o——内衬管外径，mm；

　　D_i——内衬管内径，mm；

　　N_1——安全系数，宜取 3.0。

最大牵引力应至少达到设计牵引力的 1.2 倍以上。

10.2.2　牵引机

多功能牵引机主要是采用液压控制技术，使牵引机自身能够自动升降，并采用先进的自动排绳系统和液压控制系统，使得牵引机能随时自动显示牵引力、自动排绳，见图 10-8。在牵引过程中实时监测牵引力的大小，确保牵引力不超过管材屈服拉力的 50%，配置的自动盘绳系统保证了牵引安全。

表 10-4 中列出了多功能牵引机型号信息，表 10-5 中列出了多功能牵引机的技术参数。

图 10-8　多功能牵引机

表 10-4　多功能牵引机型号信息

型号	尺寸/m	质量/kg
KLQ-2	0.6×1.5×0.5	500
KLQ-5	2.5×1.5×1.6	2500
KLQ-30	5×2.1×2.5	12000

表 10-5　多功能牵引机技术参数

钢丝绳直径/mm	12.5～23.5
钢丝绳缠绕长度/m	≤1500
有效牵引长度/m	≤1400
发动机功率/kW	10～132
最大牵引力/kN	300
牵引速度/(m/min)	3～25

10.3　缩径设备

缩径设备在缩径内衬法修复工艺中用于缩小内衬管直径。PE 管道直径的缩小量不应大于 15%，缩径过程中应观察并记录牵拉设备的牵引力、PE 管道缩径后的周长，并应观察牵拉设备和缩径设备的稳固情况，缩径过程中不得对管道造成损伤。当大气温度低于 5℃或牵引力对 PE 管道管壁拉应力达到 PE 管道材料屈服强度的 40% 时，应采取加热措施。管道缩径与拉入应同步进行，且不得中断。

缩径机四级滚轮径向均匀压缩，每级有 4～6 个滚轮，保证被压缩 PE 管的同圆度，每级缩径不大于 3%，逐级收缩，缩径过程中 PE 管没有急剧变形和应力集中，其分子及晶格结构在缩径过程中也没有太大变化，使 PE 管能够保持原有的记忆特性和物理、化学、力学性能，为 PE 管和主管道内壁紧密贴合提供了技术保障。

每个滚轮都配有液压驱动系统，可实现边压缩边推动 PE 管前行，大幅度降低了牵引力，保证 PE 管在牵引过程中始终处于弹性状态，而不发生塑性变形。此外，还能增加一次穿插距离，减少分段。缩径机结构见图 10-9，可调滚压轮组结构见图 10-10。

表 10-6 中列出了缩径机型号的信息，表 10-7 为缩径机的技术参数。

表 10-6　缩径机型号信息表

型号	尺寸/m	质量/kg
KLS-30	2×1.5×1.5	1500
KLS-70	2.5×2.0×1.8	3000
KLS-120	3×2.5×2.0	6000

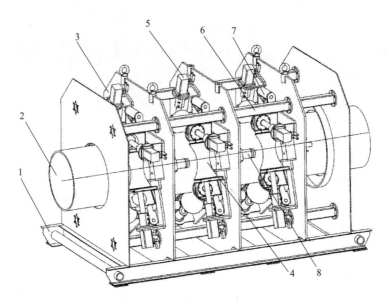

图 10-9 缩径机结构

1—基座；2—内衬管；3—立板；4—可调节压轮组；5—液压马达；6—串连杆；7—摆动座；8—液压缸

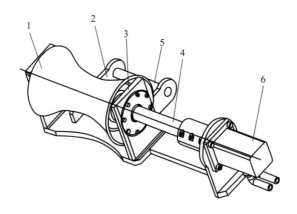

图 10-10 可调滚压轮组结构

1—滚压轮；2—底座；3—轴承座；4—传动轴；5—销轴；6—液压马达

表 10-7 缩径机技术参数表

压缩级数/级	3~6
压缩速度/(m/min)	0~12
液压站压力/bar	140~175
液压站外形尺寸/m	2.5×2×1.8

注：$1bar = 10^5 Pa$。

10.4 折叠变形设备

U形压制设备用于折叠内衬法修复工艺，可将内衬管压制成 U 形。U 形压制设备缩径量应控制在 30%～35%，折叠过程中折叠设备不得对管道产生划痕等破坏。折叠应沿管道轴线进行，管道不得扭曲、偏移。管道折叠后，应立即用缠绕带进行捆扎。管道牵拉端应连续缠绕，其他位置可间断缠绕。折叠管的缠绕和折叠速度应保持同步，宜控制在 5～8m/min。

U 形压制设备应根据折叠管管径和壁厚选择。U 形压制机结构见图 10-11，U 形压制机实物见图 10-12。

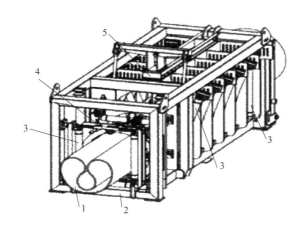

图 10-11　U 形压制机结构

1—捆扎后的内衬管；2—框架；3—挡棍；4—自动捆扎系统；5—压轮组

图 10-12　U 形压制机实物

（图片来源：山东柯林瑞尔管道工程有限公司）

U 形压制机调整的关键要点包括上下和左右压辊的调整。入口处的压辊间距应为 HDPE 管管径的 70%，而主压轮后的左右压辊间距应为 HDPE 管管径的 60%～70%。主压轮前的左右压辊应对压扁变形的 HDPE 管进行合理限位，使其中线与主压轮相对，从而在压制机的中心位置上行走。在环境温度小于 10℃时，主压轮后面的左右压辊间距可适当增加到 65%～75%。需要注意的是，当环境温度小于 5℃时禁止进行 U 形压管。

10.5 工程案例

10.5.1 工程概况

中石化天津分公司水务部排污管道为 DN1200 的预应力混凝土管，管道埋深为 2.0～3.0m，压力在 0.3～0.4MPa 之间，输送介质为经过水务部处理达到污水排放标准的工业污水，因污水管道损毁严重，经常造成环保事故。2014 年根据现场勘察情况，经技术方案比对，决定采用非开挖内穿插 PE 管道修复技术的方法对该管道进行改造，修复的管道长 1712m。内穿插 PE 管道修复技术方法（局部开挖）相对于开挖更换管道，对环境、交通的影响都降到了最低，而且还节省资金、节约时间。

东西向管段在繁华的世纪大道地下，交通流量大，地面环境复杂；东侧管段穿越繁忙的海景大道和大港河道，施工难度大；地下环境复杂，没有相应的管线资料；管线线路较长，管线为 DN1200 的大管径水泥管，施工难度大。

10.5.2 施工过程

10.5.2.1 卷扬机的放置

施工现场均为沙滩或淤泥，无法放置牵引力较大的施工机械，故将卷扬机放置于沟槽的东侧。在卷扬机的底座处设置 6 根工字钢桩，型号为 I36a，长度为 5m，达到适合标高后再在沟槽上按照上述要求浇筑混凝土垫层，最后使用碎石垫层将其覆盖。具体位置为卷扬机牵引一侧距离防护板 8m 处，桩应设置在卷扬机的前侧，卷扬机底部铺设钢板。在卷扬机和防护板之间使用 3 根 I25a 的工字钢作为支撑，间距为 500mm，从端点起每间隔 2m 焊接横撑，将其固定连接成整体。

10.5.2.2 工程排水

施工排水通过压力井排入旧管道。

10.5.2.3 操作坑防护

操作坑采用明挖法施工，挖深大，为了保障地面施工人员的安全，同时为防止地面物体和地面积水落入内部，威胁坑内施工人员的安全，要在坑口周边用 1.8m 栏杆为骨架，外部使用 0.6mm 厚的彩板进行围护，高度为 1.9m，栏杆底部的支撑与工字钢桩固定。

10.5.2.4 断管

采用机械切割断管，断管废料需运到指定废料场。

10.5.2.5 待修复管道清洗

直接采用物理清洗设备及技术对待修复管道分段进行清洗。在断管后，如果管道中有水不断流出，则用堵水气囊进行封堵。在分段清洗时，每段排污坑附近设置集水坑，集水坑铺垫塑料薄膜，设置泥浆泵将污水引入预先制作的污水池，污水池采用红砖砌筑，铺设塑料薄膜，以免装卸污物时污染环境，集中后用吸污车运到指定地点。

用机器人对管内进行内窥检查，确定是否通径。先后以5T、30T牵引机为牵引动力，对管内进行排污、通径。按照机器人内窥检查情况，确定排污、通径组合器尺寸。用通径器采用牵引法对管段进行通径，见图10-13（书后另见彩图）。

10.5.2.6 管道内窥检测技术

旧管道清理完成和PE管穿插完成前后均要对管内情况进行CCTV内窥检查，共3次CCTV内窥检查，见图10-14（书后另见彩图）。

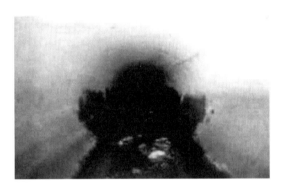

图 10-13　采用通径器对管段排污、通径　　　　图 10-14　CCTV 内窥视频截图

10.5.2.7 PE 管穿插试验

在每段PE管正式穿插前，用$L=13.5\text{m}$的PE管对试验段进行穿插试验，见图10-15（书后另见彩图）。

图 10-15　试验用 13.5m 的 PE 管从操作坑中拉出

试验目的：a. 检查待修复主管的通径；b. 确定摩擦阻力的大小；c. 检查试样内穿插管道的表面损伤情况，确定待修复管道的内表面状况。若穿插试验段划痕深度不大于PE管壁厚的15%，则通径、排污合格，可进行PE管穿插工作。满足要求后再进行下道工序。

10.5.2.8　PE管热熔焊接

此工序作业和清洗排污工序同步进行。技术人员依据施工作业指导书要求编制热熔焊接工艺指导书，对焊接组人员进行技术交底，焊接组负责人指定专人做好焊接纪录。焊接过程中要严格执行工艺参数，严禁随意更改，焊接场所要搭建工棚，以防尘、防风、防雨。

10.5.2.9　内穿插管道施工

本次内穿插步骤分四段：内穿插第一段，从 1# 坑牵引到 2# 坑；内穿插第二段，从 2# 坑牵引到 3# 坑；内穿插第三段，从 3# 坑牵引到 4# 坑；最后平铺为第四段。

10.5.2.10　试压

根据设计要求进行水压试验。设计试验压力为 6kg，稳压 2h 为合格。对所有试压装置进行检查后开始升压，试验压力应均匀缓慢上升，当压强升至试验压力时减缓升压速度，此时对管道进行观察和平衡管内压力，若未发现问题便可继续升压至规定试验压力值，停止升压，观察 15min 压力平衡后开始强度试验。记录稳压开始时的管内液体压力，稳压 4h 后记录管内压力。沿线检查，管道无断裂、无变形、无渗漏，其压降小于 1% 试验压力，稳压 6h 后记录管内压力和温度，计算压降率，小于 1% 试验压力值且不大于 0.1MPa 为合格。试压完毕，应及时拆除所用临时盲板，核对记录，并填写管道试压记录。

10.5.2.11　管道连接

PE 管之间用两对法兰连接，法兰头的焊接采用热熔对接焊机焊接。

10.5.2.12　间隔灌注水泥

在第一次 CCTV 内窥后，在待修复管道上方，每隔 100m 开挖长 1.5m、宽 1.5m 的小坑，到管顶，采用钻孔机钻出直径为 20cm 的洞，在管道穿插、打压、连接后，在洞口注入商品水泥，至商品水泥不流入为止，待水泥凝固后形成水泥桩。

10.5.2.13　工作坑恢复

管线全线试压合格后对管线两端进行工作坑恢复，本工程采用原土回填，胸膛土采用人工夯实，管顶 50cm 以上采用电夯夯实，每回填 30cm 夯实一次，在两个排气阀的地面位置上砌井。

10.5.2.14　管线埋桩成图

在所有管线内穿插工作结束后的工作坑回填时，在管线的正上方埋桩，以确定管线的走向，给后续使用、管理、存档等提供帮助。

10.5.3　施工验收

各管段修复完成后，按《给水排水管道工程施工及验收规范》（GB 50268—2008）中的方法，分段进行强度与严密性试验。

参考文献

[1]　熊伟勋，周勇华．浅析供水管道穿插 HDPE 管内衬修复技术 [J]．城市建设理论研究（电子版），2012（24）．

[2]　中华人民共和国住房和城乡建设部．城镇给水管道非开挖修复更新工程技术规程：CJJ/T 244—2016 [S]．北京：中国建筑工业出版社，2016．

[3]　中华人民共和国住房和城乡建设部．城镇排水管道非开挖修复更新工程技术规程：CJJ/T 210—2014 [S]．北京：中国建筑工业出版社，2014．

[4]　国家市场监督管理总局，国家标准化管理委员会．塑料管道系统　用外推法确定热塑性塑料材料以管材形式的长期静液压强度：GB/T 18252—2020 [S]．北京：中国标准出版社，2020．

[5]　中华人民共和国国家质量监督检验检疫总局，中国国家标准化管理委员会．给水用聚乙烯（PE）管道系统　第 2 部分：管材：GB/T 13663.2—2018 [S]．北京：中国标准出版社，2018．

[6]　国家能源局．钢质管道聚乙烯内衬技术规范：SY/T 4110—2019 [S]．北京：石油工业出版社，2019．

[7]　中华人民共和国住房和城乡建设部．埋地塑料给水管道工程技术规程：CJJ 101—2016 [S]．北京：中国建筑工业出版社，2016．

[8]　中华人民共和国建设部．给水排水工程管道结构设计规范：GB 50332—2002 [S]．北京：中国建筑工业出版社，2002．

[9]　周长山，张宝华．异径 HDPE 管穿插法修复在线旧管道 [J]．岩土钻凿工程，2001（5）：16-19

[10]　张叮叮．给水大口径钢管穿插刚性管长距修复应用案例分析 [J]．中国给水排水，2020，36（16）：121-125．

[11]　马军．HDPE 内衬修复管道技术 [J]．石油工程建设，2020，46（02）：76-78．

[12]　李洪新．内穿插 PE 管修复技术在排污管道修复中的应用 [J]．建设科技，2014（17）：68-70．

第 11 章
碎（裂）管法管道更新技术及设备

11.1 碎（裂）管法工艺及原理

11.1.1 碎（裂）管法工艺

碎（裂）管法修复技术主要运用管道破碎设备，将老旧管道破碎或清除，管道碎片可压入周围土壤中，并引入新的排水管道，达到管道更新的目的。在修复陶瓷、水泥等排水管道时，应用碎（裂）管法修复技术能够起到良好的修复效果。

碎（裂）管法管道更新技术通常用于管径范围为 50～1000mm 的管道的修复更新，理论上碎（裂）管法可施工的最大管道直径可达 1000mm。碎（裂）管法一般用于等管径管道更换或增大管径管道更换，常见的施工方式为更换的管道直径大于原有管道直径的 20%～30%，该工艺可以对灰口铸铁管、无筋水泥管、钢管、石棉管、陶瓷管等脆质管材进行破裂，铺设的新管线可以是高密度聚乙烯管、陶瓷管、钢管等。

碎（裂）管法适用于输气管道置换，小区管道改造，输干、支线扩容，旧管道日常维护和升压改造等。碎（裂）管法作为非开挖更换管道技术中的一种，不但解决了开挖的难题，同时还可以对原有管道进行扩容，提高管线的输配能力，是一种高效率的非开挖置换方式。

与其他管道修复方法相比，碎（裂）管法的优势在于其能够实现扩径置换，从而可以增加管道的过流能力。实践表明，碎（裂）管法较为适合更换破裂变形的管道，以及管壁腐蚀超过壁厚 80%（外部）及 60%（内部）的管道。该技术具有以下特点：

① 无需开挖，可在原旧管道内施工，对施工场地要求小；

② 施工方法简单易行，效率高；

③ 施工过程噪声小、无污染，对周围环境影响小；

④ 更换的新管直径可大于原旧管，能够根据实际需要满足管道设计要求；

⑤ 易于根据设备和场地变换更换施工距离，施工范围广；

⑥ 只可用于直线管道的更换。

11.1.2 碎（裂）管法工艺原理

碎（裂）管法管道更新技术采用裂管机从内部破碎或割裂旧管道，将旧管道碎片挤入周围土体形成管孔，并同步拉入新管道（同管径或更大管径），这种管道更新方法无需开挖地面取出旧管道，即可在原位铺设新管道。

碎（裂）管法根据动力源可分为静拉碎（裂）管法、液压碎（裂）管法和气动碎（裂）管法三种。

11.1.2.1 静拉碎（裂）管法

静拉碎（裂）管法是将锥形工具（碎管头）插入旧管道，碎管头使旧管道破裂，并迫使其碎片进入周围土壤，与此同时，在碎管头后面拉入或推入新管道。碎管头的底座大于旧管的内径、略大于新管的内径，可引起破裂，也可减少对新管的摩擦，并为管道的移动提供空间。碎管头的后端与新管连接，前端与电缆或拉杆连接。碎管头和新管从工作井出发，电缆或拉杆从接收井拉出，电缆或拉杆与碎管头沿原有管道行进。图 11-1 为一种适用于钢筋混凝土管道的碎（裂）管工具，由裂管刀具和胀管头组成。钢筋混凝土管道具有较高的抗拉强度或中等的伸长率，很难破碎，无法得到新管道所需的空间，因此需用裂管刀具沿轴向切开原有管道，再用胀管头撑开原有管道形成新管道进入的空间，若旧管道的管材为多种材质，则施工中还需有针对性地采用不同碎管刀具，图 11-2 为脆性管碎刀。

图 11-1 钢筋混凝土管碎刀

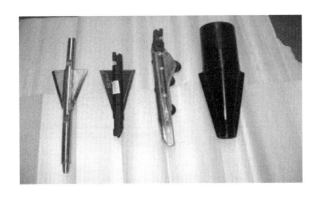

图 11-2 脆性管碎刀

11.1.2.2 液压碎（裂）管法

液压碎（裂）管法就是将液压油缸产生的静拉力通过杆件传递到破碎胀头，将旧管道胀碎，挤压至周围土层，同时拉入新管。拉杆牵引破碎胀头和拉管器（位于破碎胀头内）同步拖带新管前进，从而达到胀碎旧管、换装新管的目的。液压碎管法的碎（裂）管头主要有两种形式，如图 11-3 所示。

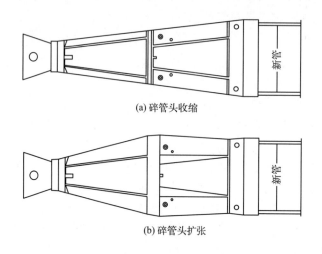

(a) 碎管头收缩

(b) 碎管头扩张

图 11-3　液压碎（裂）管法碎管头

11.1.2.3　气动碎（裂）管法

在气动碎（裂）管法中，碎管头为锥形排土锤，由压缩空气驱动，以 $180\sim580$ 次/min 的速度运行。气态动力（高压空气）裂管系统即遁地穿梭矛（夯管锤），依靠高压空气产生冲击力，通过一种"环状"压力作用于旧管线中，使其受压而破裂。

气动碎（裂）管设备由气体冲击矛与相应的胀管器组成，依靠撞击动作来破坏冲击矛壳体外的旧管线，同时通过胀管器挤压旧管线碎片进入周围土壤为新管线提供空间。卷扬机钢丝绳与冲击矛头部的拉环连接，卷扬机提供稳定的拉力以保证裂管时冲击矛正确的方向与倾角。图 11-4 为气动碎管法示意图。

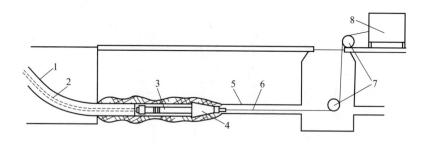

图 11-4　气动碎管法示意图
1—内衬管；2—供气管；3—气动锤；4—胀管头；5—原有管道；
6—钢丝绳；7—滑轮；8—液压牵引设备

气动锤和胀管头的连接一般有内置式和外置式两种，分别如图 11-5、图 11-6 所示。

图 11-5 内置式

图 11-6 外置式

11.2 碎（裂）管法工艺施工及设计计算

11.2.1 碎（裂）管法工艺施工过程

11.2.1.1 静拉碎（裂）管法

静拉碎（裂）管法施工示意如图 11-7 所示。施工过程中应根据管材材质选择不同的碎（裂）管设备。

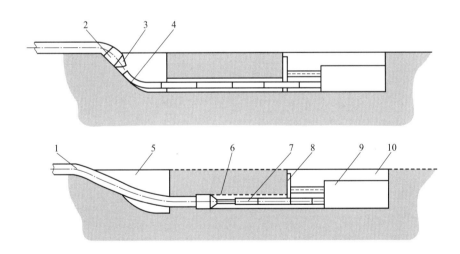

图 11-7 静拉碎（裂）管法施工示意图

1—新管；2—拉管器；3—破碎胀头；4—柔性杆；5—入管坑；
6—旧管；7—拉杆；8—挡板；9—主机；10—设备坑

施工过程可分为前期准备、管道置换以及后续处理。静拉碎（裂）管施工工艺流程如

图 11-8 所示。

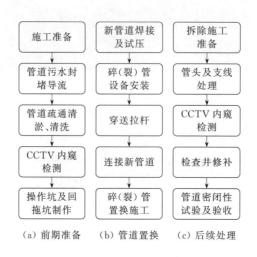

（a）前期准备　（b）管道置换　（c）后续处理

图 11-8　静拉碎（裂）管施工工艺流程

11.2.1.2　液压碎（裂）管法

液压碎（裂）管法施工过程中用绞车缆绳将爆管机头向前拉，绞车缆绳从接收坑穿过旧管道，并连接到爆管机头前部。爆管机头的后部与更换管相连，液压供应管线通过更换管插入。爆管机头由 4 个或 4 个以上的联锁节段组成，并在两端和中间铰接。

施工时，待更新管道与周围其他管道和设施的安全距离不应小于 300mm，当实施扩径置换时，安全距离不应小于 600mm，并不应小于 2 倍原管道直径。当安全距离不足时应局部开挖释放土层应力，并对周边管道和设施采取保护加固措施。

液压碎（裂）管法的施工过程分为前期准备、管道置换以及后续处理。液压碎（裂）管施工工艺流程如图 11-9 所示。

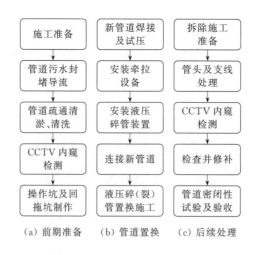

（a）前期准备　（b）管道置换　（c）后续处理

图 11-9　液压碎（裂）管施工工艺流程

11.2.1.3 气动碎（裂）管法

在气动碎（裂）管法中，爆管机头的冲击作用类似于将钉子敲入墙壁，每次冲击都将钉子推入墙壁一小段距离。类似地，爆管机头会使管道在每一次冲击中产生一个小裂缝，从而连续地使旧管破裂和断裂。爆管机头的冲击作用与绞车缆绳的张力相结合，绞车缆绳穿过旧管道，连接在爆管机头的前部，保持爆管机头压在现有管壁上，并将新管拉到机头后面。冲击所需的压力由空气压缩机通过软管提供，将软管插入新管道并连接到爆破工具的后部。空压机和绞车分别保持恒定的压力和张力值。爆破过程在操作员很少干预的情况下继续进行，直到爆管机头到达接收坑。

整个气动碎（裂）管施工工艺过程也可分为前期准备、管道置换以及后续处理。气动碎（裂）管施工工艺流程如图 11-10 所示。

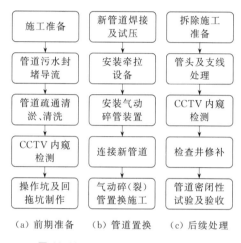

图 11-10 气动碎（裂）管施工工艺流程

11.2.2 碎管法工艺选择

碎管法的更新管道包括钢管、铸铁管、瓦管等，可置入的新管包括 PE 管和钢管。另外，由于其裂管装置为一串圆形切削刀轮，沿此装置还可将管道的附属设备（如法兰盘等）裂开，一次可更换旧管道的长度为 100m 左右。

碎管法的具体施工工艺应依据原有管道材质来选择，具体如表 11-1 所列。

表 11-1 不同管材对应的碎（裂）管法工艺选择

类型	旧管道	气动碎（裂）管法	静拉碎（裂）管法	液压碎（裂）管法
脆性管道	混凝土管（CP 管）	√	√	√
	钢筋混凝土管（RCP 管）	√	√	√
	聚合物混凝土管（PCP 管）	√	√	√
	石棉水泥管（ACP 管）	√	√	√
	陶土管（VCP 管）	√	√	√
	灰口铸铁管（CIP 管）	√	√	√

类型	旧管道	气动碎(裂)管法	静拉碎(裂)管法	液压碎(裂)管法
延性管道	聚氯乙烯管(PVC管)	√	√	×
	钢管或不锈钢管	√	√	×
	球墨铸铁管	√	√	×
	PE实壁管	√	√	×
	PE波纹管	×	√[①]	×
	高密度聚乙烯管(HDPE管)	√	√	√
	玻璃钢管/玻璃钢夹砂管	√	√	√
	CIPP管	√	√	×
	聚丙烯管(PP管)	√	√	×
	预应力钢筒混凝土管(PCCP管)	×	×	×
	钢带增强型HDPE管	×	×	×

① 有条件制约因素，部分可行，当采用静拉碎（裂）管法实施 PE 波纹管更换时，受限于地质条件，当管道周围为流砂或者淤泥时，不宜采用此工艺。

注：1. 表中"√"表示适用，"×"表示不适用。

2. 对于某些管道，如预应力钢筒混凝土管（PCCP 管）、钢带增强型 HDPE 管等一般不宜采用碎（裂）管施工工艺。

11.2.3　碎管法施工过程管道与周围土壤变化

碎管法施工过程可分为 4 个阶段：

① 初始阶段，旧管道周围被土壤紧紧包围；

② 碎管阶段，在碎管头的作用下，旧管道被破碎，管道周围土壤被强制向外挤压；

③ 拖入新管道阶段，在碎管头后面紧连的扩管器的支撑下，新管道被轻松地拖入旧管道原位置，此时土壤和旧管道碎片开始向新管道移动；

④ 置换结束阶段，旧管道碎片、周围土壤紧紧地将新管道包围，与其共同承受荷载。

碎管法施工过程示意如图 11-11 所示。

整个碎（裂）管法施工过程中，破碎前周围荷载均由原有旧管道承担，修复完成后荷载可由新管道全部承担。修复过程中无需移动大量土方，可依据已有旧管道进行破碎和扩孔。施工时胀管头将旧管道碎片挤入周围土壤，新管道拉入后，土环由于周围压力开始回缩，此时管周土壤和旧管道碎片一起包裹向新管道。该技术在施工时无需将旧管道碎片拉出，碎片及周围土壤的共同作用可使新管道被包覆得更加紧密，有利于稳固管周结构，稳固新管道，减少更换导致的管道松动。

11.2.4　静拉碎（裂）管法拉力设计理论

静拉碎（裂）管法拉力、碎裂力、土层压力分析示意见图 11-12。静拉碎（裂）管法摩擦力分析示意见图 11-13。

碎管法所需总拉力 F_p 由摩擦力 F_f、碎裂力平行于管道方向上的分力 F_{bp} 和土层压力平行于管道方向上的分力 F_{scp} 三部分组成。

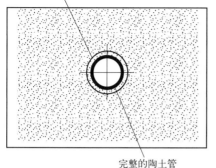

最初土壤环绕在陶土管周围

完整的陶土管

(a) 初始阶段

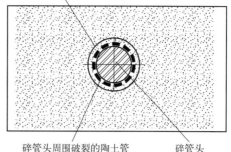

由于碎管头作用，土环被径向外挤出

碎管头周围破裂的陶土管　　碎管头

(b) 碎管阶段

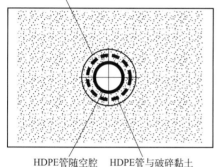

向内径向移动的土环，向新拉入的HDPE管方向发生部分回弹

HDPE管随空腔膨胀而被拉开　　HDPE管与破碎黏土碎块之间的砂垫层

(c) 拖入新管道阶段

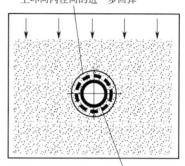

由于垂直压力的增加实现了土环向内径向的进一步回弹

破碎的黏土碎块压缩后更靠近HDPE管，随后在HDPE管和黏土碎块之间压实土壤

(d) 置换结束阶段

图 11-11　碎管法施工过程示意图

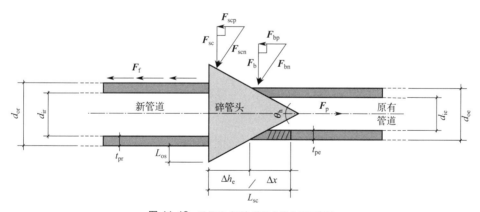

图 11-12　静拉碎（裂）管法力学分析示意图

F_{scp}—土层压力平行于管道方向上的分力；F_{scn}—土层压力；F_{sc}—土层压力在垂直方向上的分力；

F_{bn}—碎裂力；F_{bp}—碎裂力平行于管道方向上的分力；F_b—碎裂力在垂直方向上的分力；

F_f—摩擦力；d_{ir}—新管道内径；d_{or}—新管道外径；t_{pr}—新管道壁厚；

L_{os}—碎管头超出置换管道的尺寸；θ_h—碎管头角度；F_p—总拉力；

t_{pe}—原有管道壁厚；d_{ie}—原有管道内径；d_{oc}—原有管道外径；L_{sc}—压缩长度；

Δh_e—碎管头暴露于土壤部分长度；Δx—原有管道受破碎头作用破碎段长度

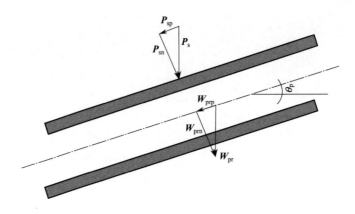

图 11-13　静拉碎（裂）管法摩擦力分析示意

W_{pr}—管道自重；W_{prp}—管道自重在平行于管道方向上的分重力；W_{prn}—管道自重在垂直于
管道方向上的分重力；P_s—上层土壤对管道的压力；P_{sp}—上层土壤对管道的压力在平行于
管道方向上的分力；P_{sn}—上层土壤对管道的压力在垂直于管道方向上的分力；θ_p—管道的倾斜角度

11.2.4.1　总拉力计算（F_p）

$$\varphi_p F_p = \alpha_p (C_f F_f + C_b F_{bp} + C_{sc} F_{scp})$$

式中　　φ_p——拉力降低因子，宜取 0.9；

α_p——荷载不确定因子，宜取 1.1；

C_f、C_b、C_{sc}——力的修正系数。

11.2.4.2　摩擦力计算（F_f）

总压力由管周土压力和管道自重组成，管周土压力可简化为管顶以上的土压力。

摩擦力：$F_f = \mu_{sp} \times F_n$

总压力：$F_n = P_{sn} S_{pr} + W_{prn}$

管周土压力：$P_n = \sigma_T$

管道自重：$W_{pr} = A_{pr} \times L_p \times y_{pr}$

管道倾斜角：$\theta_p = \arctan[(D_{pf} - D_{ps})/L_p]$

综上，可推出：

$$F_f = \mu_{sp} \cos\{\arctan[(D_{pf} - D_{ps})/L_p]\} \times [\sigma_T \pi(d_{or} L_p/1000) + \pi(d_{or}^2 - d_{ir}^2) L_p y_{pr}/(4 \times 1000^2)]$$

式中　μ_{sp}——管土摩擦系数；

D_{pf}——管道终点埋深；

D_{ps}——管道起点埋深；

L_p——管线总长度；

σ_T——管顶以上土压力；

y_{pr}——置换管道重度；

S_{pr}——管顶与土壤接触部分总面积；

A_{pr}——管顶与土壤接触部分在重力方向上的投影面积。

11.2.4.3 碎裂力计算（F_{bp}）

$$F_{bp} = \left[\tan(\theta_h/2) \times \boldsymbol{\sigma}_{1e} \times f_{np} \times f_{bl} \times t_{pe}^2\right]/1000$$

式中　$\boldsymbol{\sigma}_{1e}$——既有管道极限失效应力；

　　f_{np}——管片破碎数量因子；

　　f_{bl}——管片破碎长度因子。

11.2.4.4 土层压力计算（F_{scp}）

土层压力：$\boldsymbol{F}_{scp} = f_{scl} \times \tan(\theta_h/2) \times \cos(\theta_p/2) \times P_n \times A_{sc}$

压缩面积：$A_{sc} = \pi(d_{or} + 2L_{os})L_{sc}/1000^2$

压缩长度：$L_{sc} = \Delta x + \Delta h$

$$\boldsymbol{F}_{scp} = f_{scl}\tan(\theta_h/2) \times \cos\{\arctan[(D_{pf} - D_{ps})/L_p]\} \times$$

$$\boldsymbol{\sigma}_r\{\pi(d_{or} + 2L_{os})[f_{bl}t_{pe} + (d_{or}/2 + L_{os} - d_{oe}/2)/\tan(\theta_h/2)]/1000^2\}$$

式中　f_{scl}——土体压缩极限因子。

注：假设管周土体沿管道周长向垂直于管道轴线各方向均匀压缩。

11.2.5 水力计算

排水管道的设计流量按照下式进行计算：

$$Q = Av$$

式中　Q——设计流量，m^3/s；

　　A——水流有效断面面积，m^2；

　　v——流速，m/s。

恒定流条件下排水管道的流速依据下式进行计算：

$$v = \frac{1}{n}R^{2/3}I^{1/2}$$

式中　v——流速，m/s；

　　R——水力半径，m；

　　I——水力坡降；

　　n——粗糙系数。

金属管道的最大设计流速宜为$10.0m/s$，非金属管道的最大设计流速宜为$5.0m/s$。

修复后管道的过流能力与修复前管道的过流能力的比值按下式进行计算：

$$B = \frac{n_e}{n_1} \times \left(\frac{D_1}{D_e}\right)^{8/3}$$

式中　B——管道修复前后过流能力比；

　　n_e——原有管道的粗糙系数；

　　D_1——内衬管管道内径，m；

　　n_1——内衬管的粗糙系数；

　　D_e——原有管道内径，m。

11.2.6 碎（裂）管法局限性

在碎管法施工过程中，管道爆破有一定的局限性，在膨胀土、靠近其他服务管线、用延性材料加固现有管道的点维修、管道沿着某点处塌陷等情况下可能会出现困难。

管道爆破作业会在管道定线附近产生向外的地面位移。地面位移倾向于局部化，并会在爆破作业结束后迅速消散。爆破作业可能会导致管道正上方或管道上方一定距离处的地面隆起或沉降。

典型的气动管道爆裂可能会使爆裂操作的上方产生相当明显的地面振动。一般而言，除非在非常近的距离内进行操作，否则不会损坏附近现有的地面或地下结构。爆管头不得通过距离埋地管道2.5ft（1ft＝0.3048m）和敏感表面结构8ft以内的地方，如果距离小于这些值，则应采取特殊措施保护现有结构，例如开挖交叉点以释放现有管道上的应力。

除此之外，以下场景也不适宜采用碎管法工艺：旧管道埋地较浅、旧管道埋地太深、开挖的管道、地下土层较虚、邻近建筑物的管道、松散沙土覆盖的管道。

11.3 碎（裂）管法设备

碎（裂）管法施工过程采用的机械设备如表11-2所列。

表11-2 碎（裂）管法施工机械设备

序号	设备名称	规格、型号	数量	备注
1	管道QV检测仪	X1-H	1台	管道初检
2	CCTV检测系统	X5-HS	1台	管道检测
3	水准仪	DSZ-1	1台	测量管道高程
4	经纬仪	FDTL2CL	1台	测量管线夹角
5	高压清洗车	56L/min，YBK2-110M-4	1台	清洗、清淤
6	吸污车	5600L/min，WZJ5070GXWE5	1台	清淤
7	渣浆泵/潜水泵	$2m^3/h$，100SQJ2-10	若干	调水
8	反铲挖掘机	210型	1辆	工作坑、回拖坑开挖
9	汽车吊	25t	1辆	设备安装拆除
10	渣土运输车	$16\sim20m^3$	1辆	施工余土弃置
11	碎（裂）管机	TT800G/TT1050G/TT2500G	1套	静拉碎（裂）管施工
10	卷扬机	5t	1套	气动碎管施工
13	气动锤	TT180/TT270/TT350/TT450/TT600	1套	气动碎管施工
14	管道热熔机	ABBD300-600	1台	新管道连接
15	轴流风机	1.5kW，$1024m^3/h$	2台	管道通风换气
16	发电机	TQ-50-2	2台	施工临时供电
17	"四合一"气体检测仪	Lumidoi mini max X4	2台	有害气体检测
18	风镐	B-10	1套	拆除检查井内设施
19	导流管	$\phi110/\phi160/\phi200$	若干	调水
20	封堵气囊	多种规格	若干	主管、支管封堵

11.3.1 静拉式碎（裂）管机

静拉式碎（裂）管机通过液压缸的作用，在管道表面切割，使得管道在应力的作用下产生裂纹。这种类型的碎（裂）管机适用于小管径的管道，切割速度较慢，但切割质量高。

常见的静拉式碎（裂）管机型号及特点如表 11-3 所列。

表 11-3　静拉式碎（裂）管机型号及特点

型号	适用管径范围	主要特点
YGJ-60	DN50 以下	重量轻、价格低廉、易于操作
YGJ-100	DN50～DN100	结构紧凑、操作简单、切割质量高
YGJ-160	DN100～DN160	精度高、稳定性好、可靠性高
YGJ-200	DN160～DN200	切割速度快、操作简便、切割质量好

静拉碎管法设备参数推荐值如表 11-4 所列。

表 11-4　静拉碎管法设备参数推荐值

设备回拖拉力/kN	管径范围			一次修复长度		土质特征适应性	
	适用管径(内径)范围/mm	同径置换	扩径置换	同径/m	扩径/m	同径置换	扩径置换
200	20～200	√	√	<30	<25	一类、二类、三类、四类土	一类、二类土可扩径 2 个名义尺寸级差；三类土可扩径 1 个名义尺寸级差；扩径后管径尺寸≥200mm
400	200～300	√	√	<60	<45		一类、二类土可扩径 2 个名义尺寸级差；三类土可扩径 1 个名义尺寸级差；扩径后管径尺寸≥350mm
800	300～500	√	√	<90	<60		一类、二类土可扩径 2 个名义尺寸级差；三类土可扩径 1 个名义尺寸级差；扩径后管径尺寸≥600mm
1250	500～700	√	√	<120	<90		一类、二类土可扩径 2 个名义尺寸级差；三类土可扩径 1 个名义尺寸级差；扩径后管径尺寸≥700mm
2500	700～800	√	√	<150	<120		不可扩径置换

11.3.2 液压式碎（裂）管机

液压式碎（裂）管机利用液压碎管设备的扩张力将旧管破碎，并将破碎的管道碎片挤入周围的土层中，利用作用于管道前端/后端的拉力/推力同步将新管置入，完成管道更换。

液压碎管法设备参数推荐值如表 11-5 所列。

表 11-5　液压碎管法设备参数推荐值

设备回拖拉力/kN	顶推力/kN	管径范围			一次修复长度		土质特征适应性	
		适用管径(内径)范围/mm	同径置换	扩径置换	同径/m	扩径/m	同径置换	扩径置换
200	200	100~300	√	√	<30	<25	一类、二类、三类、四类土	一类、二类土可扩径2个名义尺寸级差;三类土可扩径1个名义尺寸级差
300	400	300~400	√	√	<60	<45		一类、二类土可扩径2个名义尺寸级差;三类土可扩径1个名义尺寸级差
350	800	400~500	√	√	<90	<60		一类、二类土可扩径2个名义尺寸级差;三类土可扩径1个名义尺寸级差
400	1250	500~600	√	√	<120	<90		一类、二类土可扩径2个名义尺寸级差;三类土可扩径1个名义尺寸级差

11.3.3　气动式碎（裂）管机

气动式碎（裂）管机利用气动锤的冲击力从旧管的内部将其破碎，并将破碎的管道碎片挤入周围的土层中，同时将新管或套管从气动锤的后面置入，完成管道更换。

气动碎管法设备参数推荐值如表 11-6 所列。

表 11-6　气动碎管法设备参数推荐值

设备回拖拉力/kN	管径范围			一次修复长度		土质特征适应性	
	适用管径(内径)范围/mm	同径置换	扩径置换	同径/m	扩径/m	同径置换	扩径置换
180	200~300	√	√	<90	<60	一类、二类、三类、四类土	一类、二类土可扩径2个名义尺寸级差;三类土可扩径1个名义尺寸级差
270	300~400	√	√	<1120	<90		一类、二类土可扩径2个名义尺寸级差;三类土可扩径1个名义尺寸级差
350	400~700	√	√	<150	<120		一类、二类土可扩径2个名义尺寸级差;三类土可扩径1个名义尺寸级差
450	700~900	√	√	<130	<100		一类、二类土可扩径1个名义尺寸级差;三类、四类土不可扩径置换
600	900~1200	√	√	<120	<90		不可扩径置换

11.3.4　管道热熔机

管道热熔机是一种将熔融材料注入管道接头中，从而实现管道连接的设备，它主要由加热板、电器控制系统、液压系统和熔融连接头等组成。图 11-14 为管道热熔机实物图片。

图 11-14　管道热熔机

管道热熔机型号如表 11-7 所列。

表 11-7　管道热熔机的型号

型号	适用管径范围/mm	主要特点
SHD160	50～160	控温精度高、液压系统性能稳定
SHD250	90～250	加热均匀、控温精度高、液压系统压力稳定
SHD315	110～315	结构紧凑、加热板采用高强度铝合金材料
SHD450	200～450	操作简便、维护方便、加热效率高

管道热熔机的发电机要求如下：

① 使用的发电机组应符合国家标准，并有安全认证；

② 电动机和发电机应通过联轴器传动，装备稳压和整流装置齐全；

③ 机组功率应在空载与额定输出之间的所有负载和在商定的功率因数范围内，在额定频率时的输出电压波动率≤5%，输出频率波动率≤2%，机组在空载额定的线电压正弦性波形畸变率≤10%；

④ 由于焊机启动电流较大，特别是在高海拔地区，建议使用较大功率的发电机组，以保证焊机的良好运行；

⑤ 发电机组功率参数如表 11-8 所列。

表 11-8　发电机组功率参数

焊机型号	最低的有效功率配置/kW	建议的 FUSION 发电机组型号	建议其他品牌的发电机组功率/kW
AM65/AM85	2.2	D400/P501	＞5
GATOR180	2.8	P501/D600	＞5

焊机型号	最低的有效功率配置 /kW	建议的 FUSION 发电机组型号	建议其他品牌的 发电机组功率/kW
GATOR250	2.9	O501/D600/P750	>6
GATOR315	4.4	P750/D600	>8
ABF400	5.1	P750/D600	>10

11.3.5 气动锤

气动锤是一种利用压缩空气作为动力源的锤子工具，气动锤为冲击式结构，利用空气动力学原理，通过调节供气压力来调整敲击力度，可对设备的外壁进行敲击而不产生形变。落粉装置可用于防止粉体在管路、料斗、料仓输送中产生的黏附、堵塞和架桥。

气动锤在压缩空气驱动下，以 180～580 次/min 的频率工作，产生向前的冲击力。图 11-15 为外置式气动锤实物图。

图 11-15　外置式气动锤实物图

气动碎裂管割裂爆管头组合装置，依据不同管径可分为气动锤前置式［图 11-16(a)］和气动锤后置式［图 11-16(b)］，割裂爆管头组合装置应在施工前制作，并应与工程相适应。

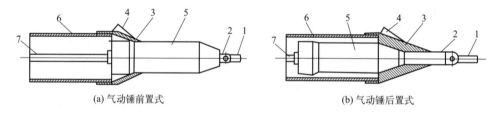

(a) 气动锤前置式　　　　　　　　　　　(b) 气动锤后置式

图 11-16　气动锤前、后置式

1—牵拉杆/索；2—牵拉连接装置；3—爆管头；4—割裂刀具；5—气动锤；6—新管道；7—供气管

11.3.6 刀盘

掘进刀盘适用于强风化地质、流沙和软基，大口径规格有 DN300～DN1000。目前，已出现一种新型的旋转切割、顶进回拉式碎管法施工工艺，如图 11-17 与图 11-18 所示，其与其他碎管工艺的区别在于碎管头的不同。

静拉碎管头由单向单片组成，在具体施工中，利用卷扬机的拉进以及刀片的切割将旧管道切碎，再由后面紧连的胀管头将管道碎片挤入周围土壤，如图 11-19 所示。

(a) φ500掘进刀盘

(b) φ600掘进刀盘

(a) 压力自平衡刀盘

(c) φ800牙轮压力自平衡刀盘

(d) φ800压力自平衡刀盘

(b) 修复专用破管刀盘

图 11-17 不同口径的旋转、切割、顶进刀盘
（图片来源：上海钟仓机械设备有限公司）

图 11-18 两类常用的旋转切割
碎管法刀盘示意图

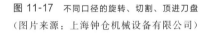

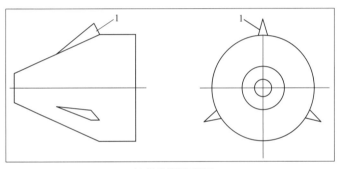

(a) 脆性管道压裂刀

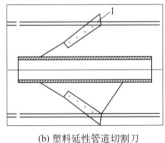

(b) 塑料延性管道切割刀

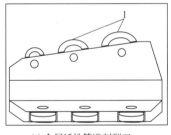

(c) 金属延性管道割裂刀

图 11-19 静拉碎管法常见切割刀

1—切割刀片

　　液压碎管工艺的碎管头是一类可收放的刀盘，施工中，碎管头在扩张、收缩、拉进的同时将旧管道切碎并将其碎片挤入周围土壤，如图 11-20 所示。

11.3.7 拉管组件

　　拉管组件包括拉杆、挡板、短接头、起始杆、垫片、公/母拉头、液压装管器、分动器、三角扶正轮等。

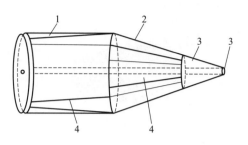

图 11-20　液压碎管法碎管头示意图
1—圆柱体；2—圆台；3—牵引头；4—扩张栅

图 11-21 为几种常见的拉管组件。

(a) 卡槽式小钻杆　　　　(b) 挡板　　　　　(c) 母拉头

(d) 公拉头　　　　(e) 销轴　　　　　(f) 起始杆

(g) 拉管头　　　　　　　(h) 液压装管器

图 11-21　几种常见拉杆组件
（图片来源：上海钟仓机械设备有限公司）

11.3.8　渣浆泵

渣浆泵的主要作用是调水并清除管道内的泥浆，液压渣浆泵具有以下特点：
① 体积小，质量轻，携带方便；
② 液压驱动，作业安全；

③ 进口液压元件，传动效率高；

④ 自吸，可空转，泵出水量大；

⑤ 装配式，维护简单。

不同尺寸的液压渣浆泵如图 11-22～图 11-24 所示。

图 11-22　3 寸液压渣浆泵
（图片来源：广东石川重工有限公司）

图 11-23　4 寸液压渣浆泵

图 11-24　6 寸液压渣浆泵
（图片来源：广东石川重工有限公司）

渣浆泵的参数如表 11-9～表 11-11 所列。

表 11-9　3 寸液压渣浆泵参数（ZJP80）

项目	参数	项目	参数
质量/kg	22	排水口直径/mm	76
外形尺寸(长×宽×高)/mm	350×340×420	扬程/m	22
工作压力范围/bar	100～150	最大抽水量/(m³/h)	150

注：1bar＝10^5Pa，下同。

表 11-10　4 寸液压渣浆泵参数（ZJP100）

项目	参数	项目	参数
质量/kg	30	排水口直径/mm	100
外形尺寸(长×宽×高)/mm	485×380×480	扬程/m	22
工作压力范围/bar	130～150	最大抽水量/(m³/h)	200

表 11-11　6 寸液压渣浆泵参数（ZJP150）

项目	参数	项目	参数
质量/kg	45	排水口直径/mm	150
外形尺寸(长×宽×高)/mm	490×405×520	扬程/m	22
工作压力范围/bar	150～160	最大抽水量/(m³/h)	450

11.3.9　鼓风机

鼓风机在碎（裂）管法施工过程中的主要作用是保障工作井和管道内的通风换气，由于整个碎（裂）管法在施工过程中需要有工作人员在工作井内操作机器，因此保障工作井和管道内的通风换气对保障施工安全十分重要。

常见鼓风机的型号及特点如表 11-12 所列。

表 11-12 常见鼓风机的型号及特点

型号	主要适用场合	主要特点
2JZ-2	一般通风和工业生产中的气体输送	流量大、压力稳定、噪声小,适合中小型通风系统
2JZ-5	废气排放、排烟、锅炉烟气除尘等场合	噪声小、结构紧凑,适合密闭、难以清洗的环境
4-79	建筑、矿山等行业的通风、送风和排气	体积小、噪声小、流量大,适合空气清新换气和有防爆要求的场所
9-26	矿山、工厂、车间等场所的通风、送风和排气	可输送高温气体,效率高、噪声小,适合高温度、高湿度环境
4-72	冶金、化工等行业的通风、送风和排气	噪声小、效率高,可输送一定含尘气体,适合恶劣环境

液压鼓风机（SCY10-200）示意如图 11-25 所示。

图 11-25 液压鼓风机 SCY10-200 示意图

11.4 施工案例

11.4.1 工程概况

施工项目为合肥经开区西北生活区排水管网整治工程（管径为 50~1200mm），主要修复的内容为城市排水管渠，修复长度为 0.45km，采用的碎（裂）管法技术为液压碎（裂）管法。考虑到修复的管线长度较长，采用了微型顶管工艺和液压碎（裂）管法联合的技术进行施工。施工过程中主要采用破碎头、微型顶管机及碎（裂）管机等设备，最后该项目由合肥香馨建设集团有限公司进行验收。

11.4.2 施工流程

① 工作井安装，如图 11-26(a) 所示。

② 导向管安装及贯通，如图 11-26(b) 所示。

③ 在接收井内施加拉力牵引裂管头及破碎机头，破除原污水管；后跟钢制套管，内穿螺旋出土管，将余土输送至工作坑外；钢套管支撑土体，可以循环利用，如图 11-26(c) 所示。

④ 裂管头及破碎机头顶出后拆除，利用千斤顶进行支撑钢管顶进，防止土方发生坍塌，如图 11-26(d) 所示。

⑤ 支撑钢管施工完成后进行玻璃钢夹砂管置换，如图 11-26(e) 所示。

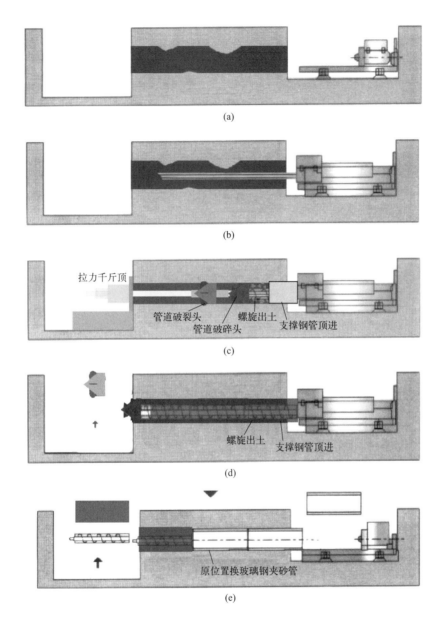

图 11-26　施工流程示意图

11.4.3　施工步骤

本项目采用钢制圆桶工作井，原土结合成整体作为工作井，工作井占地面积小，直径约 2.6m。

该技术的完整施工流程如图 11-27 所示。

11.4.3.1 施工场地布置

项目开始，首先应对施工场地进行布置，施工场地布置与围蔽应满足施工作业、交通疏导和安全防护等要求，即应符合下列规定：

① 工作坑及围蔽宜避开交通道路口、人行通道及地下设施较为复杂的区域；

② 现场围蔽可采用高度不低于1.8m的专用金属定型材料围挡，围挡应连续设置，并设置固定出入口，围挡外侧应悬挂醒目的安全标志、反光标记、夜间爆闪灯、警示灯等；

③ 当在道路上进行围蔽时，应按照交通管理部门的要求，设置交通导行、安全警示、应急防撞设施等；

④ 围蔽区域应满足工作坑安全距离、作业设备布置、吊装、管材存放与连接、导流设施布放、施工通道设置等要求；

⑤ 工作坑外沿与围蔽的最小安全距离不应小于1.5m，作业设备及车辆与围蔽的最小安全距离不应小于0.5m。

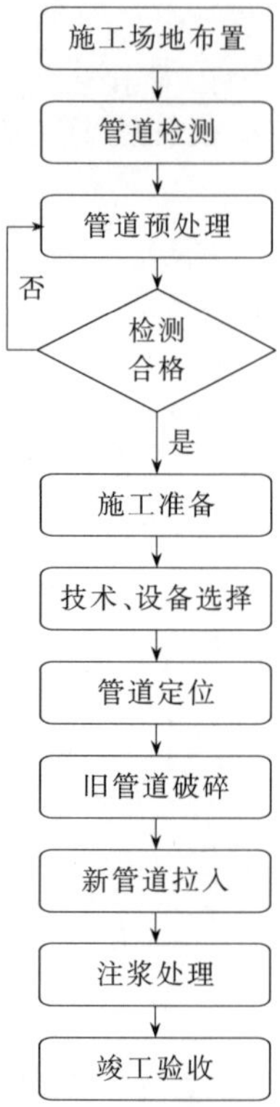

11.4.3.2 管道检测

施工前应对待置换管道的信息进行验证，并符合下列规定：

① 利用CCTV或QV对管道内状况进行检测；

② 测量管段与管段之间的夹角与管道高程差；

③ 通过查阅设计及运营资料和了解相关单位交底，详尽调查施工场地内地下基础设施的分布和具体参数；

④ 观察并详细记录施工区域及周围交通、道口及地表设施分布等信息；

⑤ 对管道检查井从上游向下游进行调查并确定编号；

⑥ 现场测量管道埋深、管径、管段长度、材质、检查井尺寸、管道流量及变化规律等；

⑦ 调查分支管道接入情况以及分布走向，观察流量及变化规律；

⑧ 调查原管道周围的土质特征及地下水分布情况。

11.4.3.3 管道预处理

在实施碎（裂）管法管道置换时，应对原管道及检查井进行疏通和预处理，并符合下列规定。

① 管道清疏后应进行CCTV或QV检测，不应存在超过原管径10%以上的污泥、污物，障碍物的粒径不宜超过3cm；管道内应设有牵引拉杆或钢丝绳穿过的通道；检查井底的污泥厚度不应超过5cm。

② 管道及检查井清淤宜采用高压射水清洗，检查井井壁、爬梯等应无污物，清洗产生的污水或污物应从检查井排出，污物按照现行行业标准《城镇排水管渠与泵站运行、维护及

图 11-27 施工流程

施工场地布置 → 管道检测 → 管道预处理 → 检测合格（否 → 管道预处理；是 → 施工准备）→ 技术、设备选择 → 管道定位 → 旧管道破碎 → 新管道拉入 → 注浆处理 → 竣工验收

安全技术规程》（CJJ 68—2016）中的有关规定进行处理。

③ 当原管道内有钢套环、局部树脂修复环或锚杆/锚索等障碍物时，应采用专用工具或采用局部开挖的方法进行清除。

11.4.3.4 施工准备

施工前对置换段管道及分支管线采用临时封堵导流措施，封堵导流措施应符合现行行业标准《城镇排水管渠与泵站运行、维护及安全技术规程》（CJJ 68—2016）中的相关规定。工作坑的规格尺寸应满足碎裂管机施工操作的要求，本项目采用人工开挖工作槽。

按照设计要求对更新管段中间的检查井与管道连接处的结构进行破除，破除后洞口尺寸应不小于胀管头最大外沿尺寸的 1.1 倍。

11.4.3.5 技术、设备选择

主要修复的内容为城市排水管渠，修复长度为 0.45km，采用的碎（裂）管法技术为液压碎（裂）管法。考虑到修复的管线长度较长，采用了微型顶管工艺和液压碎（裂）管法联合的技术进行施工。

管道更新根据不同的管材类型选用不同的施工设备及部件，并符合下列规定：

① 当待更新管道为脆性管道时，宜采用三角形压裂刀，在破碎头圆周方向每 120°均匀分布［图 11-19(a)］。

② 当待更新管道为塑料材质延性管道时，宜采用片式切刀，在破碎头圆周方向 180°对称布置，切刀刀片最大外沿尺寸应大于原管道外径的 1.15 倍［图 11-19(b)］。

③ 当待更新管道为金属材质延性管道时，宜采用组合式圆盘滚刀组对管道进行线性破裂，最大滚刀外沿尺寸应大于原管道外径的 1.2 倍［图 11-19(c)］。

由于本项目施工遇到的病害管道为脆性管道，因此本项目选择了脆性管道刀具。

11.4.3.6 管道定位

为了保障置换的管道在预定位置上且不发生大的径向与纵向偏差，项目首先采用微型顶管技术对破碎管道进行定位，安装导向管，确保后续顶推和破碎的管线方向正确。

11.4.3.7 旧管道破碎

在接收井内施加拉力牵引裂管头及破碎机头，破除原污水管，后跟钢制套管，内穿螺旋出土管，将余土输送至工作坑外，钢套管支撑土体。

施工时，待更新管道与周围其他管道和设施的安全距离不应小于 300mm，当实施扩径置换时，安全距离不应小于 600mm，并不应小于 2 倍原管道直径。当安全距离不足时应局部开挖释放土层应力，并应对周边管道和设施采取保护加固措施。

施工前应紧固导向轮支架，支架背面应紧贴检查井内壁，必要时应加强井壁强度，确保支架有足够的承载力。液压碎（裂）管法置换管道宜使用无缝环链作为牵引连接装置。当牵引液压缸压力表数据出现陡升时，应立即停止牵引，待驱动液压胀管器膨胀一个循环后方可继续牵引。油缸顶入速度与碎裂胀管器牵引速度应保持基本一致。

施工过程相关器械见图 11-28。

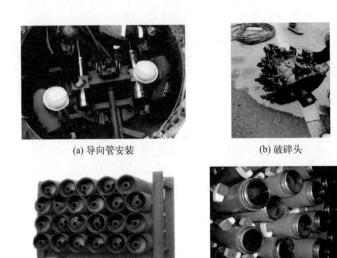

(a) 导向管安装　　　　　　　　(b) 破碎头

(c) 出土螺旋管组　　　　　　　(d) 内推管组

图 11-28　施工过程相关器械

11.4.3.8　新管道拉入

采用微型顶管技术联合卷扬机牵引，将新管道送入待修复管段。在新管置入过程中，密切观察新管拉入过程中拉力的变化情况，当出现拉力突然陡升或陡降时，应立即停止施工，查明原因或排除障碍后方可继续施工，管道拉入过程中应采取注浆润滑措施（图 11-29）。

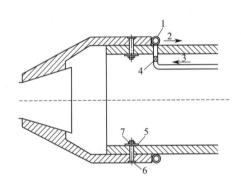

图 11-29　胀管头与新管道连接及注浆管设置示意

1—环形注浆管；2—注浆口及注浆方向；3—注浆管；4—单向阀；
5—压紧厚壁垫片；6—沉头螺栓；7—紧固螺母

新管道的连接应依据现场状况选择在碎裂管实施前一次性全段焊接或在碎裂管实施过程中分段即时焊接。当对压力排水管道置换时应提前一次性完成焊接，并对新管道打压后再实施置换。

当采用连续 HDPE 管置换时，应采用热熔焊接，焊接质量应符合现行国家标准《塑料管材和管件　聚乙烯（PE）管材/管材或管材/管件热熔对接组件的制备》（GB/T 19809—2005）与《埋地塑料排水管道工程技术规程》（CJJ 143—2010）的相关规定，热熔时应对焊口外卷边进行剔除。

11.4.3.9　注浆处理

在新管道置入就位后，新管道与检查井之间的环状间隙应采用具有微膨胀性能的高强度灌浆料进行注浆填充，并应对内表面做防水处理。恢复原检查井流槽及井内附属设施应符合现行国家标准《给水排水管道工程施工及验收规范》（GB 50268—2008）的规定。

注浆材料应符合下列规定：

① 应根据地层条件和原有管道周围的环境确定润滑泥浆的混合成分、掺加比例以及混合步骤。

② 当地层为砂层或砾石层等粗粒土层时，宜使用膨润土润滑剂；当地层为细粒土层和黏土层时，宜使用膨润土和聚合物的混合润滑剂。

③ 短距离的管道置换可选择在新管道外壁涂抹润滑剂或加热后的石蜡等。

11.4.4　竣工验收

质量检测的主要标准如下：

① 管材、附件、原材料的规格、尺寸应符合设计文件和相关产品现行国家标准的规定，质量保证资料应齐全；

② 管材、附件、主要材料的主要技术指标经进场复检应符合设计文件的规定；

③ 工作坑的施工质量验收应按现行国家标准《钢围堰工程技术标准》（GB/T 51295—2018）与《建筑基坑支护技术规程》（JGJ 120—2012）中的相关规定执行；

④ HDPE 管道连接接头应按现行国家标准《给水用聚乙烯（PE）管道系统　第 5 部分：系统适用性》（GB/T 13663.5—2018）中的规定做外观检测；

⑤ 球墨铸铁管接口性能应符合现行国家标准《水及燃气用球墨铸铁管、管件和附件》（GB/T 13295—2019）和《球墨铸铁管线用自锚接口系统　设计规定和型式试验》（GB/T 36173—2018）中的相关规定；

⑥ 钢管管道连接接头焊缝检测应合格，并应符合现行国家标准《给水排水管道工程施工及验收规范》（GB 50268—2008）中的相关规定；

⑦ 碎（裂）管法施工前后，应检测管节及接口处有无划痕、刻槽、破损等，管道壁厚损失不得大于 5%，接口不得破裂；

⑧ 应对修复工艺有特殊需要的施工过程中的检查验收资料进行核实，并应满足设计和施工工艺的要求，记录应齐全。

管道功能性试验应满足设计要求，并应符合下列规定：

① 压力管道应进行水压试验，试验是否合格的判定依据分为允许压力降值和允许渗水值；设计无要求时，应根据实际情况选用其中一项值或同时采用两项值作为试验是否合格的判定依据。

② 无压管道应进行严密性试验，分为闭水试验和闭气试验两种；设计无要求时，应根据实际情况选择闭水试验或闭气试验。

③ 试验用水宜使用市政供水或河水，并应设计好试验用水的引接、排放方案。

④ 管道功能性试验的试验压力、试验程序和试验合格判定标准应符合现行国家标准《给水排水管道工程施工及验收规范》（GB 50268—2008）、《城镇排水管道非开挖修复更新工程技术规程》（CJJ/T 210—2014）和《排水球墨铸铁管道工程技术规程》（T/CECS 823—

2021）中的相关规定。

⑤ 无压管道闭气试验应采取下列安全措施。应按安全操作规程安装、约束和固定所有橡胶充气堵头；充气加压前，应检查所有堵头的固定情况；堵头加压过程中，禁止任何人进入检查井内或堵头可能突然弹出的范围内；闭气试验完成后，应打开放气阀并排出所有空气；在管道内气压未降至大气压之前，不得取下堵头。

碎管法施工前后对比如图 11-30 所示（书后另见彩图）。

(a) 置换前　　　　　　　　　　　　　(b) 置换后

图 11-30　碎管法施工前后对比

参考文献

［1］ Plastics piping systems for the trenchless replacement of underground pipeline networks—Part 1：Replacement on the line by pipe bursting and pipe extraction：UNE-EN ISO 21225-2018［S］.

［2］ Standard Specification for Vitrified Clay Pipe and Joints for Use in Microtunneling，Sliplining，Pipe Bursting，and Tunnels：ASTMC 1208/C 1208M［S］.

［3］ Naggar E H，Allouche N E，Naggar E H M. Development of a new class of precast concrete pipes—an experimental evaluation［J］. Canadian Journal of Civil Engineering，2007，34（7）：885-889.

［4］ 褚宏. 城镇排水管道非开挖修复技术分析［J］. 江西建材，2015（06）：74-75.

［5］ 戴福有. 城市地下管线非开挖修复更新技术探讨［J］. 决策探索（中），2020（12）：82.

［6］ 傅英杰. 碎管机在市政管线置换施工中的应用［J］. 市政技术，2015，33（01）：180-182，193.

［7］ 李旦罡，遆仲森. 城市地下管线非开挖修复更新技术的探讨［J］. 城市勘测，2018（S1）：247-250.

［8］ 陶文杰. 城市管网静压裂管法施工技术及对周边环境的影响研究［D］. 重庆：重庆交通大学，2019.

［9］ 伍晓龙，董向宇，王舒婷. 液压裂管技术在污水管道原位置换中的应用［J］. 探矿工程（岩土钻掘工程），2017，44（09）77-80.

第 12 章
非开挖修复其他通用设备

12.1　水泵

12.1.1　叶片式泵-离心泵

12.1.1.1　离心泵的操作原理与构造

（1）操作原理

离心泵的结构简图如图 12-1 所示。泵轴 A 上装有叶轮，叶轮上有若干弯曲的叶片 B。泵轴由外界的动力带动，使叶轮在泵壳 C 内旋转。液体由入口 D 沿轴向垂直地进入叶轮中央，在叶片之间通过旋转进入泵壳，最后从泵的切线出口 E 排出。

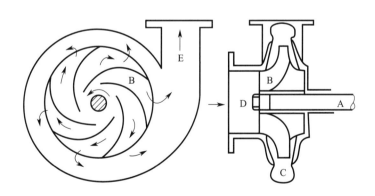

图 12-1　离心泵结构简图
A—泵轴；B—叶片；C—泵壳；D—入口；E—出口

离心泵的操作原理：开动前泵内要先灌满所输送的液体；开动后，叶轮高速旋转，叶片间的液体随之旋转，使液体获得了动能，同时，液体因旋转而产生离心力，故从叶轮中部抛向叶轮外周，压力增高；液体以很高的速度（15～25m/s）流入泵壳，因泵壳呈蜗壳状，越接近泵的出口，壳内流动通道截面积越大，从而使液体在壳内减速，其大部分动能转换为压力能，然后从出口进入排出管路。

叶轮内的液体被抛出的同时，叶轮中部形成真空。吸入管路一端与叶轮中心处相通，另一端则浸没在输送的液体内，在液面压力（常为大气压）与叶轮中心处压力（负压）的压差作用下，液体便经吸入管路进入泵内，填补了被排出液体的位置。只要叶轮不停地转动，离心泵便能够不断地吸入和排出液体。由此可见离心泵之所以能输送液体，主要是依靠高速旋转的叶轮所产生的离心力，故名"离心泵"。

离心泵开动时如果泵壳内和吸入管路内没有充满液体，就会抽不上液体，这是因为空气的密度比液体小得多，旋转所产生的离心力不足以提供吸上液体所需的真空度。像这种因泵壳内存在气体而导致吸不上液体的现象，称为"气缚"。为使启动前泵内充满液体，在吸入管路底部通常装有止逆阀。

（2）基本部件与构造

叶轮是离心泵的心脏部件，普通离心泵的叶轮如图 12-2 所示，它分为闭式、开式与半开式三种。如图 12-2(c) 所示为闭式，前后两侧均有盖板，有 2～6 片弯曲的叶片装在盖板内，构成与叶片数相等的液体通道数。液体从叶轮中央进入后，经过这些通道流向叶轮的周边。闭式叶轮主要用于输送较为洁净的液体。有些离心泵的叶轮没有前、后盖板，叶片完全外露，称为开式，见图 12-2(a)。有些只有后盖板，称为半开式，见图 12-2(b)。开式和半开式叶轮用于输送浆料、黏性大或有固体颗粒悬浮物的液体时，不易堵塞，但液体在叶片间运动时易发生倒流，故效率也较低。

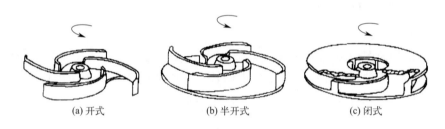

(a) 开式　　　　　　　　(b) 半开式　　　　　　　　(c) 闭式

图 12-2　离心泵叶轮

有些叶轮的后盖板上钻有小孔，可以把后盖板前后的空间连通起来，称为平衡孔。因为叶轮在工作时，离开叶轮周边的液体压力已增大，有一部分会渗到叶轮后侧，而叶轮前侧液体入口处为低压，所以产生了轴向推力，会将叶轮推向泵入口一侧，引起叶轮与泵壳接触处的磨损，严重时还会发生振动。平衡孔能使一部分高压液体泄漏到低压区，减小叶轮两侧的压力差，从而起到减轻轴向推力的作用，但也会降低泵的效率。

泵壳就是泵体的外壳，如图 12-3 所示，它包围着旋转的叶轮，并设有与叶轮垂直的液体入口和切线出口。泵壳在叶轮四周形成一个截面积逐步扩大的蜗牛壳形通道，

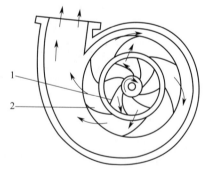

图 12-3　有导轮的离心泵
1—叶轮；2—导轮

故常称为"蜗壳"。叶轮顺着蜗壳形通道内截面积逐渐扩大的方向旋转，越靠近出口，壳内所接受的液体量越大，所以通道的截面积必须逐渐增大。此外，泵壳之所以呈蜗壳状，还有一个

更为重要的目的：使从叶轮四周抛出的高速液体在泵壳通道内逐渐降低速度，将大部分动能转变为静压能，既提高了流体的出口压力，又减少了因液体流速过大而引起的机械能损耗。所以，泵壳既有汇集液体的功能，同时又有能量转换的功能。有些泵在叶轮外周还装有一个固定的带叶片的环，称为导轮（见图12-3）。导轮上叶片（导叶）的弯曲方向与叶轮上叶片的弯曲方向相反，其弯曲角度正好与液体从叶轮流出的方向相适应，从而引导液体在泵壳的通道内平缓地改变流动方向和降低流速，使机械能损耗减小，提高动压头转变为静压头的效率。

由于泵轴转动而泵壳不动，其间必有缝隙。为避免泵内高压液体从缝隙漏出，或防止外部空气渗入泵内，必须设置密封装置。常用的密封装置有填料密封和机械密封。填料密封是将轴穿过泵壳处的环隙做成密封圈（见图12-4），其中填入柔性的填料（如浸油或渗涂石墨的石棉带、碳纤维和膨胀石墨等）将泵壳内外隔开，而轴仍能自由转动，此种密封圈又称填料函。机械密封是由两个光滑而密切贴合的金属环形面构成的（见图12-5），动环随轴转动，

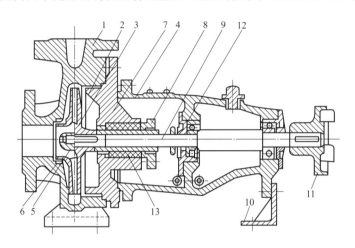

图 12-4　填料密封装置

1—泵体；2—泵盖；3—叶轮；4—悬架；5—叶轮螺母；6—密封圈；7—护轴套；
8—填料压盖；9—泵轴；10—支架；11—联轴器；12—轴承；13—填料

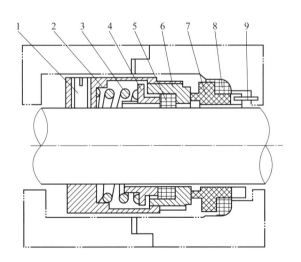

图 12-5　机械密封装置

1—螺钉；2—传动座；3—弹簧；4—锥环；5—动环密封圈；6—动环；7—静环；8—静环密封圈；9—防转销

静环装在泵壳上固定不动，二者在泵运转时保持紧贴状态以防止渗漏。对于输送酸、碱的离心泵，密封要求比较严，多用机械密封。

图 12-3 为单级单吸离心泵，用于不需要很大出口压力的情况。若所要求的压头高，可采用多级泵。多级泵轴上所装叶轮不止一个，液体从几个叶轮多次接受能量，故可达到较高的压头（见图 12-6），离心泵的级数就是它的叶轮数。多级泵壳内，每个叶轮的外周都有导轮（单级泵一般不设导轮）。我国生产的多级泵一般为 2～9 级，最多可达 12 级。

若输送的液体量大，则采用双吸泵。双吸泵的叶轮有两个吸入口，好像两个没有前盖板的叶轮背靠背地并在一起（见图 12-7），其轴向推力可得到完全平衡。

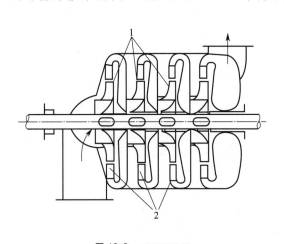

图 12-6 4 级泵示意图

1—叶轮；2—导轮

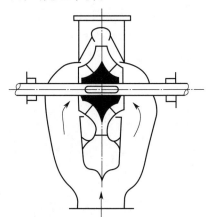

图 12-7 双吸泵示意图

12. 1. 1. 2　离心泵的类型、选用、安装与运转

（1）离心泵的类型

离心泵种类繁多，分类方法也多种多样。按输送液体的性质分，化工生产中常用的离心泵有以下几类。

① 水泵　凡是输送清水和物性与水相近、无腐蚀性且杂质很少的液体的泵都称水泵，其特点是结构简单，操作容易。

② 耐腐蚀泵　耐腐蚀泵主要特点是接触液体的部件（叶轮、泵体）用特定的材料制造，因而要求结构简单、零件容易更换、维修方便、密封可靠。用于制造耐腐蚀泵的材料有高硅铸铁、不锈钢、各种合金钢、塑料、陶瓷、玻璃等。

③ 油泵　输送石油产品的泵称为油泵。油品的一个重要特点是易燃、易爆，因而对油泵的重要要求是密封完善。采用填料函进行密封时，要从泵外边连续地向填料函的密封圈内注入冷的封油，封油的压力应稍高于填料函内侧的压力，以防泵内的油从填料函溢出。封油从密封圈的另一个孔引出，油类亦可按需要采用机械密封。热油（200℃以上）泵的密封圈、轴承、支座等都装有水夹套，应用冷却水冷却，以防其受热膨胀。泵的吸入口与排出口均向上，使从液体中分离出的气体不致积存于泵内。热油泵的主要部件都用合金钢制造，冷油泵可用铸铁。

④ 杂质泵　输送含有固体颗粒的悬浮液、稠厚的浆液等的泵称为杂质泵，它又细分为

污水泵、砂泵、泥浆泵等。对这种泵的要求是不易堵塞、易拆卸、耐磨。它在构造上的特点是叶轮流道宽,叶片数少(一般2~5片),有些泵壳内还衬以耐磨又可更换的钢护板。

同一类型的离心泵自成一个系列,将这些泵在适宜工作范围的 H(压头)-Q(流量)特性曲线绘于一张坐标图上,称为系列特性曲线或型谱,图 12-8 为 IS 型泵的型谱。有了型谱图,就便于用户选泵,也便于为新产品的开发确定方向。

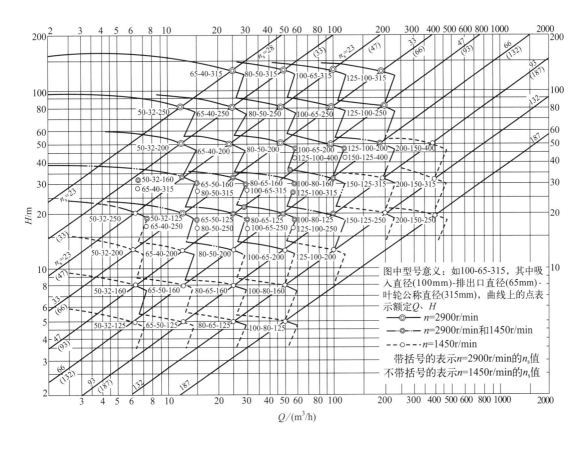

图 12-8 IS 型离心泵的型谱

(2) 离心泵的选用

通常可按照下列原则选择离心泵:

① 先根据输送要求及操作条件确定泵的类型,根据所输送液体决定选用水泵、油泵等;根据现场安装条件决定选用卧式泵、立式泵等;根据扬程大小选用单级泵、多级泵等;对单级泵,根据流量大小选用单吸泵、双吸泵等。

② 再根据所要求的流量与压头确定泵的型号,在工业生产中,所要求的流量和压头往往在一定范围内变动。一般应以最大流量作为所选泵的额定流量,如缺少最大流量值,可取正常流量的 1.1~1.15 倍作为额定流量。对于压头,则应以输送系统在最大流量下压头的 1.05~1.1 倍作为所选的额定压头。按上述额定流量及压头,利用系列型谱图就可以选择泵的型号。若没有一个型号的 H 和 Q 与所要求的刚好相符,则在邻近型号中选用 H 和 Q 都稍大的一个;若是有几个型号都能满足要求,则除了考虑哪个型号的 H 和 Q 比较接近所需

的数值以外，还应考虑哪个型号的效率在此条件下比较高。

（3）离心泵的安装与运转

各种类型的泵，都有生产部门提供的安装与使用说明书，可供参考。

泵的安装高度必须低于允许值，以免出现汽蚀现象或吸不上液体的情况。要尽量降低吸入管路的阻力，要注意不能因吸入口处变径引起气体积存而形成气囊，否则大量气体一旦吸入泵内，便会导致会吸不上液体。

离心泵启动前，必须向泵内灌满液体，至泵壳顶部的小排气旋塞开启时有液体冒出为止，以保证泵和吸入管内无空气积存。离心泵应在出口阀关闭即流量为零的条件下启动，这一点对大型的泵尤其重要。电机运转正常后，再逐渐开启出口阀，至达到所需流量为止。注意，泵在闭阀情况下运行时间一般不应超过 2～3min，如时间太长，泵壳、轴承会发热，严重时可能导致泵壳的热力变形。停泵前亦应先关闭出口阀，以免压出管路内的液体倒流入泵内，使叶轮受冲击而损坏。

运转过程中要定时检查轴承发热情况，注意润滑。若采用填料函密封，应注意其泄漏和发热情况，填料的疏密程度要适当。

离心泵在运转中的故障，形式多样、原因各异，不同类型的泵容易发生的故障也不尽相同。比较经常遇到的故障之一是吸不上液体，如在启动时发生，可能是由于注入的液体量不足或液体从底阀漏走，亦可能是吸入管、底阀或叶轮堵塞。在运转过程中停止吸液，通常是由于泵内吸入空气，造成"气缚"现象，应检查吸入管路的连接处及填料函等处的漏气情况。至于具体问题如何具体解决，则可参阅各类型泵的安装使用说明书。

12.1.2 容积式泵-往复泵

12.1.2.1 往复泵的结构与工作原理

图 12-9 为往复泵装置的简图。泵缸内有活塞，通过活塞杆与传动机（图中未绘）相连接。活塞为扁的圆盘，可在缸内做往复运动。泵缸左侧是阀室，内有单向的吸入阀和排出阀。泵缸内活塞与阀之间的空间称为工作室。

当活塞自左向右移动时，工作室内的容积增大，形成低压。储池内的液体受大气与工作室之间的压差作用，被压进吸入管，而后顶开吸入阀进入泵缸，这时排出阀因受到排出管中液体的压力而关闭。当活塞移到右端时，工作室的容积为最大，吸入的液体量也达到最大。此后活塞便开始向左移动，液体受挤压，使吸入阀关闭，同时工作室内压力增高，排出阀被推开，液体进入排出管。活塞移到左端时，排液完毕，完成一个工作循环。此后，活塞又向右移动，开始另一个工作循环。活塞在两端点间的移动距离称为冲程。

上述往复泵在活塞往复一次的过程中，吸液和排液各进行一次，交替进行，输送液体不连续，称为单动泵。若活塞左右两侧都装有阀门，则可使吸液与排液同时进行，这种结构的泵称为双动泵。

图 12-10 为一双动往复泵的简图。它没有采用活塞而采用了活柱（柱塞），活柱为长的圆柱，可以比活塞承受更大的轴向力，故适用于较高的操作压力。活柱左侧和右侧都设有吸入阀（在下方）和排出阀（在上方）。活柱向右移动时，左侧的吸入阀开启，右侧的吸入阀关闭，液体经左侧的吸入阀进入左侧的工作室。同时，左侧的排出阀关闭，右侧的排出阀开启，液体从右侧的工作室排出。当活柱向左移动时，情况相反。所以，在双动泵活柱的每一

个工作循环中，吸液和排液各两次，在"往"或"复"中都有液体吸入和排出。

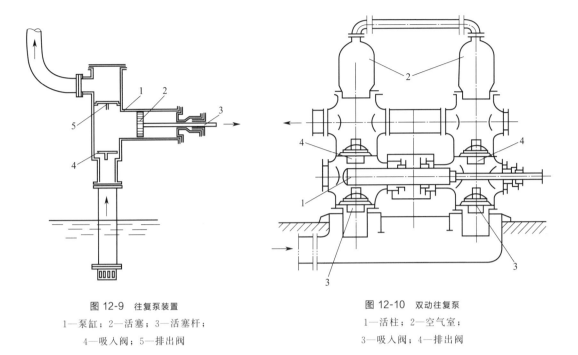

图 12-9　往复泵装置
1—泵缸；2—活塞；3—活塞杆；
4—吸入阀；5—排出阀

图 12-10　双动往复泵
1—活柱；2—空气室；
3—吸入阀；4—排出阀

应用广泛的电动往复泵需要一套变转动为往复运动的曲柄连杆传动机构，此时活塞或活柱的运动速度按正弦曲线变化，因此排液量也按正弦曲线而不均匀变化。为对排液量的这种波动进行缓冲，在图 12-10 中左右两个排出阀的上方设置了两个空室，称为空气室。在一次循环中，当一侧的排液量大时，一部分液体便被压入该侧的空气室；反之，空气室内一部分液体又可被压到泵的排出口，使得液体的输送较为均匀。

12.1.2.2　往复泵与离心泵

往复泵和离心泵一样，均借助于泵内产生真空而吸入液体，所以安装高度也有一定的限制。往复泵内的低压是靠工作室的扩张而造成的，所以不需要先充满液体，即有自吸作用。

往复泵在使用期间出口阀需经常处于打开状态，一旦关闭，在活塞仍继续运动的情况下，将在工作室内造成极高的压力，可导致电机、传动机构、泵体、管路之一超负荷而损坏，对由蒸汽机或内燃机带动的泵，则会停止运转。

理论上，往复泵的流量就是单位时间内活塞扫过的体积，它取决于活塞的面积、冲程和冲数（单位时间的往复次数），这些量通常是固定的，因此，流量通常也固定不变。而扬程则是由活塞施加给液体的静压所决定的，与流量无关。因此，理论上往复泵的 $H\text{-}Q$ 特性曲线是一条垂直线，如图 12-11 中

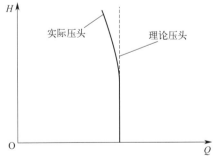

图 12-11　往复泵 $H\text{-}Q$ 特性曲线

虚线所示。但实际上随着泵内压力越大，泵内液体泄漏量也越多，因而流量随压头增大而略有减小。

根据上述特性可知，往复泵不能像离心泵一样通过调节出口阀来改变流量，只可以在排出管上安装旁路，如图 12-12 所示，由泵排出的液体，一部分经旁路阀流回吸入管路。若出口压力超过一定限度，安全阀就会自动开启，泄回一部分液体，避免损坏事故发生。

另外，与离心泵不同的是，由于液体经往复泵时并没有获得很高的动能，因此，其效率都比较高，一般都在 70% 以上，最高可超过 90%，而且适用于输送黏度很大的液体。

因为泵内阀门、活塞受腐蚀或被颗粒磨损、卡住，都会导致严重的泄漏，所以往复泵不宜直接用于输送腐蚀性液体和有固体颗粒的悬浮液。

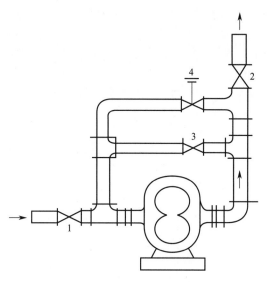

图 12-12　容积式泵的旁路调节
1—吸入管路上的阀；2—排出管路上的阀；
3—旁路阀；4—安全阀

12.1.3　容积式泵-螺杆泵

螺杆泵也属容积式泵，内有一个或一个以上的螺杆。图 12-13（a）为单螺杆泵，螺杆在壳内转动，使液体沿轴向推进，挤压到排出口。图 12-13（b）为双螺杆泵，一个螺杆转动时，会带动另一个螺杆，螺纹互相啮合，液体被拦截在啮合室内沿杆轴前进，从螺杆两端被挤向中央排出。此外还有多螺杆泵，螺杆泵转速大，螺杆长，因而可达到很高的出口压力。若在单螺杆泵的壳室内衬硬橡胶，可用于输送带颗粒的悬浮液，输出压力在 1MPa 以内，三螺杆泵的输出压力可达到 100MPa。螺杆泵效率高，噪声小，适用于在高压下输送黏稠性液体。注意，旋转泵（齿轮泵和螺杆泵的合称）的流量调节也需采用旁路法或改变转速的方法。

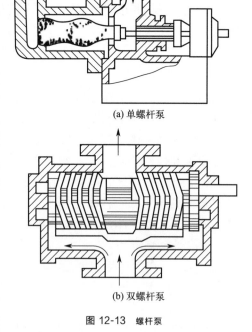

（a）单螺杆泵

（b）双螺杆泵

图 12-13　螺杆泵

12.1.4　水泵流量扬程的确定

12.1.4.1　水泵理论流量确定

根据《室外排水设计标准》（GB 50014—2021），按式（12-1）计算排水管道在设计充满度下的流量：

$$Q=Av \tag{12-1}$$

式中　Q——设计流量，m^3/s；

　　　A——水流有效断面面积，m^2；

　　　v——流速，m/s。

恒定流速下排水管渠的流速应按下式进行计算：

$$v = \frac{1}{n} R^{\frac{2}{3}} I^{\frac{1}{2}} \tag{12-2}$$

式中　R——水力半径；

　　　I——水力坡降；

　　　n——粗糙系数。

以混凝土管道材质为例，列举了DN300～DN1000以上管道的理论流量，见表12-1。

表 12-1　管道内流量参考数据

管径/mm	设计充满度	流速/(m/s)	流量/(m³/h)
300	0.55	0.03	110.46
400	0.65	0.09	310.08
500	0.70	0.17	620.69
600	0.70	0.28	1009.31
700	0.70	0.42	1522.47
800	0.70	0.60	2173.67
900	0.70	0.83	2975.78
≥1000	0.75	≥1.21	≥4345.54

12.1.4.2　水泵理论扬程确定

水泵扬程与市政管道埋深、局部阻力损失和沿程阻力损失有关，市政管道埋深一般在2～10m，管路长度依据实际导排方案确定，按下列公式进行水泵扬程的估算：

$$H = H_{ST} + \sum h \tag{12-3}$$

式中　H——水泵设计扬程，m；

　　　H_{ST}——提升水所需的静扬程，m；

　　　$\sum h$——消耗在管路中的水头损失，m。

（1）局部阻力损失

$$h_{局部} = \xi \cdot \frac{v^2}{2g} \tag{12-4}$$

式中　ξ——局部阻力系数；

　　　v——管道内设计流速，m/s，吸水管路流速按1.0～1.2m/s计算，压水管路按1.5～2.0m/s计算；

　　　g——重力加速度。

（2）沿程阻力损失

$$h_{沿程} = 1000iL \tag{12-5}$$

式中　L——管道铺设长度，m，按50m进行估算；

i——管道单位长度水头损失。

经计算，对埋深 2～10m 的管道进行抽水导排，应选择扬程为 4～12m 的水泵。

12.1.5 水泵选型

12.1.5.1 型号意义

以 50QW 15-10-1.1 为例，"50"表示泵排出口径为 50mm，"QW"表示潜水式污水泵，"15"表示设计点流量为 15m³/h，"10"表示设计点扬程为 10m，"1.1"表示电机功率为 1.1kW。

12.1.5.2 水泵选型表

根据上述流量及扬程，收集整理了上海丁菲泵业有限公司、上海安怀泵阀有限公司和山东海瑞众联流体科技有限公司的潜污泵图片及其选型表，可供施工选择参考。

（1）上海丁菲泵业有限公司

上海丁菲泵业有限公司潜污泵见图 12-14，其选型表见表 12-2。

图 12-14 潜污泵（1）

表 12-2 潜污泵选型（1）

型号	口径/mm	流量/(m³/s)	扬程/m	功率/kW	转速/(r/min)	效率/%
100QW-80-10-4	100	100	10	4	1450	65
100QW-80-20-7.5	100	100	15	7.5	1450	68
150QW-145-9-7.5	150	145	9	7.5	1450	76
200QW-300-7-11	200	300	7	11	980	66
200QW-250-11-15	200	250	11	15	1450	64
200QW-250-15-18.5	200	250	15	18.5	1450	75
200QW-400-10-22	200	400	10	22	1450	73
200QW-400-13-30	200	400	13	30	1450	76
200QW-300-15-22	200	300	15	22	1450	76
250QW-600-9-30	250	600	9	30	980	78
250QW-600-12-37	250	600	12	37	1450	76
300QW-800-12-45	300	800	12	45	980	74
300QW-480-15-45	300	480	15	45	1450	66
300QW-800-15-55	300	800	15	55	1450	73
300QW-1100-10-55	300	1100	10	55	1450	73
350QW-1500-15-90	350	1500	15	90	740	87
400QW-1760-7.5-55	400	1760	7.5	55	980	83
400QW-1500-10-75	400	1500	10	75	980	86
400QW-2000-13-110	400	2000	13	110	980	84
400QW-2000-15-132	400	2000	15	132	980	83
500QW-2500-10-110	500	2500	10	110	740	85
500QW-2600-15-160	500	2600	15	160	740	84

（2）上海安怀泵阀有限公司

上海安怀泵阀有限公司潜污泵见图 12-15，其选型表见表 12-3。

图 12-15　潜污泵（2）

表 12-3　潜污泵选型（2）

型号	口径 /mm	流量 /(m³/s)	扬程 /m	功率 /kW	转速 /(r/min)	效率 /%
100QW-100-7-4	100	100	7	4	1450	65
100QW-110-10-5.5	100	110	10	5.5	1450	66
100QW-100-15-7.5	100	100	15	7.5	1440	67
125QW-130-15-11	125	130	15	11	1450	72
150QW-145-9-7.5	150	145	9	7.5	1450	76
150QW-180-15-15	150	180	15	15	1460	65
200QW-300-7-11	200	300	7	11	970	73
200QW-250-11-15	200	250	11	15	970	74
200QW-250-15-18.5	200	250	15	18.5	1450	75
200QW-300-15-22	200	300	15	22	1470	73
250QW-600-9-30	250	600	9	30	980	74
250QW-600-12-37	250	600	12	37	1480	78
250QW-600-15-45	250	600	15	45	1480	75
300QW-800-12-45	300	800	12	45	980	76
300QW-500-15-45	300	500	15	45	980	70
300QW-800-15-55	300	800	15	55	980	73
350QW-1100-10-55	350	1100	10	55	980	85
350QW-1500-15-90	350	1500	15	90	980	83
350QW-1500-10-75	350	1500	10	75	980	82

（3）山东海瑞众联流体科技有限公司

山东海瑞众联流体科技有限公司潜污泵见图12-16，其选型表见表12-4。

图 12-16　潜污泵（3）

表 12-4　潜污泵选型（3）

型号	口径 /mm	流量 /(m³/s)	扬程 /m	功率 /kW	转速 /(r/min)	电压 /V
150QW-100-7-7.5	150	100	7	5.5	2860	380
150QW-100-10-7.5	150	100	10	7.5	2860	380
200QW-180-9-11	200	180	9	11	2860	380
200QW-200-12-15	200	200	12	15	2860	380
150QW-130-15-11	150	130	15	11	2860	380
200QW-300-7-11	200	300	7	11	2860	380
150QW-180-15-15	150	180	15	15	2860	380
200QW-250-11-15	200	250	11	15	2860	380
200QW-250-15-18.5	200	250	15	18.5	2860	380
200QW-400-16-22	200	400	16	22	2860	380
250QW-600-9-30	250	600	9	30	2860	380
250QW-600-12-37	250	600	12	37	2860	380
250QW-600-15-45	250	600	15	45	2860	380
300QW-800-12-45	300	800	12	45	2860	380
300QW-800-15-55	300	800	15	55	2860	380
350QW-1100-10-55	350	1100	10	55	2860	380
400QW-1800-7.5-55	400	1800	7.5	55	2860	380
400QW-1300-10-55	400	1300	10	55	2860	380

12.2 风机、压缩机和真空泵

气体输送与压缩机械可按其排气压力（出口处表压，进口处表压为零）或压缩比（排气绝压与进气绝压之比）分为 4 类：

① 通风机排气压力≤15kPa；

② 鼓风机排气压力为 15～300kPa，压缩比＜4；

③ 压缩机排气压力 300kPa，压缩比＞4；

④ 真空泵排气压力为大气压，压缩比范围很大，根据所需的真空度而定。

气体输送与压缩机械在化工生产中应用广泛，主要有以下几方面。

（1）气体输送

为了克服管路的阻力损失，需要提高气体的压力。若纯粹为了输送，则需提高的压力一般不大；但输送量很大时，所需的动力往往相当大。气体输送要用通风机或鼓风机。

（2）产生高压气体

有些化学反应要在一定压力甚至很高的压力下进行，例如石油产品加氢，甲醇、尿素、氨的合成，乙烯的本体聚合等。也有些化工过程需采用压缩空气，或对气体进行压缩，例如制冷、气体的液化与分离。产生高压气体要用压缩机。

（3）产生真空

某些化学反应或单元操作，如缩合、蒸发、蒸馏、干燥等，有时要在减压条件下进行，于是要用真空泵从设备中抽气以产生真空。

气体的密度远比液体小，故气体压、送机械的运转速率常较高，其中的活动部分如活门、转子等比较轻巧。气体易泄漏，故压、送机械各部件之间的缝隙要留得很小。此外，气体在压缩过程中所接受的能量有一部分转变为热能，使气体温度明显升高，故压缩机一般都设置冷却器。

12.2.1 离心式风机工作原理

离心式通风机、鼓风机、压缩机的操作原理和离心泵类似，即依靠叶轮的旋转运动产生离心力以提高气体的压力。通风机通常为单级，鼓风机有单级亦有多级，压缩机都是多级的。

12.2.1.1 离心通风机

离心通风机按排气压力的不同，又分为低压（1kPa 以下）、中压（1～3kPa）与高压（3～15kPa）风机三种。低压和中压风机大都用于通风换气、排尘系统和空调系统，高压风机则用于强制通风和气力输送等。

（1）结构

离心通风机的结构和单级离心泵有相似之处，它的机壳也是蜗形壳，但壳内通道及出口的截面通常不为圆形而为矩形（见图 12-17），这样既可以使其加工方便，又可直接与矩形截面的气体管道连接。通风机叶轮上叶片数目比较多，叶片比较短。叶片有平直的，有后弯的，亦有前弯的，一般大型风机中，为了提高效率及降低噪声，几乎都采用后弯叶片。但对中小型风机来说，当效率不是主要考虑因素时，也可采用前弯或径向的叶片。在相同压头下，前弯叶片的风机形体较小。图 12-17(b) 为低压离心通风机所用的平叶片叶轮。

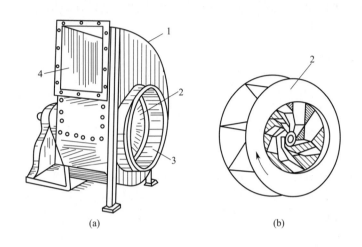

图 12-17　低压离心通风机及叶轮

1—机壳；2—叶轮；3—吸入口；4—排出口

（2）离心通风机的选用

与选用离心泵类似，选用通风机时，首先应根据所输送气体的种类、性质（如清洁空气、易燃气体、腐蚀性气体、含尘气体、高温气体等）与风压范围，确定风机类型，然后以所需全压的 $1.05\sim$ 1.1 倍作为额定全压，所要求的最大风量或正常风量的 $1.1\sim1.15$ 倍作为额定风量，按额定风量及额定全压，利用综合特性曲线图就可以选择风机的型号。

我国出产的离心通风机，常用的有 4-73 型（中低压）、9-19 型和 9-26 型（高压）。

12.2.1.2　离心鼓风机和压缩机

（1）离心鼓风机

离心鼓风机的外形与离心泵相似，蜗形壳通道的截面亦为圆形（见图 12-18），但鼓风机的外壳直径与宽度之比较大，叶轮上叶片的数目较多，以适应大的风量；转速亦较高，因为气体密度小，必须采用高转速才能达到较大的风压。由于叶轮出口处动压所占比例较大，鼓风机中固定的导轮是必不可少的。单级离心鼓风机的出口表压多在 30kPa 以内，多级离心鼓风机可达到 300kPa。

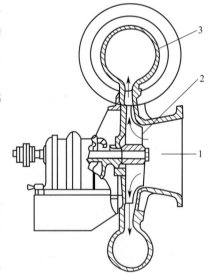

图 12-18　单级离心鼓风机

1—进口；2—叶轮；3—蜗形壳

（2）离心压缩机

为达到更高的出口压力，要使用压缩机。其特点是转速高（一般都在 5000r/min 以上），故能产生高达 1MPa 以上的出口压力。由于压缩比高，压缩机都分成几段，每段包括若干级，段与段之间设有中间冷却器。因气体体积缩小很多，叶轮的宽度和直径也随之逐段缩小。图 12-19 中所示的多级离心压缩机可分成 3 段，每段两级。气体在第 1 段内经两次压缩后，从蜗形壳引出到压缩机外的中间冷却器冷却，再吸到第 2 段进行压缩，又同样引出进行冷却，再吸到第 3 段进行压缩，最后从第 3 段末的第 6 级排出。

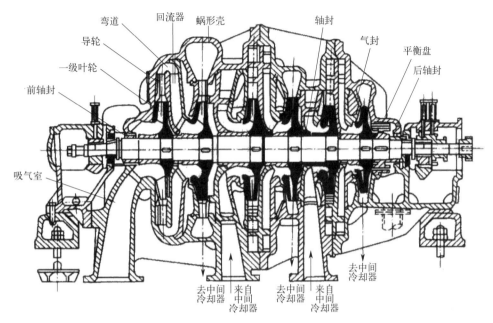

图 12-19 多级离心压缩机

与往复压缩机相比，离心压缩机有下列优点：流量及压缩比相同时，体积与重量都较小；供气均匀；运转平稳；易损部件少；维护方便。因此，除非压力要求很高，离心压缩机已有取代往复压缩机的趋势，而且，由于化工与石油化工生产的需要，离心压缩机已发展成为非常大型的设备，流量可达几十万立方米每小时，压力可达几十兆帕。

12.2.2 旋转鼓风机和压缩机工作原理

旋转鼓风机和压缩机的机壳内有一个或多个转子，没有活塞和活门等装置，属回转式的容积式风机，其特点是：构造简单、紧凑，体积小，排气连续，适用于压力不大而流量较大的场合。旋转鼓风机的出口压力一般不超过 80kPa，常见的为罗茨鼓风机。旋转压缩机的出口压力一般不超过 400kPa。

12.2.2.1 罗茨鼓风机

罗茨鼓风机的作用原理与齿轮泵类似，如图 12-20 所示。机壳内有两个渐开摆线形的转子，两转子之间、转子与机壳之间缝隙很小，使转子既能自由运动，又无过多的泄漏。两转子的旋转方向相反，可使气体从机壳一侧吸入，从另一侧排出。若改变两转子的旋转方向，则吸入口和排出口互换。

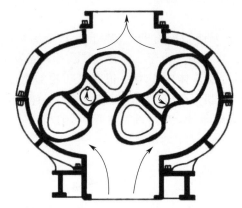

图 12-20　罗茨鼓风机

因为罗茨鼓风机属容积式风机，故其具有与容积式泵（如往复泵）相同的特点，如风量与压头基本无关，而与转速成正比，则在转速一定的情况下当出口压力提高（一定限度内）时，风量仍可大体保持不变，故又名定容式鼓风机。一般采用增设旁路或改变出口处转速的方法来调节流量，应安装气体缓冲罐，并配置安全阀。

罗茨鼓风机的输送能力为 $2\sim500\text{m}^3/\text{min}$，出口压力达 80kPa，但在 40kPa 附近效率较高。其操作温度不能过高（不超过 80℃），否则会引起转子受热膨胀而轧死。

12.2.2.2　液环压缩机

液环压缩机主要用于化工行业中氢气、氯气、氯乙烯气等介质的压送，其构造如图 12-21 所示。液环压缩机由一略呈椭圆形的外壳和旋转叶轮所组成，壳中有适量的液体，该液体与所输送的气体不起化学反应。如液环压缩机用于压送氯气时，壳内则充入浓硫酸。当叶轮旋转时，叶片带动液体旋转，由于离心力的作用，液体被抛向壳内部，形成一层近似于椭圆形的液环。在液环内，椭圆形长轴两端显出两个"新月形"空隙，供气体进入和排出。当叶轮旋转一周时，在液环和叶片间所形成的密闭空间逐渐变大和变小各两次，因此气体可从两个吸气口进入压缩机内，然后从两个排气口排出。

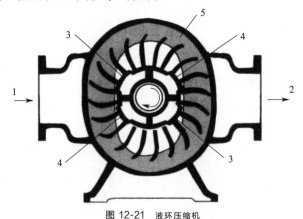

图 12-21　液环压缩机

1—进口；2—出口；3—吸气口；4—排气口；5—液环

单级液环压缩机排出压力可达 0.3MPa，两级可达 0.6MPa。两级以上压缩机结构复杂，一般不采用。液环压缩机的缺点是生产能力不大、效率低（带动液体消耗的功率大），有逐渐被其他压缩机取代的趋势。

12.2.3 真空泵工作原理

从真空容器中抽气，加压后排向大气的压缩机即为真空泵。若将前述任意一种压缩机的进气口与要抽真空的设备接通，即成为真空泵。然而，专为产生真空用的设备在设计时必须考虑到吸入的气体密度小以及压缩比高的特点。吸入的气体密度小，则要求真空泵的体积足够大，压缩比高，则余隙的影响大。真空泵内气体的压缩过程基本上是等温的，因为抽气的质量速率小，设备便应相对大到足以使散热充分。

真空泵的主要性能参数：极限剩余压力，这是真空泵所能达到的最低绝压；抽气速率，这是真空泵在剩余压力下单位时间内所吸入的气体体积，亦即真空泵的生产能力，单位为 m^3/h。真空泵的选用即根据这两个指标。

12.2.3.1 往复真空泵

往复真空泵的构造与往复压缩机并无显著区别，只是真空泵在低压下操作，汽缸内外压差很小，所以所用的阀门必须更为轻巧。所达到的真空度较高时，压缩比很大，故余隙必须很小。为了降低余隙的影响，还应在汽缸左右两端之间设置平衡气道。活塞排气阶段终了，平衡气道连通很短时间，残留于余隙中的气体可从活塞一侧流到另一侧，以减小其影响。

往复真空泵有干式与湿式之分：干式往复真空泵只抽吸气体，可以达到 96%～99.9% 的真空；湿式往复真空泵能同时抽吸气体与液体，但只能达到 80%～85% 的真空。

12.2.3.2 旋转真空泵

前述液环压缩机亦可作为真空泵使用，成为一种典型的旋转真空泵，可以取得低至 400Pa 的绝压，常用的有水环真空泵。

另一种典型的旋转真空泵为滑片真空泵，如图 12-22 所示，泵壳内装一偏心的转子，转子上有若干个槽，槽内有可以滑动的片。转子转动时槽内的滑片向四周伸出，与泵壳的内周密切接触。气体于滑片与泵壳所包围的空间扩大的一侧吸入，于二者所包围的空间缩小的另一侧排出。滑片真空泵所产生的低压可低至近 1Pa。

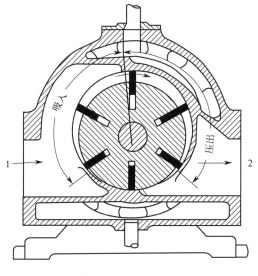

图 12-22　滑片真空泵
1—吸入口；2—排出口

12.2.3.3 水环真空泵

水环真空泵主要由叶轮、泵体、液环等组成，结构简图如图12-23所示。

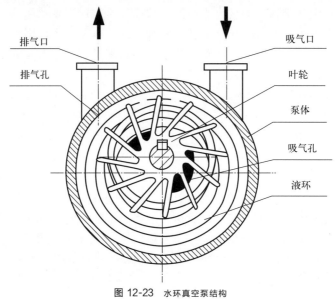

图 12-23　水环真空泵结构

其工作原理为：泵体的形状呈偏心圆，转子上的叶片按照其弯曲方向旋转，离心力将泵体内的水压向泵体的内表面，并随着叶轮的旋转形成偏心圆的水层，这种情况下，叶轮的下面是空的，邻近的两叶片之间变成了1个圆柱缸，水就向活塞沿着叶片上下移动，气体从壳体的吸气口进入，随叶轮的旋转先被压缩后被膨胀排出泵体外，这样形成负压，这个负压与大气压形成压差而产生空气流，作为喷射器的工作介质，最终在喷射器进口处获得比真空泵内更大的抽吸力，即真空值。

密封水泵可为真空泵提供足够的密封冷却水，正常下水量为 200L/min，温度为 10～30℃。循环流程见图12-24，气水分离器及整个系统内的存水量为 2m^3，机组正常运行中的补水量和耗水量均较少。

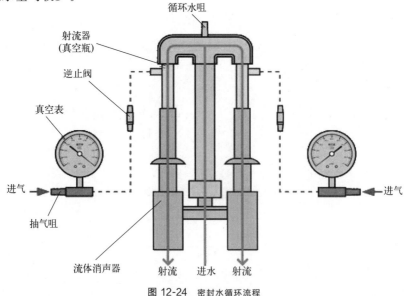

图 12-24　密封水循环流程

真空泵组抽吸系统中，抽气器具有两个吸空气口，在真空泵刚启动时，凝汽器真空系统内的空气通过抽气器旁路进入真空泵，而后随工作水一起进入气水分离器。当真空泵进口处的负压达到1313kPa时，抽气器真正启动投入运行，此时抽气器旁路阀自动关闭。正常情况下，当抽气器运行30min后凝汽器真空系统的负压可达到要求的真空值。

12.2.4 设备选型

12.2.4.1 风机

以佛山市南海九洲普惠风机有限公司提供的数据为例，其XCF系列多翼型离心通风机如图12-25所示，表12-5为管道修复施工中常用的风机型号和对应的参数。在施工中，对风机的流量没有特别高的要求，通常为2800m³/h左右。

图 12-25　XCF系列多翼型离心通风机

表 12-5　风机型号设备及对应参数

型号	功率/kW	电压/V	转速/(r/min)	流量/(m³/h)	全压/Pa	静压/Pa
3E	1.1	—	960	2648~4303	353~265	
3A	0.75	380	910	1769~3065	365~324	334~226
4A	1.5	380	1450	2879~5758	533~346	502~221
4.5A	2.2	380	1450	4990~8189	675~438	635~280
3.5A	1.1	220/380	910	2769~3724	483~499	442~443
3.0A	1.5	220/380	1450	2590~4563	668~505	582~238
3A	2.2	220/380	1420	2200~4400	650~520	—
3A	1.5	220/380	1420	2150~4270	654~535	—
3E	1.5	—	1420	1959~4162	469~584	—
2.8A	1.1	220/380	1400	1388~3500	1000~642	569~478
3A	2.2	220	1420	2976~4500	800~650	710~580
3A	1.5	220/380	1400	2033~3500	800~715	—
3A	1.1	220/380	1400	1960~3300	810~750	—
3A	1.5	220/380	1400	2672~4118	835~796	759~617

12.2.4.2 真空泵

在管道修复施工中会用到真空泵（见图12-26）抽吸污泥，表12-6为SK系列水环真空泵的型号参数。

图 12-26　SK 型真空泵

表 12-6　SK 系列水环真空泵型号参数

型号	抽气量 /(m³/min)	极限真空度 /MPa	功率 /kW	转速 /(r/min)	耗水量 /(L/min)
SK-3	3	−0.093	5.5	1440	15～20
SK-6	6	−0.093	11	1440	20～30
SK-12	12	−0.093	18.5	970	40～50
SK-20	20	−0.093	37	730	60～80
SK-30	30	−0.093	55	730	70～100
SK-42	42	−0.093	75	730	95～130
SK-60	60	−0.093	95	550	140～180
2SK-3	3	−0.097	7.5	1440	15～20
2SK-6	6	−0.098	11	1440	25～35
2SK-12	12	−0.098	22	970	40～50
2SK-20	20	−0.098	45	740	60～80
2SK-30	30	−0.098	75	740	70～90

资料来源：常州纳西姆真空设备有限公司。

12.2.5　注意事项

风机、压缩机、真空泵等气体输送设备在使用或存放时需要注意以下几个关键方面。

（1）安装位置选择

设备应安装在干燥、通风良好的地方，远离潮湿、含腐蚀性气体和高温环境。避免将设备安装在易燃或易爆环境中，必要时应采取防爆措施。

（2）检查电源供应

设备的电源供应符合要求，电压和频率与设备规格相匹配。使用恰当的电缆和插头，确保电气连接安全可靠。

（3）定期维护

定期维护包括清洁、润滑和更换磨损部件，以确保设备的性能和寿命。检查密封件、皮带、轴承和滤清器，及时更换损坏或磨损的部件。

（4）润滑系统

如果设备使用润滑系统，则应确保润滑油的质量和润滑水平正常，并定期更换润滑油和滤清器。应遵循厂商的建议，选用适当类型的润滑油。

（5）清洁和保持干燥

定期清洁设备的内部和外部表面，防止积尘和杂物堆积。避免将设备长时间存放在潮湿环境中，以防止腐蚀和生锈。

（6）控制振动和噪声

安装设备时，确保它们固定稳固，以减少振动和噪声。如果设备会产生噪声，则应考虑采取隔音措施以保护操作员和周围环境。

（7）安全操作

操作员应接受适当的培训，了解设备的安全操作程序。应正确使用个人防护设备，如安全眼镜、手套和耳塞，以确保操作员的安全。

（8）定期检查和测试

定期进行设备的性能测试和检查，以及定期对其进行校准和验证。保存相关记录，以便跟踪设备的性能和维护历史。

（9）停用和存放

在设备停用时，应按照制造商的建议执行适当的停机程序。如果设备需要存放一段时间，应确保它们在存放前已经过充分的清洁和维护，以防止生锈和腐蚀。

12.3 气囊

12.3.1 气囊工作原理与使用流程

气囊由优质橡胶做成，经常用于管道非开挖修复中。充气膨胀后，当气囊内的气压达到规定要求时，气囊会膨胀填满整个管道，利用气囊内的气体压力使气囊壁与管道内壁紧密贴合，产生的摩擦力使气囊与管道相对静止，从而达到目标管段内无流水的目的。气囊封堵工艺简单，其工艺流程如图12-27所示。针对不同的封堵目的，可将气囊大致分为高压封堵气囊、变径封堵气囊、管道修复气囊和热塑导流气囊等几类。

12.3.2 气囊型号分类

12.3.2.1 高压封堵气囊

高压封堵气囊（见图12-28）采用天然橡胶、高拉力纤维和高分子芳纶制成，具有卓越的柔韧性、密封性和承压能力，广泛应用于市政排水管道的闭水试验、漏点查找、管道维修、涵洞修复、排水管道修复等领域，针对不同管径有不同的型号，甚至可以定制超大气囊来封堵DN2200以上的管道。

管道封堵气囊需要具备抗磨损、耐老化、抗腐蚀和可持续膨胀等性能，且应易于运输和修补。在使用时需要注意保护，防止尖锐物品刺伤气囊，影响使用效果和寿命。高压封堵气囊性能参数如表12-7所列。

图12-27 气囊封堵工艺流程

表 12-7 高压封堵气囊性能参数

规格	总长度/m	质量/kg	检测压力/MPa	可使用压力/MPa
DN300	0.8	6	0.15	0.08~0.15
DN400	1.0	8	0.15	0.08~0.15
DN500	1.2	10	0.15	0.08~0.15
DN600	1.3	14	0.15	0.08~0.15
DN800	1.7	22	0.15	0.08~0.15
DN1000	2.0	35	0.15	0.08~0.13
DN1200	2.2	42	0.15	0.08~0.13
DN1350	2.6	65	0.15	0.08~0.13
DN1400	2.6	70	0.15	0.08~0.13
DN1500	2.8	80	0.15	0.08~0.13
DN1600	3.2	110	0.15	0.08~0.13
DN1800	3.6	150	0.15	0.08~0.13
DN2000	4.0	180	0.15	0.08~0.13
DN2200	4.4	210	0.15	0.08~0.13

资料来源：青岛鑫亚环境科技有限公司。

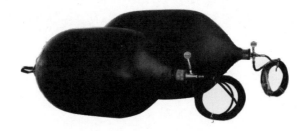

图 12-28 高压封堵气囊

12.3.2.2 变径封堵气囊

变径封堵气囊（见图 12-29）采用橡胶和高分子芳纶材质，具有可持续膨胀的特性。这种气囊同一规格可以封堵不同规格的几种管道，例如 DN300～DN600 的变径气囊可以封堵 DN300～DN600 的所有管道。此外，变径封堵气囊的橡胶密度大，具有极高的承压能力（目前最高承压 0.25MPa）。

图 12-29 变径封堵气囊

变径封堵气囊规格参数如表 12-8 所列。

表 12-8　变径封堵气囊规格参数

规格	充气压力/MPa	使用水深/m	初始直径/mm	长度/mm	质量/kg
DN150～DN300	0.20	≤10	135	500	2.5
DN200～DN400	0.20	≤10	180	600	4
DN200～DN500	0.20	≤10	180	750	5
DN300～DN600	0.15	≤8	280	750	10
DN400～DN800	0.15	≤8	380	900	18
DN500～DN1000	0.15	≤5	460	1050	25

资料来源：青岛鑫亚环境科技有限公司。

12.3.2.3　管道修复气囊

CIPP 局部修复时需要使用气囊配合浸润树脂的无纺布进行点位修复，管道修复气囊（见图 12-30）则是一种专门用于管道局部修复的设备，通常由高强度、高耐磨性的特种合成橡胶制成，适用于 DN200～DN1200 的各种材质的管道。使用管道修复气囊时，先将涂有树脂的柔性管道内衬送入待修复管道内部，并利用气体或水的压力使其展开并紧密贴合在原管道内壁上，然后使用紫外线或热水等方法加热固化树脂，使其硬化成一个新的、与原管道紧密贴合的内层管道，从而达到修复破损管道或老化管道的目的，避免了传统挖掘修复带来的地面破坏和环境影响。

图 12-30　管道修复气囊

管道修复气囊型号参数如表 12-9 所列。

表 12-9　管道修复气囊型号参数

规格	充气压力/bar	最大径可修复长度/mm	最小径可修复长度/mm	总直径/mm	总长度/mm	产品质量/kg
DN200～DN300	1.5	550	650	170	1030	8.5
DN300～DN500	1.5	550	780	250	1230	13
DN400～DN600	1.5	550	700	380	1250	23
DN600～DN800	1.0	550	700	480	1400	31
DN800～DN1000	1.0	550	700	480	1600	34
DN1000～DN1200	1.0	550	700	480	1800	37

资料来源：青岛裕盛广源船舶用品有限公司。

注：1bar＝10^5Pa，下同。

12.3.2.4 热塑导流气囊

当采用热塑法修复管道时需要对拉入的软管两端进行封堵并充入热蒸汽，因而需要用到专用的耐热导流气囊。热塑导流气囊（见图 12-31）采用高强度、高温耐受的特殊材料制成，适用于 FIPP 修复工艺。该气囊中间设计有导流孔，能够有效地解决管道的闭气、闭水试验等问题。其特点有耐高温、抗老化、耐腐蚀、密封性好等，具有极高的工作性能和稳定性，适用于 DN150～DN800 的各种材质管道。

图 12-31　热塑导流气囊

热塑导流气囊型号参数如表 12-10 所列。

表 12-10　热塑导流气囊型号参数

规格	使用压力/bar	总长度/mm	质量/kg	初始直径/mm
DN150	1.5	560	3.8	95
DN200	1.5	560	6.5	160
DN300	1.5	560	10	220
DN400	1.5	560	14	270
DN500	1.5	610	18	340
DN600	1.5	610	25	400
DN800	1.5	800	35	400

资料来源：杰瑞高科（广东）有限公司。

12.3.3　注意事项

12.3.3.1　使用前注意事项

（1）选择适当尺寸

确保选择适合管道直径的气囊尺寸，以确保可紧密贴合管道壁，实现有效封堵。

（2）检查气囊状态

在使用前，仔细检查气囊是否有损坏、漏气或其他问题，任何损坏的气囊都不应使用。

（3）了解操作步骤

熟悉气囊的充气和排气操作步骤，确保操作正确，避免因操作不当而造成问题。

（4）准备工作环境

在气囊封堵之前，清理并准备好工作区域，确保没有杂物、尖锐物体或其他可能损坏气囊的物品。

（5）通风和安全

在封堵气囊时，确保工作区域充分通风，以防止气体积聚。同时应采取必要的安全措施，以防止人员受伤。

12.3.3.2　使用后注意事项

（1）注意排气

在完成工作后，首先应小心地排除气囊中的气体，确保气囊完全缩小，但不要过度排气，以免气囊缩小过快而导致突然移动。

（2）安全移除

在确认气囊已排气的情况下，小心地将气囊从管道内移除，确保没有损坏气囊或管道。

（3）气囊检查

检查气囊是否有损坏或磨损，以便确定下次使用前是否需维修或更换。

（4）清理工作区域

在使用完毕后，及时清理工作区域，确保没有残留物或杂物留在管道内。

（5）维护和储存

根据制造商的建议，妥善维护和储存气囊，确保其在下次使用时能够保持良好的状态。

12.4　柴油发电机组

12.4.1　工作原理

柴油发电机组是一种发电设备，其以柴油等为燃料，以柴油机为原动机带动发电机发电，主要包括柴油机和发电机两部分。

12.4.1.1　柴油机

柴油机的启动是通过人力或其他动力转动柴油机曲轴，使活塞在顶部密闭的气缸中做上下往复运动。活塞在运动中会完成进气行程、压缩行程、燃烧和做功（膨胀）行程及排气行程四个行程。当活塞由上向下运动时进气门打开，经空气滤清器过滤的新鲜空气进入气缸完成进气行程。活塞由下向上运动，进、排气门都关闭，空气被压缩，温度和压力增高，完成压缩行程。活塞将要到达最顶点时，喷油器把经过滤的燃油以雾状喷入燃烧室中，与高温高压的空气混合立即自行着火燃烧，形成的高压推动活塞向下做功，推动曲轴旋转，完成燃烧和做功行程。燃烧和做功行程完成后，活塞由下向上移动，排气门打开排气，完成排气行程。每个行程曲轴旋转半圈，经若干工作循环后柴油机在飞轮的惯性下逐渐加速进入工作。

12.4.1.2　发电机

发电机（generators）是指将机械能转换成电能的机械设备，它由水轮机、汽轮机、柴油机或其他动力机械驱动，将水流、气流、燃料燃烧或原子核裂变产生的能量转化为机械能传给发电机，再由发电机转换为电能。发电机的形式有很多，但其工作原理都是基于电磁感应定律和电磁力定律。因此，其构造的一般原则是：由适当的导磁和导电材料构成互相电磁感应的磁路和电路，以产生电磁功率，达到能量转换的目的。

发电机通常由定子、转子、端盖及轴承等部件构成。定子由定子铁芯、线包绕组、机座以及固定这些部分的其他结构件组成。转子由转子铁芯（或磁极、磁轭）绕组、护环、中心环、滑环、风扇及转轴等部件组成。

由轴承及端盖将发电机的定子、转子连接组装起来，使转子能在定子中旋转，做切割磁力线的运动，从而产生感应电动势，通过接线端子引出，接在回路中，便产生了电流。

12.4.2 类型分类

发电机的种类有很多种，从原理上可分为同步发电机、异步发电机、单相发电机、三相发电机；从产生方式上可分为汽轮发电机、水轮发电机、柴油发电机、汽油发电机等；从能源上可分为火力发电机、水力发电机等；从用途上可分为常用机组、备用机组、应急机组等。

12.4.2.1 常用机组

这类发电机组常年运行，一般设在远离电力网（或称市电）的地区或工矿企业附近，以满足这些地方的施工、生产和生活用电。在经济发展比较快的地区，由于电力网的建设跟不上用户的需求而设立建设周期短的常用柴油发电机组，来满足用户的需要。这类发电机组一般容量较大，可对非恒定负载提供连续的电力供应，对连续运行的时间没有限制，并允许每12h内有1h过负载供电，过负载能力为额定输出功率的10%。这类机组因其运行时间较长、负载较重，所以将相对于本机极限功率的许用功率调至较低点。

12.4.2.2 备用机组

在通常情况下用户所需电力由市电供给，当市电限电拉闸或因其他原因中断供电时，为保证用户的基本生产和生活，应设置相应的发电机组。这类发电机组常设在电信部门、医院、工矿企业、机场和电视台等重要用电单位。这类机组随时保持备用状态，能对非恒定负载提供连续的电力供应。

12.4.2.3 应急机组

对市电突然中断将造成较大损失或人身事故的用电设备，常设置应急发电机组对这些设备进行紧急供电，如高层建筑的消防系统、疏散照明、电梯、自动化生产线的控制系统、重要的通信系统以及正在给病人做重要手术的医疗设备等，这类机组应能在市电突然中断时，迅速启动运行，并在最短时间内向负载提供稳定的交流电源，以保证及时地向负载供电，对这种机组的自动化程度要求较高。

12.4.3 设备选型

市场上的柴油发电机组（见图12-32）设备类型有很多，此处以扬州沃尔特机械有限公司生产的设备为例，表 12-11 中列举了 WET 系列发电机组的型号、输出功率、燃油消耗率、外形尺寸等参数。

图 12-32　沃尔沃发电机组

表 12-11　WET 系列发电机组型号参数

机组型号	输出功率 /kW	发动机 型号	气缸数	缸径 /mm	行程 /mm	排量 /L	燃油消耗率 /[g/(kW·h)]	外形尺寸 /mm	质量 /kg
WET-75	75	TD530GE	4	108	130	4.76	215	2080×720×1450	1090
WET-88	88	TAD531GE	4	108	130	4.76	208	2080×720×1450	1150
WET-115	115	TAD532GE	4	108	130	4.76	210	2080×720×1450	1250
WET-132	132	TAD731GE	6	108	130	7.15	214	2600×1050×1500	1560
WET-165	165	TAD732GE	6	108	130	7.15	213	2600×1050×1670	1600
WET-180	180	TAD733GE	6	108	130	7.15	216	2600×1050×1770	1800
WET-220	220	TAD734GE	6	108	130	7.15	204	2600×1050×1770	1960
WET-280	280	TAD941GE	6	120	138	9.36	202	2950×1120×1595	2700
WET-300	300	TAD1342GE	6	131	150	16.12	198	3100×1100×1630	3800
WET-330	330	TAD1343GE	6	131	150	16.12	198	3100×1100×1630	3800
WET-360	360	TAD1344GE	6	131	150	16.12	198	3100×1100×1630	3800
WET-400	400	TAD1345GE	6	131	150	16.12	202	3100×1100×1630	3800
WET-440	440	TAD1641GE	6	144	165	16.12	203	3300×1160×2000	3850
WET-500	500	TAD1642GE	6	144	165	16.12	203	3300×1160×2000	3850
WET-550	550	TAD1643GE	6	144	165	16.12	199	3300×1160×2000	4050

资料来源：扬州沃尔特机械有限公司。

但是在施工过程中，对输出功率的要求因实际情况而异，在选择柴油发电机组时可参考表 12-12 中的数据。

表 12-12　施工中常用的柴油发电机组型号参数

机组型号	输出功率/kW	发动机型号	气缸数	排量/L	缸径/mm	行程/mm	燃油消耗率/[g/(kW·h)]	外形尺寸/mm	质量/kg
WET-75	75	6BT5.9-G1	6	5.9	102	120	206	2200×800×1300	1180
WET-90	90	6BT5.9-G2	6	5.9	102	120	206	2200×800×1300	1180
WET-100	100	6BTA5.9-G2	6	5.9	102	120	207	2250×830×1350	1200
WET-75	75	TD520GE	4	4.76	108	130	215	2080×720×1450	1090
WET-88	88	TAD531GE	4	4.76	108	130	208	2080×720×1450	1150
WET-75	75	SC4H115D2	4	4.3	105	124	205	2100×880×1427	880
WET-100	100	SC4H160D2	4	4.3	105	124	198	2100×880×1527	1048
WET-75	75	YC6B135Z-D20	6	6.9	108	125	200	2300×850×1350	1200
WET-100	100	YC6B155L-D21	6	6.871	108	125	198	2400×850×1500	1300
WET-75	75	R6105ZD	4	6.49	105	125	238	2320×930×1730	1600
WET-100	100	R6105AZLD	6	6.75	105	130	238	2320×930×1730	1700
WET-75	75	WP4D100E200	4	4.5	105	130	217	2100×838×1033	950
WET-100	100	WP6D132E200	6	6.75	105	130	210	2100×838×1300	1280
WET-90	90	J07	6	6.87	108	125	205	1300×785×1045	650

资料来源：扬州沃尔特机械有限公司。

12.4.4　注意事项

柴油发电机组在使用和养护时需要注意以下几点。

（1）定期检查机组

定期检查发电机组的各个部件，包括引擎、发电机、冷却系统、燃油系统和电气系统，确保没有漏油、漏水或其他潜在问题。

（2）更换机油和滤清器

定期更换发动机机油和滤油器，以确保引擎正常运转。滤清器也应定期更换，以防止污染物进入燃油系统。

（3）清洁空气滤清器

定期清洁或更换空气滤清器，以确保引擎能够获得足够的清洁空气，以提高燃烧效率。

（4）燃油管理

使用高质量的柴油燃料，并确保存储柴油的容器是清洁的，以防止杂质进入燃油系统。

（5）冷却系统

确保冷却系统的冷却液水平正常，并定期检查冷却液的质量。及时清洗冷却器和冷却系统，以防止过热。

（6）维护电池

保持电池的电解液水平正常，并确保电池连接端子干净，以确保发电机组可以正常启动。

（7）定期运行测试

定期运行发电机组，以确保其正常运转。这有助于检测潜在问题并确保在需要时可以及时地供电。

（8）保持干燥

保持发电机组存放于干燥环境，防止雨水和湿气腐蚀设备。

（9）考虑环境因素

根据所在地区的气候条件和环境因素，采取适当的措施来保护发电机组，如避免其暴露在恶劣天气中或对其使用防护罩。

（10）定期维护计划

制订并严格执行定期维护计划，包括预防性维护和紧急维修，以确保发电机组的可用性和性能。

12.5　液压动力站

液压动力站是提供液压驱动力的动力设备，主要由压力调节阀、风扇、液压油箱、液压控制手柄接口、总电源开关、主控制箱和交流电机组成。

12.5.1　液压动力站工作原理

液压动力站的工作原理是由电机带动油泵旋转，泵从油箱中吸油后打油，将机械能转化为液压油的压力能，液压油通过集成块（阀组合），在液压阀的作用下实现方向、压力、流量调节后，经外接管路传输到液压机械的油缸或油马达中，从而控制液压动力站方向的变换、力量的大小及速度的快慢，推动各种液压机械工作。

液压动力站有以下优点：

① 结构紧凑，质量轻，体积小；

② 传递功率大，效率高；

③ 运行平稳可靠，噪声低；

④ 操作简单灵活，维修方便；

⑤ 可实现远距离控制和自动化。

12.5.2　动力站类型

液压动力站可以依据液压泵的类型、数量、连接方式和控制方式进行分类。常见的分类有单泵单电机式、单泵双电机式、双泵串联式、双泵并联式、变量泵式等。

液压动力站的主要结构组成部分有液压泵、液箱（油箱）、集成块（阀组合）和执行元件（油缸或油马达）。

液压泵将原动机（如电动机）提供的机械能转化为流体（如油）的压力能，并输出具有一定压力和流量的油液。常见的液压泵有齿轮泵、叶片泵、柱塞泵等。液箱（油箱）中可存放工作介质（如油），并对其进行过滤、冷却、除气等处理，同时也是安装其他元件和管路连接器件的基础部件。集成块（阀组合）集成了具有各种功能和控制方式的液压阀，并通过内部通道连接成一个整体。可以实现对油流方向、压力、流量等参数的调节和控制。常见的集成块包括方向阀组合、溢流阀组合、节流阀组合等。执行元件（油缸或油马达）将输入到它们中间具有一定参数（如方向、速度、位置等）的油转换为具有相应参数（如方向、速度、位置等）的运动，并传递给各种工作装置。常见执行元件包括直线运动式活塞缸和回转摆动式齿轮齿条缸以及各种类型的马达。

12.5.3　液压动力站选型

12.5.3.1　14匹液压动力站

14匹液压动力站（见图12-33）具有以下特点：整机结构紧凑，移动灵活轻便；电控启动与熄火，轻松便捷；具有高效散热系统，能适应恶劣工况；进口液压元件，传动效率高；可连接多种道路养护设备抢险工具。14匹液压动力站性能参数见表12-13。

图 12-33　14匹液压动力站

表 12-13　14匹液压动力站性能参数

型号		SH1400E
工作质量/kg		105
工作性能	液压油流量/(L/min)	25
	最大压力/MPa	15
	快换接头/in	3/8
	胶管长度/m	5
发动机	型号	KOHLER CH440
	类型	汽油/风冷
	输出功率/hp	14
	启动方式	电启动
液压油容积/L		14
外形尺寸(长×宽×高)/mm		860×540×700

注：1in=0.0254m。

12.5.3.2 18匹液压动力站

18匹液压动力站具有以下特点：a.整机结构紧凑；b.电控启动与熄火；c.具有高效散热系统，可适应恶劣工况；d.可连接多种道路养护设备抢险工具；e.每小时的耗油量降低为旧款的65％。

18匹液压动力站性能参数见表12-14。

表 12-14　18匹液压动力站性能参数

型号		SH1800E
工作质量/kg		120
工作性能	液压油流量/(L/min)	20 或 40
	最大压力/MPa	15.5
	快换接头/in	3/8、1/2
	胶管长度/m	5
发动机	型号	百利通 3564
	类型	汽油/风冷
	输出功率/hp	18
	启动方式	电启动
液压油容积/L		18
外形尺寸(长×宽×高)/mm		1000×550×800

注：1in＝2.54cm；1hp＝745.7W。

12.5.3.3 23匹液压动力站

23匹液压动力站的特点同样为：整机结构紧凑；电控启动与熄火；散热系统较好，可适应恶劣工况；可连接多种道路养护设备抢险工具；每小时的耗油量降低为旧款的65％。

23匹液压动力站性能参数见表12-15。

表 12-15　23匹液压动力站性能参数

型号		SH2300E
工作质量/kg		140
工作性能	液压油流量/(L/min)	20 或 40
	最大压力/MPa	17
	快换接头/in	1/2
	胶管长度	选配
发动机	型号	GB 680
	类型	汽油/风冷
	输出功率/hp	23
	启动方式	电启动
液压油容积/L		18
外形尺寸(长×宽×高)/mm		1020×615×800

12.5.3.4　35 匹液压动力站

35 匹液压动力站具有以下特点：a. 整机结构紧凑，移动灵活轻便；b. 电控启动与熄火，轻松便捷；c. 具有高效散热系统，可适应恶劣工况；d. 进口液压元件，传动效率高；e. 可连接多种道路养护设备抢险工具。

35 匹液压动力站性能参数见表 12-16。

表 12-16　35 匹液压动力站性能参数

型号		SH3500E
工作质量/kg		245
工作性能	液压油流量/(L/min)	1 组 80 或 2 组 40
	最大压力/MPa	17
	快换接头/in	2 组 1/2,1 组 3/4
	胶管长度	选配
发动机	型号	GB 1000
	类型	汽油/风冷
	输出功率/hp	35
	启动方式	电启动
液压油容积/L		30
外形尺寸(长×宽×高)/mm		1260×725×950

14 匹液压动力站的液压功率适中，适用于需要低到中等液压功率的施工工况；18 匹液压动力站适用于需要中等液压功率的施工工况，其能够提供的流量和压力也比 14 匹液压动力站更高；23 匹液压动力站适用于较大型的机械设备操作，其液压功率、流量和压力都比 14 匹和 18 匹液压动力站更高；35 匹液压动力站适用于需要高液压功率的施工工况，如大型起重机、深基坑工程等，其液压功率、流量和压力都是所有液压动力站中最高的。

12.6　卷扬机

卷扬机是用卷筒缠绕钢丝绳或链条以提升或牵引重物的小型起重设备，可以垂直提升、水平或倾斜拽引重物，目前以电动卷扬机为主。卷扬机可单独使用，也可作起重、筑路和矿井提升等机械中的组成部件，卷扬机操作简单、绕绳量大、移置方便，在管道非开挖修复工艺中应用广泛。

例如在管道紫外光固化修复工艺中，当需要在原管道内拉入衬底材料或软管时，通常使用卷扬机将材料从管道的一端牵引至另一端。卷扬机的最大牵引力应有一定的安全储备，应能满足管段修复时可轻松拖入材料的需要。在实际操作过程中，不同管段所需的最大牵引力

应通过计算确定，且不得大于内衬软管所能承受
的最大牵引力，否则应在软管前端的牵引连接处
设置弱连接保护装置，当牵引力大于设定的安全
牵引力时，应将牵引钢丝绳与内衬软管断开，以
避免使软管出现破损。

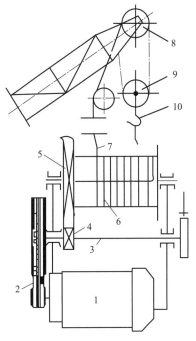

图 12-34 卷扬机结构

1—电动机；2—三角带；3—轴；
4、5—齿轮；6—卷筒；7—卷筒卷绕
钢丝绳；8、9—滑轮组；10—起重机吊钩

12.6.1 卷扬机工作原理

电能经过电动机转换为机械能，即电动机的
转子转动输出，经三角带、轴、齿轮减速后再带
动卷筒旋转。卷筒卷绕钢丝绳并通过滑轮组，使
起重机吊钩提升或降落载荷，把机械能转变为机
械功，完成载荷的垂直运输装卸工作。绳槽参与
承载，能够改变卷筒应力分布规律，减小筒壁
应力。

图 12-34 为卷扬机结构。

12.6.2 卷扬机的分类

卷扬机包括建筑卷扬机和同轴卷扬机。

常见卷扬机型号见表 12-17。

表 12-17 常见卷扬机型号

序号	型号
1	JK0.5-JK5 单卷筒快速卷扬机
2	JK0.5-JK12.5 单卷筒慢速卷扬机
3	JKL1.6-JKL5 溜放型快速卷扬机
4	JML5、JML6、JML10 溜放型打桩用卷扬机
5	2JK2-2JML10 双卷筒卷扬机
6	JT800、JT700 型防爆提升卷扬机
7	JK0.3-JK15 电控卷扬机

12.6.2.1 双卷筒卷扬机

双卷筒卷扬机（见图 12-35）包括电机、制动器、联轴器和减速器，设主动齿轮、主卷
筒齿轮、主卷筒装置、单向离合装置、过载传递装置和副卷筒装置。主动齿轮安装在减速器
的输出轴上，主动齿轮与主卷筒齿轮啮合，主卷筒齿轮与单向离合装置的副卷筒齿轮啮合；
主卷筒装置与主卷筒齿轮固定；单向离合装置与过载传递装置固定，过载传递装置与副卷筒
装置固定。主卷筒装置用于吊挂动力头，满足动力头及钻具的提升和下放，副卷筒装置用于
向下拉动力头，给钻具施加向下的压力，两个卷筒通过一个电机控制，进行联动，解决了由
不同绳速的两个卷筒共同控制一个装机动力头上下移动的难题，操作更简单，钻进成孔施工
效率更高。

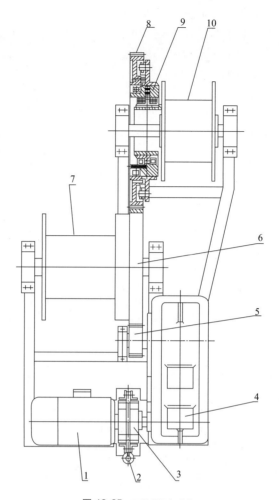

图 12-35　双筒卷扬机结构

1—电机；2—制动器；3—联轴器；4—减速器；5—主动齿轮；6—主卷筒齿轮；

7—主卷筒装置；8—单向离合装置；9—过载传递装置；10—副卷筒装置

12.6.2.2　快速溜放卷扬机

快速溜放卷扬机（见图 12-36）在非工作时，钳式制动器和离合装置为常开状态，此时，所吊的夯扩锤落放在地面，由地面支撑。工作时，同时启动电动机和操作控制系统的油泵。电动机旋转，带动减速器和主轴旋转，脚踏离合装置中二位三通换向阀踏板 1 给油缸供油，油缸活塞杆向左移动，推动推盘、轴承 3、压盘、摩擦片 1 和摩擦片 2 同时向左移动并压紧，弹簧在压盘和滑键移动过程中被压缩，此时卷筒随主轴作同步旋转，收卷钢丝绳，将夯扩锤提升至一定高度。抬起离合装置的三通换向阀踏板，在弹簧的作用下，二位三通换向阀换位，油缸内液压油在弹簧作用下流回油箱。与此同时，弹簧通过滑键推动压盘向右移动，使摩擦片 1 和摩擦片 2 间产生间隙，夯扩锤通过钢丝绳拉动卷筒做自由放绳旋转，夯扩锤做竖向快速落地运动。夯扩锤落地后，脚踏钳式制动器的二位三通换向阀踏板 2，给制动器的油缸供油，致使钳口开始闭合，通过卷筒端板制动卷筒，避免卷筒过多放绳而导致钢丝绳缠绕的现象。抬起钳式制动器控制系统中的二位三通换向阀踏板 2，换向阀自动换位。在钳式制动器弹簧力的作用下，钳式制动器油缸内的油流回到油箱，钳口打开。此过程为一次

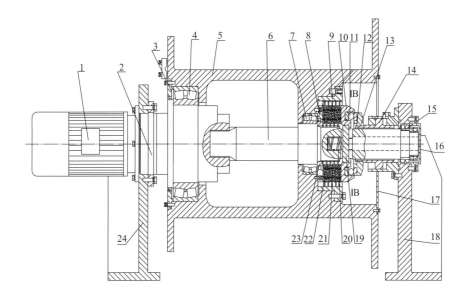

图 12-36　快速溜放卷扬机结构

1—电动机；2—减速器；3、4—轴承；5—卷筒；6—主轴；7—轴承；8—透盖 2；9—离合器圈；10—压盘；
11—轴承；12—轴挡圈；13—推盘；14—油缸；15—轴承；16—闷盖；17—挡盖；18—支架；19—滑键；
20—弹簧；21—摩擦片 1；22—摩擦片 2；23—套；24—支架

夯击动作，重复操作，可进行施工。

12.6.2.3　电控卷扬机

电控卷扬机（见图 12-37）一般由底座、PLC 控制器以及设置在底座上的电机、减速器、卷筒构成，卷筒包括卷筒体和分别设置在卷筒体左右两侧的卷筒轮，卷筒体上缠绕有钢丝绳，电机的主轴连接减速器的输入轴，通过电机的主轴带动减速器的输入轴转动，通过PLC 控制器控制电机启停、正转、反转，减速器的输出轴与卷筒联接，通过减速器的输出轴带动卷筒转动，从而提升或牵引钢丝绳。卷筒上的钢丝绳应当整齐排列，钢丝绳在卷筒上缠绕完一层，再缠绕下一层；不允许钢丝绳在卷筒上还没绕完一层就开始缠绕下一层，这样会引起钢丝绳重叠、打结，不利于钢丝绳的安全使用。实际使用过程中，存在钢丝绳在瞬间（钢丝绳牵引重物的一端在卸下重物的瞬间）不受力的情况，会因钢丝绳弹性返松，导致钢丝绳重叠、打结甚至越出卷筒，在此情况下继续使用容易导致钢丝拉断事故发生。

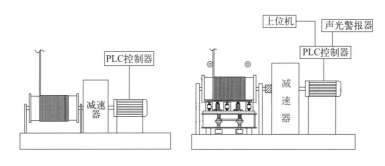

图 12-37　电控卷扬机结构

12.6.3　注意事项

① 为使钢丝绳能自动在卷筒上往复缠绕，卷扬机应安装在与第一个导向滑轮的距离为卷筒长度 15 倍的地方，即当钢丝绳在卷筒边时，与卷筒中垂线的夹角不大于 2°；

② 水平钢丝绳应尽量从卷筒的下面引入，以减少卷扬机的倾覆力矩；

③ 卷扬机在使用时必须做可靠的固定，如做基础固定、压重物固定、设锚碇固定，或利用树木、构筑物等做固定。

当内衬软管过重，拖动内衬软管所需的牵引力超过了卷扬机所能提供的拉力，或者是卷扬机基础未固定牢靠时，可能造成卷扬机拉不动内衬软管的情况，甚至出现卷扬机自身被拉动的故障。遇到这种情况，可在下料时使用滑轮组，通过增加动滑轮数量来减小拉力，可通过打地锚、方木支撑来固定设备。

参考文献

［1］　谭天恩，窦梅 . 化工原理：上 ［M］. 4 版 . 北京：化学工业出版社，2013.

［2］　高芳 . 关于液环泵结构参数的理论与仿真研究 ［D］. 大庆：大庆石油学院，2006.

［3］　姜彩生，刘春风，李庆华，等 . 真空抽吸装置的运行分析 ［J］. 华东电力，2003（03）：39-41.

［4］　张利平 . 液压传动设计指南 ［M］. 北京：化学工业出版社，2009.

［5］　石磊 . 机制螺旋缠绕修复法施工操作手册 ［M］. 北京：冶金工业出版社，2023.

［6］　刘守进，薛淑华，郭海艳，等 . 一种快速溜放卷扬机：CN204251253U ［P］. 2015-04-08.

［7］　丁宁，李德程，郝万钧，等 . 一种双驱力平衡卷扬机：CN216190611U ［P］. 2022-04-05.

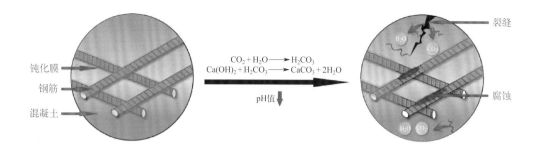

钝化膜

钢筋

混凝土

$CO_2 + H_2O \longrightarrow H_2CO_3$
$Ca(OH)_2 + H_2CO_3 \longrightarrow CaCO_3 + 2H_2O$

pH值

裂缝

腐蚀

图 1-3　混凝土碳化反应示意图

图 1-6　管道渗漏

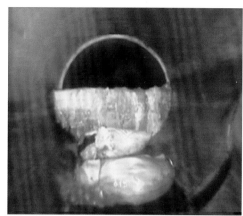

图 1-7　管道阻塞

图 1-8　管道偏移

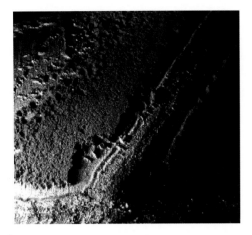

图 1-9　管道机械磨损

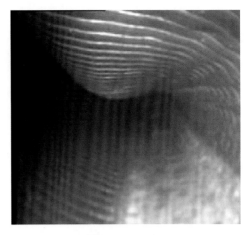

图 1-10　管道变形

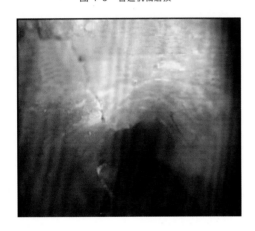

图 1-11　管道破裂

图 1-12　管道坍塌

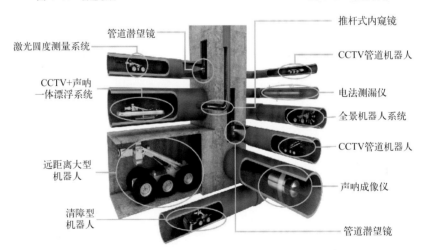

图 1-13　管道检测机器人系统

（图片来源：武汉中仪物联技术股份有限公司）

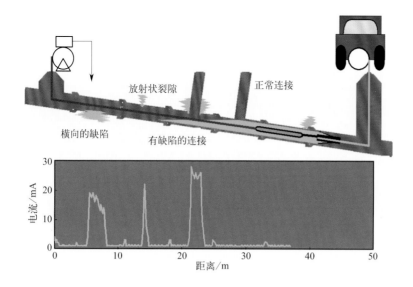

图 1-21 电法测漏原理

（图片来源：武汉中仪物联技术股份有限公司）

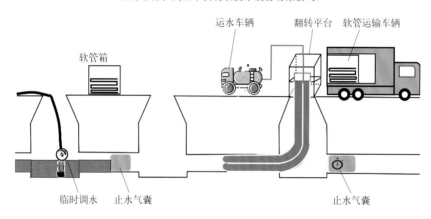

图 1-25 翻转法热水固化修复技术

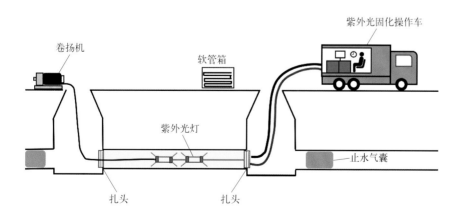

图 1-26 紫外光固化修复技术

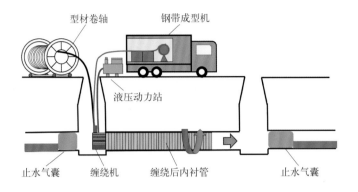

图 1-27　机械螺旋缠绕修复技术

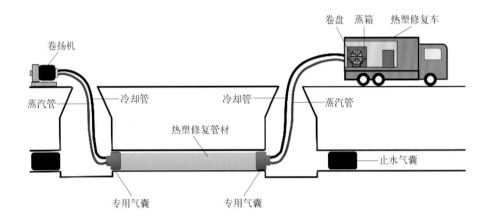

图 1-28　原位热塑成型修复技术

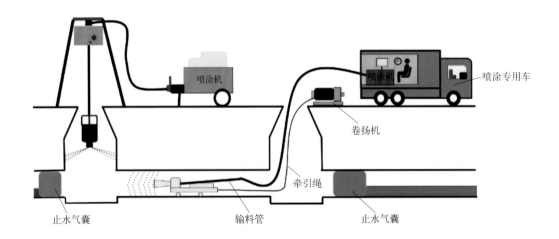

图 1-29　喷涂修复技术

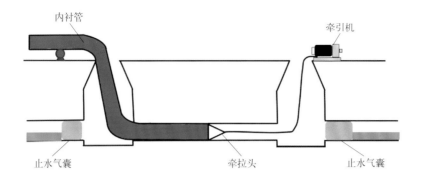

图 1-30　穿插修复技术

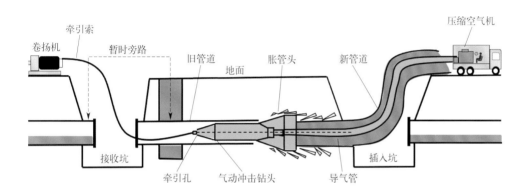

图 1-31　碎（裂）管法修复技术

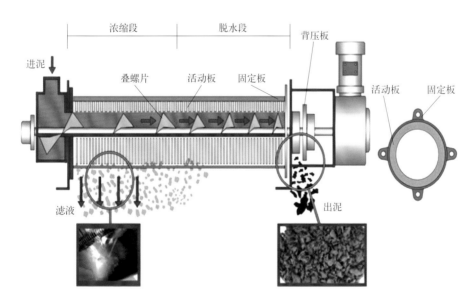

图 2-12　叠螺式污泥脱水机工作原理

（图片来源：山东拓源环保科技有限公司）

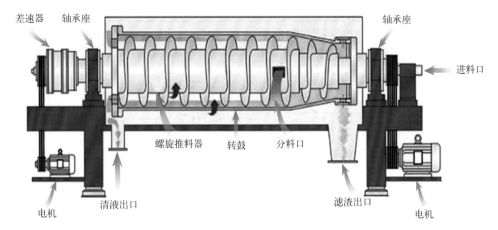

图 2-14　离心脱水机工作原理

（图片来源：瑞辰环保科技有限公司）

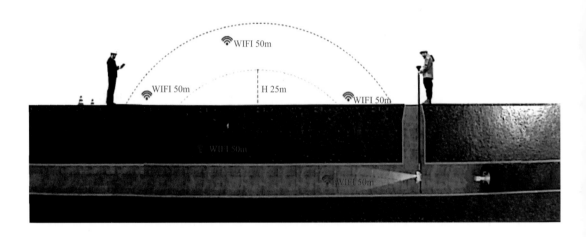

图 3-10　无线潜望镜检测作业示意图

（图片来源：武汉中仪物联技术股份有限公司）

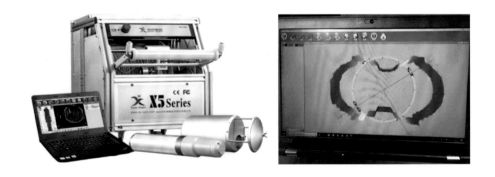

图 3-11　声呐检测设备示例及检测图像

（图片来源：武汉中仪物联技术股份有限公司）

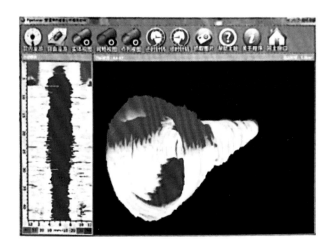

图 3-13　声呐检测示意图

（图片来源：武汉中仪物联技术股份有限公司）

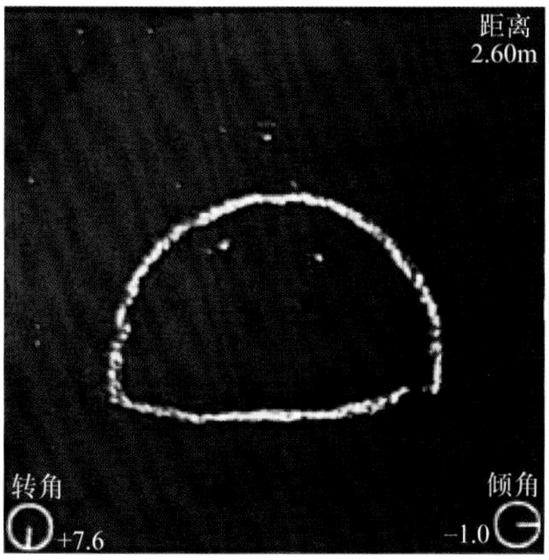

	帧序号	21
	距离/m	2.60
缺陷名称		(CJ)沉积：杂质在管道底部沉淀淤积
缺陷等级		2级：沉积物厚度为管道直径的30%～40%
时钟表示		04-08
沉积宽度		568mm
沉积深度		204mm
备注信息		

图 3-17　管道变形检测结果

（图片来源：武汉中仪物联技术股份有限公司）

图 3-18　G60供水管道检测机器人

（图片来源：武汉中仪物联技术股份有限公司）

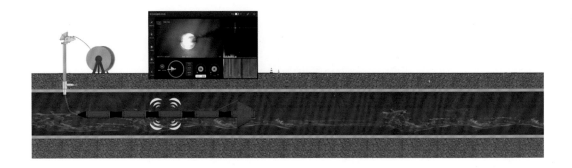

图 3-19 供水管道检测机器人工作示意图

（图片来源：武汉中仪物联技术股份有限公司）

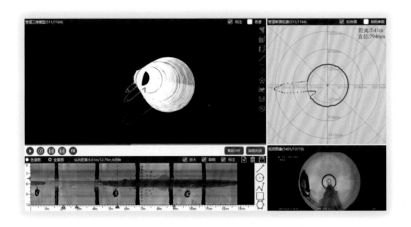

图 3-23 三维点云图

（图片来源：武汉中仪物联技术股份有限公司）

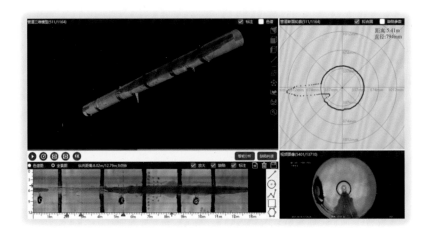

图 3-24 三维实景图

（图片来源：武汉中仪物联技术股份有限公司）

缺陷序号	1/3	缺陷名称	异物穿入	缺陷等级	2级	缺陷分值	5
缺陷性质	结构性	纵向距离	19.66m	缺陷长度	19.0m	环向位置	0710
沉积宽度	239mm	沉积高度	25mm	变形率	31.1%	断面损失	−1.8%
缺陷描述							

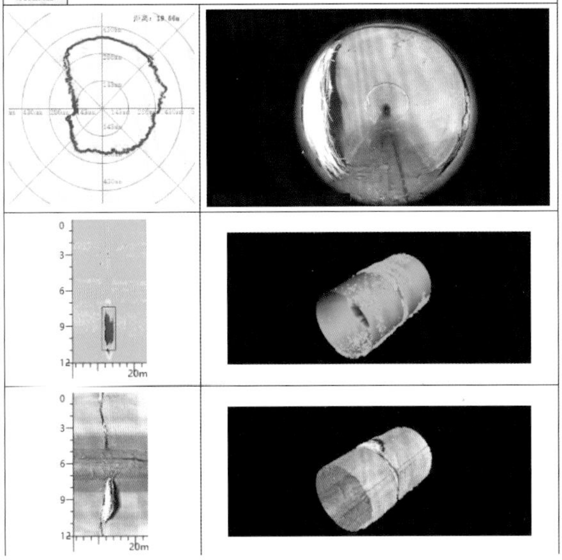

图 3-25　3D 激光检测结果

（图片来源：武汉中仪物联技术股份有限公司）

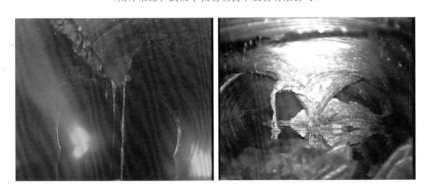

图 4-14　管道 QV 检测缺陷断面

图 5-8　车载式热水锅炉示意

（图片来源：山东国信工业科技股份有限公司）

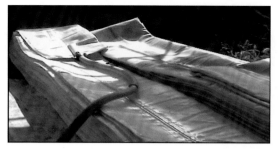

图 5-12　内衬管实物图　　　　　　　　　　　　图 5-13　开挖的操作坑现场

图 5-16　注入树脂的内衬管进入滚压机

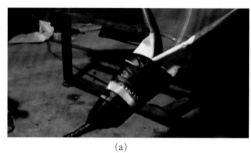

(a)　　　　　　　　　　　　　　　　　　　(b)

图 5-17　将滚压后的内衬管送入翻转舱

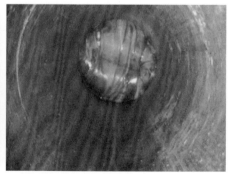

(a)　　　　　　　　　　　　　　　　　　　(b)

图 5-18　内衬管翻转过程现场及管内状况

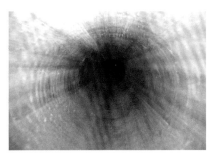

图 5-19 环氧树脂固化后管内 CCTV 检视图

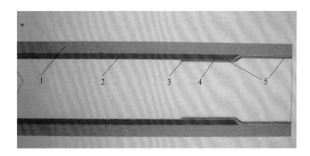

图 5-20 末端机械密封系统示意图

1—母管（灰色）；2—内衬管（红色）；3—密封剂（黄色）；

4—塑料垫圈（黑色）；5—不锈钢环

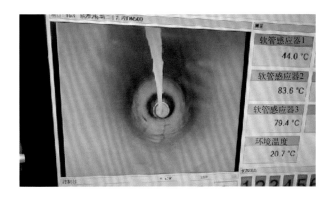

图 6-9 玻纤软管充气加压

(a) 固化度不足

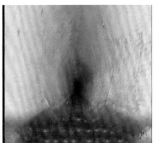
(b) 3个月后

(c) 6个月后

图 6-12 腐蚀

图 6-13 塌陷

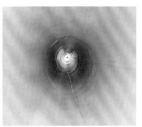
(a) 不用扎头布　(b) 管道未贴合

图 6-14 施工压力不足

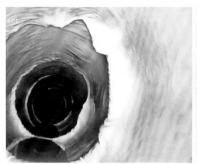

图 6-15　预处理不到位

图 6-16　裂纹

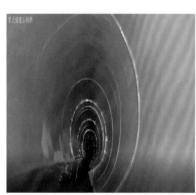

图 6-17　皱褶

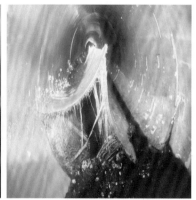

图 6-18　断裂

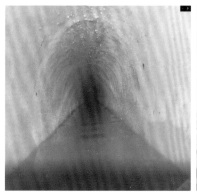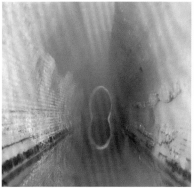

图 6-19　进水、进气

图 6-21　送检样品

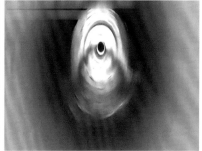

图 6-38　紫外光固化

图 7-29　待修复管段渗漏缺陷

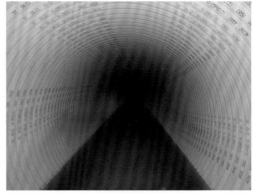

(a) 修复前   (b) 修复后

图 7-34　管道修复前后效果对比

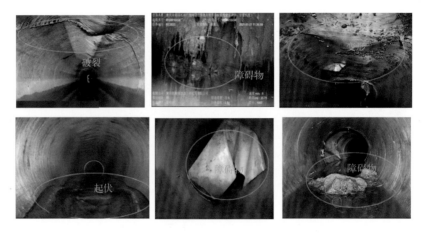

图 8-9　部分管道病害情况

图 9-1　喷涂施工现场

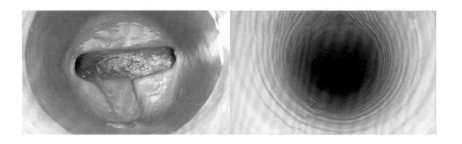

图 9-2　管道内壁喷涂效果

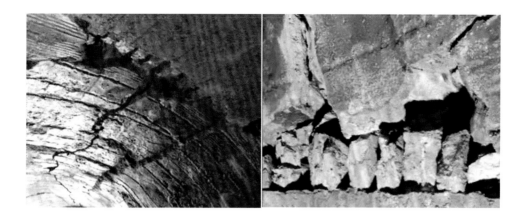

图 9-22　管道修复前状况

图 9-23　安装导流围堰导流

图 9-25　喷涂修复和压光

图 10-13　采用通径器对管段排污、通径

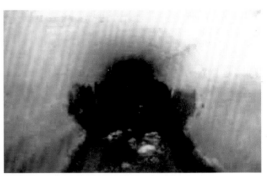
图 10-14　CCTV 内窥视频截图

图 10-15　试验用 13.5m 的 PE 管从操作坑中拉出

(a) 置换前

(b) 置换后

图 11-30　碎管法施工前后对比